高 等 学 校 教 材

工程材料

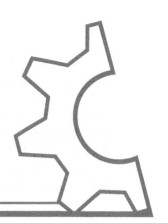

与机械制造基础

第二版

U0293052

GONGCHENG C

YU JIXIE ZHIZAO JICHU

 陶亦亦　汪　浩　编

化学工业出版社
·北京·

本书共分为三篇。第一篇工程材料，主要介绍金属材料的主要性能、金属的晶体结构与结晶、铁碳合金、钢的热处理、常用金属材料的内容，其中着重讲述了钢铁材料和热处理的内容。第二篇热成形工艺基础，主要介绍铸造成形、锻压成形、焊接成形等内容，系统阐述各种热加工工艺方法、特点、规律、应用与结构工艺性等内容。第三篇冷成形工艺基础，主要介绍金属切削的基础知识、常用加工方法综述、典型表面加工分析等内容，综合介绍了各种机加工方法、特点、应用等内容。

本书可以满足教学计划 60～90 课时的教学需要。可作为高等学校机电类应用型本科教学用书，也可作为高职高专、夜大等学生的教材，并可供工程技术人员参考。

图书在版编目（CIP）数据

工程材料与机械制造基础/陶亦亦，汪浩编. —2 版.
北京：化学工业出版社，2012.8（2024.2重印）
高等学校教材
ISBN 978-7-122-14547-5

Ⅰ.①工… Ⅱ.①陶…②汪… Ⅲ.①工程材料-高等
学校-教材②机械制造工艺-高等学校-教材 Ⅳ.①TB3
②TH16

中国版本图书馆 CIP 数据核字（2012）第 126519 号

责任编辑：程树珍 金玉连 装帧设计：张 辉
责任校对：陈 静

出版发行：化学工业出版社（北京市东城区青年湖南街 13 号 邮政编码 100011）
印 装：北京科印技术咨询服务有限公司数码印刷分部
787mm×1092mm 1/16 印张 14¾ 字数 370 千字 2024 年 2 月北京第 2 版第 12 次印刷

购书咨询：010-64518888 售后服务：010-64518899
网 址：http://www.cip.com.cn

凡购买本书，如有缺损质量问题，本社销售中心负责调换。

定 价：45.00 元

前 言

工程材料和机械制造基础是高等学校机械类及相关专业的一门重要技术基础课，它主要是研究工程材料的性能及强化工艺、各种成形工艺方法的规律及其相互联系与比较、各种加工方法的加工工艺过程和结构工艺性，目的在于使读者了解工程材料和成形技术的基本原理、应用和发展趋势。

21世纪以来，随着现代科学技术的不断发展，传统工艺不断变革，新的工艺不断涌现，作为现代社会的重要技术领域之一的材料科学和成形技术正取得迅猛发展。为适应现代技术发展及应用需要，按照机械类及相关专业的教学要求，对本书进行修订。

本次修订基本保留了原书的结构与框架，在保持原教材系统性、实用性、精练性和综合性的基础上，尽量体现知识完整、内容新、阐述深入浅出等特点，做到理论联系实际相结合，重在应用。本书主要在以下几方面进行了修改和补充：一是根据现代科学技术的发展趋势，重新修改了第1章绪论的内容；二是根据教学的实际情况，对铸造成形的内容进行了归纳和调整；三是在焊接成形的内容补充了焊接应力和变形的内容；四是在铸造成形、锻压成形和焊接成形等章节中增加了近年来材料成形技术的新工艺，适当增加了相关习题。相信本书修订版更加符合应用型人才培养的教学要求。

本次修订工作由陶亦亦、汪浩合作完成。在修订过程中也采纳了很多良好的建议，在此表示感谢！

在修订过程中参阅并引用了有关教材、手册及相关文献，在此对有关作者表示感谢！

由于教学过程是一个不断改革和探索的过程，书中存在问题也在所难免，恳请广大读者继续给予关心和批评指正。

编　者
2012 年 5 月

第一版前言

"工程材料与机械制造基础"是机电类专业的一门重要技术基础课，它主要研究工程材料的性能及强化工艺、各种成形工艺方法本身的规律及其相互联系与比较、各种加工方法的特点和应用。

本教材根据教育部高教司有关通知对该课程的基本要求，结合学校专业的实际需要，坚持以理论联系实际为指导，以熟悉原理和掌握应用为原则，旨在创新和实践的基础上进行编写。在编写本教材时力图表现以下特点。

① 调整知识能力结构，旨在培养学生的综合工程技术能力，强调对各种工艺的综合论述与横向比较，使之初步达到具有选择材料及强化工艺、零件成形方法的能力。

② 在内容上力求做到系统性、实用性、综合性相结合，并适当拓宽知识面，力图反映近年来在工程材料和制造工艺领域的最新成果。

③ 在叙述上图文并茂、深入浅出、通俗易懂、文字简练、直观形象，便于教学。

④ 本教材在使用国标规定的术语时，考虑到贯彻新国标应有的历史延续性，所以也兼顾了长期沿用的名称和定义，并尽可能使两者达到统一。

本书共分为三篇。第一篇工程材料，主要介绍金属材料的主要性能、金属的晶体结构与结晶、铁碳合金、钢的热处理、常用金属材料六个部分的内容，其中着重讲述了钢铁材料和热处理的内容。第二篇热成形工艺基础，主要介绍铸造成形、锻压成形、焊接成形三部分内容，系统阐述了各种热加工工艺方法、特点、规律、应用与结构工艺性等内容。第三篇冷成形工艺基础，主要介绍金属切削的基础知识、常用加工方法综述、典型表面加工分析等内容，并综合介绍了各种机加工方法、特点、应用等。

本书可以满足教学计划 60～90 课时的教学需要。可作为高等学校机电类本科教材，也可供高职高专、夜大等学生作为教材，以及工程技术人员参考。

参加本书编写人员有陶亦亦（第一、第九、第十章），潘玉娴（第二、第三、第四、第八、第十一、第十二章），汪浩（第五、第六章），宁海霞（第七章）。本书由陶亦亦、潘玉娴任主编，汪浩任副主编。

本书承江苏大学戈晓岚教授、苏州职业大学姜左教授主审，对教材的编写提出了许多具体的指导；在编写过程中，参阅了国内外相关资料、文献和教材，并得到了专家和同行的指导，在此一并表示衷心的感谢。

由于编者的水平和经验所限，书中难免存在不妥之处，敬请同行与读者批评指正。

编者
2005 年 10 月

目　录

第一篇　工　程　材　料

第三篇　冷成形工艺

第一篇
工程材料

1 绪 论

1.1 材料概述

材料用于制造机器零件、工程构件以及生活日用品，是生产和生活的物质基础。综观人类利用材料的历史，生产活动中使用的材料性质直接反映了人类社会的文明水平，每一类重要新材料的发现和应用，都会引起生产技术的革命，并大大加速社会文明发展的进程。因此，历史学家根据制造生产工具的材料，将人类生活的时代划分为石器时代、陶器时代、青铜器时代、铁器时代，当今人类正跨入人工合成材料、复合材料、功能材料的新时代。

远古时代，人类的祖先以石器为主要工具。约在50万年前，人类学会了用火。在六七千年前，人类开始用火烧制了陶器，到东汉出现了陶瓷，于9世纪传至东非和阿拉伯，13世纪传到日本，15世纪传到欧洲，对世界文明产生了很大的影响，瓷器已经成为中国文化的象征。

5千年前，我们的祖先冶炼了红铜和青铜，进入了青铜器时代。公元前1200年左右，人类进入铁器时代。我国在春秋战国时期，已大量使用铁器。西汉后期，我国发明了炼钢法——炒钢法，这种方法在德国18世纪才获得应用。2千年以前，我国已经使用了淬火和渗碳工艺，热处理技术已经有了相当高的水平。随着制钢工业迅速发展，到18世纪已成为产业革命的重要内容和物质基础，所以也有人称18～19世纪为"钢铁时代"。1863年，第一台光学显微镜的问世，出现了"金相学"，人们对材料的观察和研究进入了微观领域。1912年，人们采用X射线衍射技术研究材料的晶体微观结构。1932年，电子显微镜的问世，各种先进能谱仪的出现，将人类对材料微观世界的认识带入了更深的层次，形成了跨学科的材料科学。进入20世纪后半叶，新材料的研制日新月异，出现了所谓"高分子时代"、"半导体时代"、"先进陶瓷时代"和"复合材料时代"等提法，材料发展进入了丰富多彩的新时期。

新中国成立以来，我国的工业生产、农业生产、人们的日常生活水平得到了迅速发展，钢的年产能力从1949年的17万吨增至2011年的7亿吨，非金属材料的产量也有了很大的增长。

在生活、生产和科技各个领域中，用于制造结构、机器、工具和功能器件的各类材料统称为工程材料。材料的发展离不开科学技术的进步，各领域的技术发展又依赖于材料科学的发展。例如，耐腐蚀、耐高压材料广泛应用于石油化工领域；强度高、质量轻的材料广泛应用于航空航天、交通运输领域；高温合金、陶瓷材料广泛应用于高温装置；半导体材料、磁性材料、贮氢材料、形状记忆合金、纳米材料广泛应用于通信、计算机、航空航天、电子器件、医学等领域；在机械制造领域中，从简单的手工工具到复杂的智能机器人，都应用了现代工程材料。

工程材料种类繁多，据粗略统计，目前世界上的材料总和已经达到 40 余万种，并且每年还以 5% 的速度增加。材料若按使用性能可分为结构材料与功能材料两大类。结构材料是作为承力结构使用的材料，其使用性能主要是力学性能；功能材料的使用性能主要是光、电、磁、热、声等特殊功能性能。按应用领域材料又可分为信息材料、能源材料、建筑材料、机械工程材料、生物材料、航空航天材料等。

按其组成特点可分为金属材料、有机高分子材料、无机非金属材料及复合材料四大类。

(1) 金属材料　金属材料是指金属元素或以金属元素为主构成的具有金属特性的材料的统称。其分类见图 1-1。目前，机械工业中应用最广泛的是金属材料。因为金属材料具有优

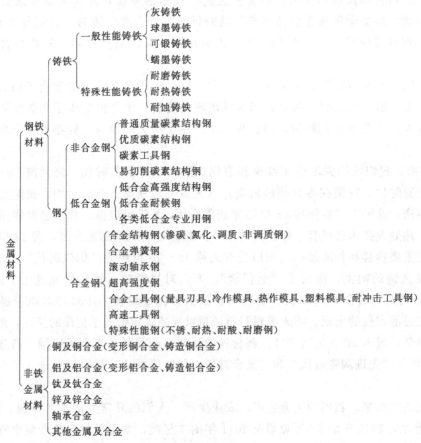

图 1-1　金属材料分类

良的力学性能、物理性能、化学性能以及工艺性能，能满足机器零件的使用要求。金属材料还可以通过热处理改变其组织和性能，从而进一步扩大使用范围。

（2）有机高分子材料　有机非金属材料简称高分子化合物或高分子，又称高聚物。有机高分子材料包括塑料、橡胶、合成纤维、胶黏剂、液晶、木材、油脂和涂料等。人们将那些力学性能好，可以代替金属材料使用的塑料称为工程塑料。有机高分子材料的力学性能不如金属材料，但它们具有金属材料不具备的某些特性，如耐蚀性、电绝缘性、隔声、减振、重量轻、价廉、成形加工容易等优点。目前已广泛应用于生活日用品，而且在工业中已部分代替了金属材料。

（3）无机非金属材料　无机非金属材料是以某些元素的氧化物、碳化物、氮化物、卤素化合物、硼化物以及硅酸盐、铝酸盐、磷酸盐、硼酸盐等物质组成的材料。是除有机高分子材料和金属材料以外的所有材料的统称。无机非金属材料包括硅酸盐材料、玻璃、水泥、陶瓷、耐火材料和特种陶瓷。无机非金属材料的塑性与韧性远低于金属材料，但它们具有熔点高、硬度高、耐高温以及特殊的物理性能，已成为发展高温材料和功能材料的新型工程材料。

（4）复合材料　复合材料是由两种或两种以上不同性质的材料，通过物理或化学的方法，在宏观上组成具有新性能的材料，它不仅保留了各组成材料的优点，而且具有单一材料所没有的优越性能。复合材料按基体材料的组成分为金属和非金属两大类，如金属基复合材料、陶瓷基复合材料等。按其结构特点又分为纤维复合材料、夹层复合材料、细粒复合材料、混杂复合材料。复合材料是一种新型的、具有很大发展前途的工程材料。

1.3　工程材料发展趋势

随着社会发展和现代科学技术的进步，材料技术、能源技术、信息技术成为现代人类文明的三大支柱，而能源和信息的发展，在一定程度上又依赖于材料的进步。因此许多国家都把材料科学作为重点发展学科之一，使之为新技术革命提供坚实的基础。

在工程材料的发展和应用方面，传统的钢铁材料正在不断提高质量、降低成本、扩大品种规格，在冶炼、浇铸、加工和热处理等工艺上不断革新，出现了炉外精炼、连铸连轧、控制轧制等新工艺，微合金钢、低合金高强度钢、双相钢等新钢种不断涌现。在非铁金属材料及合金方面出现了高纯高韧和高温铝合金、高强高韧和高温钛合金，先进的镍基、铁基、铬基高温合金、难熔金属合金及稀贵金属合金等。此外还涌现了其他许多新型高性能金属材料，如快速冷凝金属非晶和微晶材料、纳米金属材料、超导材料、定向凝固柱晶和单晶合金等。新型金属功能材料，如形状记忆合金、超细金属隐身材料及活性生物医用材料等也正朝着高功能化和多功能化发展。

非金属材料是近年来发展很快的工程材料，预计今后还会有更大的发展。由于制备技术的进步，开发出了一批先进的陶瓷材料，包括氮化硅、氧化铝等新结构陶瓷材料，其强度和断裂韧度大大优于普通的硅酸盐陶瓷材料，用作高温结构件、耐磨耐腐蚀部件、切削刀具等替代金属材料有明显优点。功能陶瓷是一类利用材料的电、磁、声、光、热、弹性等效应以实现某种功能的陶瓷，是现代信息、自动化、航空航天等工业的基础材料，例如，航天飞机外壁瓦片就是新型的陶瓷材料。

由于石油化学工业大规模合成技术的迅速发展，高分子合成材料也不断在发展。近十年来，随着高压聚合工艺的进步，高分子材料的合成，高性能的合成纤维和工程塑料已进入实用阶段。另外，人们还可以通过各种手段使高分子化合物作为物理功能高分子材料、化学功能高分子材料或生物功能高分子材料，如导电高分子、光功能高分子、液晶高分子、信息高分子材料、人工骨材料等，吸收电磁波的隐射材料，用的就是高分子复合材料。

工程材料将继续朝着高比强度（单位密度的强度）、高比模量（单位密度的模量）、耐高温、耐腐蚀的方向发展。

本篇内容以剖析铁碳合金的金相组织为基础，以介绍工程材料的性质和合理选材为重点。通过介绍金属材料的成分、组织、性能之间的相互关系，了解强化金属材料的基本途径，熟悉常用金属材料的牌号、成分、组织、性能及用途，为正确选用材料提供理论依据，为后继专业课程的学习提供材料方面的知识。

2 金属材料的主要性能

2.1 静载下金属材料的力学性能

金属材料应具备的最主要的性能是力学性能，即受外力作用时所反映出来的性能。它是衡量金属材料的极其重要的指标。金属材料的力学性能指标主要有强度、硬度、刚度、塑性、冲击韧性、疲劳强度和断裂韧性等。

2.1.1 弹性和塑性

金属材料受外力作用时产生变形，当外力去除后能恢复其原来形状的性能，称为弹性。随外力消失而消失的变形，称为弹性变形，其大小与外力成正比。

金属材料在外力作用下，产生永久变形而不致引起断裂的性能，称为塑性。在外力去除后保留下来的这部分不能恢复的变形，称为塑性变形，其大小与外力不成正比。

将金属材料制成图 2-1 所示的标准试样，在拉伸试验机上，使试样受轴向拉力 P 并使试样缓慢拉伸，直至试样断裂。将拉力 P 除以试样的原始截面积 F_0 为纵坐标（即拉应力 σ），试样沿轴向产生的伸长量 $\Delta L (= L_1 - L_0)$ 除以试样原始长度 L_0 为横坐标（即应变 ε），则可画出应力-应变曲线。图 2-1 为低碳钢拉伸试样和拉伸图。

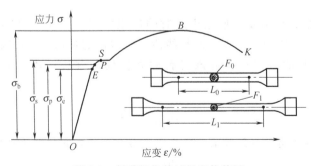

图 2-1　低碳钢拉伸试样和拉伸图

由图 2-1 可知，当载荷未达到 E 点以前，试样只产生弹性变形。故 σ_e 是材料所能承受的、不产生永久变形的最大应力，称为弹性极限。当载荷超过 E 点时，试样开始产生塑性变形，当载荷继续增加到 S 点时，试样承受的载荷虽不再增加，仍继续产生塑性变形，图上出现水平线段，这种现象称为屈服，S 点称为屈服点。它是金属材料从弹性状态转向塑性状态的标志。当出现明显塑性变形时的应力称为屈服极限，用符号 σ_s 表示。当载荷增加至 B 点时，试样截面局部出现缩颈现象，因为截面缩小，载荷也就下降，至 K 点时试样被拉断。

金属材料的塑性一般用伸长率 δ 和断面收缩率 Ψ 表示。

$$\delta=\frac{L_1-L_0}{L_0}\times100\% ; \quad \Psi=\frac{F_0-F_1}{F_0}\times100\%$$

式中　L_0——试样原始长度；

　　　L_1——试样拉断后的长度；

　　　F_0——试样原始横截面积；

　　　F_1——试样拉断处的横截面积。

δ 或 Ψ 越大，表示材料的塑性越好。伸长率 δ 的值随试样原始长度增加而减小。所以，同一材料的短试样（$L_0=5d_0$）比长试样（$L_0=10d_0$，d_0 为试样原始直径）的伸长率大 20% 左右。用短试样和长试样测得的伸长率分别用 δ_5 和 δ_{10} 表示。

金属材料因具有一定的塑性才能进行各种变形加工，并且零件在使用中偶然过载，将产生一定的塑性变形，而不致突然断裂，从而提高了零件使用的可靠性。

2.1.2　刚度

金属材料受外力作用时，抵抗弹性变形的能力称为刚度。在弹性变形范围内，应力 σ 与应变 ε 的比值称为弹性模量，用符号 E 表示，即 $E=\dfrac{\sigma}{\varepsilon}$。弹性模量越大，表示在一定应力作用下，能发生的弹性变形越小，也就是刚度越大。

弹性模量的大小主要决定于材料内部原子的结合力，因此，同一种材料的弹性模量差别不大，基本一样。但是，相同材料的两个不同零件，弹性模量虽然相同，但截面尺寸大的不易发生弹性变形，而截面小的则容易发生弹性变形。因此，考虑一个零件的刚度问题，不仅要注意材料的弹性模量，还要注意零件的形状和尺寸大小。

2.1.3　强度

强度是金属材料在外力作用下，抵抗塑性变形和断裂的能力。按外力作用的性质不同，可分为抗拉强度、抗压强度、抗扭强度等。工程上表示金属材料强度的指标主要是指屈服强度 σ_s 和抗拉强度 σ_b。

屈服强度 σ_s 是金属材料发生屈服现象时的屈服极限，即表示材料抵抗微量塑性变形的能力。脆性材料的拉伸曲线上没有水平线段，难以确定屈服点 S，因此，规定试样产生 0.2% 残余塑性变形时的应力值，为该材料的条件屈服强度，用 $\sigma_{0.2}$ 表示。它可按下式计算：

$$\sigma_s=\frac{P_s}{F_0} \quad (\text{MPa})$$

抗拉强度 σ_b 是金属材料在拉断前所能承受的最大应力，它可按下式计算：

$$\sigma_b=\frac{P_b}{F_0} \quad (\text{MPa})$$

σ_s 与 σ_b 的比值称为屈强比，其值一般在 0.65～0.75 之间。屈强比越小，工程构件的可靠性越高，万一超载也不会马上断裂；屈强比越大，材料的强度利用率越高，但可靠性降低。

抗拉强度是零件设计时的重要参数。合金化、热处理、冷热加工对材料的 σ_s 与 σ_b 均有很大的影响。

2.1.4　硬度

硬度是指金属材料表面抵抗其他更硬物体压入的能力，它是衡量金属材料软硬程度的指标。测定硬度最常用的方法是压入法，工程上常用的是布氏硬度、洛氏硬度和维氏硬度。

2.1.4.1　布氏硬度

布氏硬度试验通常用 $3000kgf$❶ 的压力 P，将直径为 D 的淬火钢球压入金属表面，载荷保持 $10\sim60s$ 后卸载，得到一直径为 d 的压痕，如图 2-2 所示。载荷除以压痕表面积的值为布氏硬度，以 HB 表示。布氏硬度的单位为 kgf/mm^2（或 MPa），但习惯上只写硬度的数值而不标出单位。

布氏硬度分为两种：当压头为淬火钢球时，硬度符号为 HBS，适用于硬度值小于

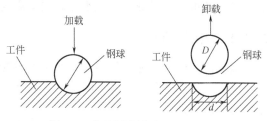

图 2-2　布氏硬度测试原理和方法

450 的材料；当压头为硬质合金球时，硬度符号为 HBW，适用于硬度值为 $450\sim650$ 的材料。

布氏硬度试验使材料表面压痕较大，故不宜测试成品或薄片金属的硬度。通常用于测定铸铁、有色金属、低合金结构钢等毛坯材料的硬度。

2.1.4.2　洛氏硬度

洛氏硬度试验采用顶角为 120° 的金刚石圆锥压头，如图 2-3 所示，施加一定的压力，压入被测材料，根据压痕的深度来度量材料的软硬，压痕越深，硬度越低。洛氏硬度用符号 HRC 表示，每 0.002mm 的压痕深度为一个硬度单位。

洛氏硬度用于测量的硬度范围为 $20\sim67$，而且压痕很小，几乎不损伤工件表面，故可用于测定淬火钢、调质钢等成品件的硬度。

2.1.4.3　维氏硬度

维氏硬度试验采用锥面夹角为 136° 的金刚石四棱锥体压头，在一定载荷下经规定的保持时间后卸载，得到一对角线长度为 d 的四方锥形压痕，见图 2-4，载荷除以压痕表面积的值为维氏硬度，以 HV 表示。

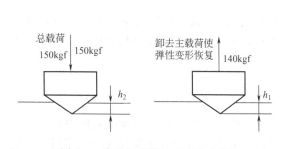

图 2-3　洛氏硬度测试原理和方法

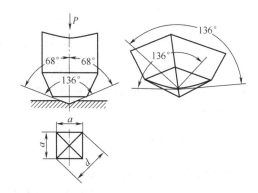

图 2-4　维氏硬度测试原理示意

❶　$1kgf=9.80665N$，$1kgf/mm^2=9.80665MPa$，下同。

维氏硬度用于测定从极软到极硬的薄片金属材料、表面淬硬层、渗碳层等的硬度。

由于各种硬度试验的条件不同,因此,相互间没有换算公式。但根据试验结果,可获得大致的换算关系如下:$1HBS \approx 10HRC$;$1HBS \approx 1HV$。

2.2 动载和高温下金属材料的力学性能

许多机械零件在动载下工作,动载主要有两种形式,一是载荷以较高的速度施加到零件上,形成冲击;二是载荷的大小和方向呈周期性变化,形成交变载荷。

2.2.1 冲击韧性

蒸汽锤的锤杆、冲床的冲头等在工作时受到冲击作用,由于瞬时的冲击作用所引起的变形和应力,比静载荷大得多,因此,在设计受冲击载荷作用的零件和工具时,必须考虑所用材料的冲击韧性。

金属材料在冲击载荷作用下,抵抗断裂的能力称为冲击韧性,用 a_K 表示。常用一次摆锤冲击弯曲试验来测定金属材料的冲击韧性。其测定方法是按 GB 229—84 制成带 U 形缺口的标准试样,将具有质量 $G(kg)$ 的摆锤举至高度为 $H_1(m)$,使之自由落下(图 2-5),将试样冲断后,摆锤升至高度 $H_2(m)$。如试样断口处的截面积为 $F(cm^2)$。则冲击韧性 a_K 的值为

$$a_K = \frac{GH_1 - GH_2}{F} \times 9.8 (J/cm^2)$$

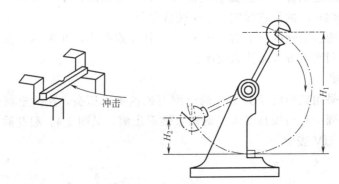

图 2-5 冲击韧性测试原理示意

冲击韧性 a_K 的大小与材料的成分、环境温度、缺口形状、试样大小等有关,它反映了材料受一次性冲击的能力。冲击韧性值大,说明材料为韧性材料;冲击韧性值小,说明材料为脆性材料。

2.2.2 疲劳强度

许多机器零件如弹簧、轴、齿轮等,在工作时承受交变载荷,当交变载荷的值远远低于其屈服强度时,零件就发生了断裂,这种现象称为疲劳断裂。疲劳断裂与在静载作用下的断裂不同,不管是脆性材料还是韧性材料,疲劳断裂都是突然发生的,事先无明显的塑性变形,属于低应力脆断。

金属材料所受的最大交变应力 σ_{max} 越大,则断裂前所经受的循环周次 N(疲劳寿

命）越少，最大交变应力 $\sigma_{\max}$ 与循环周次 N 构成的曲线，称为疲劳曲线，如图 2-6 所示。当最大交变应力 $\sigma_{\max}$ 低于某一值时，曲线与横坐标平行，表示循环周次 N 可以达到无穷大，而试样仍不发生疲劳断裂，该交变应力值称为疲劳强度或疲劳极限，用 σ_{-1} 表示。一般规定钢材的循环周次 N 为 10^7，有色金属的为 10^8。

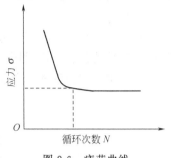

图 2-6　疲劳曲线

产生疲劳断裂的原因，是由于材料内部的杂质、加工过程中形成的刀痕、尺寸突变导致的应力集中等缺陷而导致微裂纹的产生。这种微裂纹随应力循环次数的增加而逐渐扩展，致使零件不能承受所加载荷而突然断裂。

材料的强度越高，疲劳强度也越高。同时，可通过改善其结构形状；提高零件表面的质量；采取表面喷丸处理使工件表面留存残余压应力，以提高材料表面疲劳极限。

2.2.3　蠕变

金属材料的力学性能在高温下会发生改变。随着温度的升高，弹性模量 E、屈服强度 σ_s、硬度 HB 下降，塑性提高，并会产生蠕变。

蠕变是指金属材料在高温长时间应力作用下，即使所加应力小于该温度下的屈服强度，也会逐渐产生明显的塑性变形，直至断裂。

2.3　金属材料的物理、化学和工艺性能

2.3.1　物理性能

金属材料的物理性能主要有密度、熔点、热膨胀性、导热性、导电性和磁性等。由于机器零件的用途不同，对材料物理性能的要求也不同。例如，飞机零件常选用密度小的铝、镁、钛合金来制造；设计电机、电器零件时，常要考虑金属材料的导电性；设计日用品时，常要考虑材料的热成形性等。

金属材料的物理性能对热加工工艺也有一定的影响。例如，高速钢的导热性较差，锻造时应采用分段式加热，否则容易产生裂纹；锡基轴承合金、铸铁和铸钢的熔点不同，在铸造时三者的熔炼工艺就有很大的不同。

2.3.2　化学性能

金属材料的化学性能主要指其在常温或高温时，抵抗各种活性介质侵蚀的能力，如耐酸性、耐碱性、抗氧化性等。

对于在腐蚀性介质中或在高温下工作的零件，比在空气或室温下的腐蚀更为强烈。在设计这类零件时，应特别注意材料的化学性能，并采用化学稳定性良好的合金。如化工设备、医疗用具等可采用不锈钢；内燃机排气阀和电站设备的一些零件可采用耐热钢。

2.3.3　工艺性能

金属材料的工艺性能是指其冷、热加工的难易程度，是其物理性能、化学性能和力学性

能在加工过程中的综合反映。按工艺方法的不同，可分为铸造性、成形加工性、焊接性、切削加工性等。

在设计零件和选择工艺方法时，都要考虑材料的工艺性能。例如，灰铸铁的铸造性能和切削加工性能优良，广泛用于制造铸件，但它的成形加工性和焊接性差，不能进行锻造和焊接。低碳钢的焊接性和成形加工性优良；而高碳钢的焊接性和切削加工性都不好。

复 习 题

2-1 什么是应力？什么是应变？

2-2 说明下列力学性能指标的名称、单位、含义：σ_b、σ_s、$\sigma_{0.2}$、σ_{-1}、δ、a_K。

2-3 绘出低碳钢的 σ-ε 曲线，指出曲线上哪点出现缩颈现象？哪点出现断裂现象？如果拉断后试棒上没有缩颈现象，是否表示它没有发生塑性变形？

2-4 设计刚度好的零件，应根据何种指标选择材料？采用何种材料为宜？材料的 E 值越大，其塑性越差，这种说法是否正确？为什么？

2-5 布氏硬度、洛氏硬度和维氏硬度是如何测定的？各有什么优缺点？适用于什么场合？

2-6 某仓库有1000根20钢和60钢热轧棒料被混在一起，试问可用何种方法加以鉴别？并说明理由。

2-7 甲、乙、丙、丁四种材料的硬度分别为 45HRC、650HBW、800HV、240HBS，试比较这四种材料硬度的高低。

2-8 疲劳破坏是怎样形成的？提高零件疲劳寿命的方法有哪些？

2-9 金属材料主要具有哪些物理、化学和工艺性能？

3 金属的晶体结构与结晶

固态物质按原子的聚集状态分为晶体和非晶体。固态金属基本上都是晶体物质，非金属物质大部分也是晶体物质，如金刚石、硅酸盐、氧化镁等，而常见的玻璃、松香等，则为非晶体物质。

 ## 3.1 金属的晶体结构

3.1.1 晶体概念

晶体是原子在空间呈规则排列的固体物质，如图 3-1(a) 所示。晶体具有固定的熔点。金属晶体中，金属原子失去最外层电子变成正离子，每一个正离子按一定规则排列并在固定位置上作热振动，自由电子在各正离子间自由运动，并为整个金属所共有，形成带负电的电子云。正离子与自由电子的相互吸引，将所有的金属原子结合起来，使金属处于稳定的晶体状态。金属原子的这种结合方式称为"金属键"。

(a) 原子排列模型

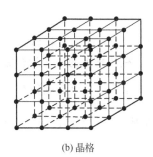

(b) 晶格

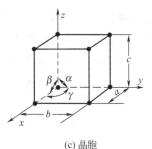

(c) 晶胞

图 3-1　晶体中原子排列

非晶体的原子则是无规律、无次序地堆积在一起的。

为了便于分析晶体中原子排列规律及几何形状，将每一个原子假想成一个几何点，用假想线将这些点连接起来，得到一个表示金属内部原子排列规律的抽象的空间格子，称为晶格，如图 3-1(b) 所示。

晶格中各种方位的原子面称为晶面，任意两个结点构成的连线称为晶向，构成晶格的最基本几何单元称为晶胞。晶胞的大小以其各边尺寸 a、b、c 表示，称为晶格常数，以 Å（埃）为单位（$1Å=1×10^{-8}cm$）。晶胞各边之间的夹角以 α、β、γ 表示，如图 3-1(c) 所示。

3.1.2 常见的金属晶格

金属晶体结构的主要差别，就在于晶格类型和晶格常数的不同。大多数金属都具有比较简单的晶体结构，最常见和最典型的晶格结构类型有下列三种。

3.1.2.1 体心立方晶格

体心立方晶格的晶胞如图 3-2 所示，由 8 个原子构成一个立方体，在立方体的中心还有一个原子，其晶格常数 $a=b=c$，棱边夹角 $\alpha=\beta=\gamma=90°$。晶胞角上的原子为相邻的 8 个晶胞所共有，每个晶胞实际上只占有 1/8 个原子，中心的原子为该晶胞独有，故晶胞中实际原子数为 $8×\frac{1}{8}+1=2$（个）。属于这类晶格的金属有 α-铁（α-Fe）、铬（Cr）、钼（Mo）、钒（V）、钨（W）等强金属性金属。

3.1.2.2 面心立方晶格

面心立方晶格的晶胞如图 3-3 所示，由 8 个原子构成一个立方体，在立方体 6 个面的中心各占有 1 个原子，晶胞角上的原子为相邻的 8 个晶胞所共有，每个晶胞实际上只占有 1/8 个原子，面中心上的原子为 2 个晶胞共有，故晶胞中实际原子数为 $8×\frac{1}{8}+6×\frac{1}{2}=4$（个）。属于这类晶格的金属有 γ-铁（γ-Fe）、铝（Al）、铜（Cu）、银（Ag）、镍（Ni）、金（Au）等大部分有色金属。

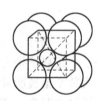　　　　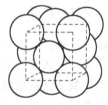

图 3-2　体心立方晶格　　　　　　　　图 3-3　面心立方晶格

3.1.2.3 密排六方晶格

密排六方晶格的晶胞如图 3-4 所示，是一个六方柱体。柱体的上、下底面 6 个角及中心各有一个原子，柱体中心还有 3 个原子。柱体角上的原子为相邻 6 个晶胞共有，上、下底面中心的原子为 2 个晶胞共有，柱体中心的 3 个原子为该晶胞独有，故晶胞中实际原子数为 $12×\frac{1}{6}+2×\frac{1}{2}+3=6$（个）。属于这类晶格的金属有镁（Mg）、锌（Zn）、铍（Be）、镉（Cd）等。

3.1.3 晶体结构的致密度

由于把金属看成是刚性小球，所以即使是一个紧挨一个地排列，原子间仍会有空隙存在。晶体结构的致密度是指晶胞中原子所占体积与该晶胞体积之比，可用来对原子排列的紧密程度进行定量比较。

在体心立方晶胞中含有 2 个原子。这 2 个原子的体积为 $2×(4/3)\pi r^3$，式中，r 为原子半径，如图 3-5 所示，原子半径与晶格常数 a 的关系为 $r=\frac{\sqrt{3}}{4}a$，晶胞体积为 a^3，故体心立

方晶格的致密度为

$$\frac{2 \text{个原子体积}}{\text{晶胞体积}} = \frac{2 \times (4/3)}{a^3} \pi r^3 = \frac{2 \times (4/3)}{a^3} \pi \left(\frac{\sqrt{3}}{4}a\right)^3 = \frac{\sqrt{3}}{8}\pi = 0.68$$

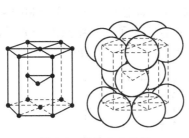

图 3-4　密排六方晶格

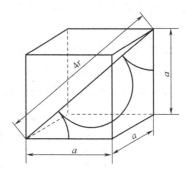

图 3-5　体心立方晶胞原子半径的计算

　　这表明在体心立方晶格中，有 68% 的体积被原子所占有，其余为空隙。同理亦可求出面心立方晶格及密排六方晶格的致密度均为 74%。显然，致密度数值越大，原子排列越紧密。所以，当铁由面心立方晶格转变为体心立方晶格时，由于致密度减小而使体积膨胀。

 ## 3.2　实际金属的结构

3.2.1　多晶体结构

　　结晶位向完全一致的晶体称为单晶体，如图 3-6 所示。单晶体在不同晶面和晶向的力学性能不同，这种现象称为各向异性。实际金属晶体内部包含了许多颗粒状的小晶体，每个小晶体晶格位向一致，而小晶体之间彼此晶格位向不同，如图 3-7 所示。这种外形不规则的小晶体称为晶粒，晶粒与晶粒之间的界面称为晶界。由于晶界是相邻两晶粒不同晶格位向的过渡区，所以在晶界上原子排列是不规则的。这种由多晶粒构成的晶体结构称为多晶体，多晶体呈现各向同性。

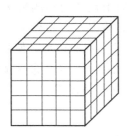

图 3-6　单晶体

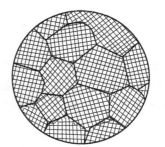

图 3-7　实际金属晶体

　　晶粒的尺寸，钢铁材料一般为 $10^{-1} \sim 10^{-3}$ mm，所以必须在显微镜下才能观察到。在显微镜下观察到的各种晶粒的形态、大小和分布情况，叫做显微组织。同一颗晶粒内还存在着许多尺寸更小、位向差也很小（$1° \sim 2°$）的小晶块，称为亚晶粒，亚晶粒构成的边界称为亚晶界。

3.2.2　晶格缺陷

在实际金属晶体中，由于结晶条件或加工等方面的影响，使原子的排列规则受到破坏，因而晶体内部存在着大量的晶格缺陷。根据晶格缺陷的几何形状特点，可分为如下三类。

3.2.2.1　点缺陷

点缺陷是指长、宽、高三个方向上尺寸都很小的缺陷，如空位、置换原子和间隙原子。晶格空位是在正常的晶格结点上出现空位［图3-8(a)］；置换原子是指结点上的原子被异类原子所置换［图3-8(b)］；间隙原子是在晶格的间隙中存在多余原子［图3-8(c)］。

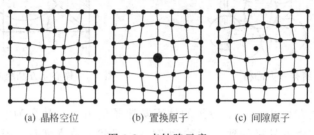

(a) 晶格空位　　　　　(b) 置换原子　　　　　(c) 间隙原子

图3-8　点缺陷示意

由于晶格点缺陷的存在，使点缺陷周围的晶格发生靠拢或撑开的现象，如图3-8所示，从而造成晶格畸变。空位和间隙原子总是处在不停的运动和变化之中，空位和间隙原子不停地运动，是金属中原子扩散的主要方式之一，这对热处理和化学热处理过程都是极为重要的。

3.2.2.2　线缺陷

线缺陷是指在一个方向上尺寸较大，在另外两个方向上尺寸很小的缺陷，呈线状分布，其具体形式是各种类型的位错。较简单的一种是刃型位错，如图3-9所示，好像沿着某个晶面插入一列原子但又未插到底，如同刀刃切入一样。多出的一列原子位于晶体的上部，称为正刃型位错，用符号"⊥"表示；多出的一列原子位于晶体的下部，称为负刃型位错，用符号"⊤"表示。

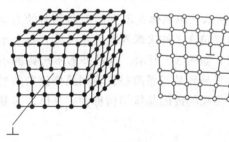

图3-9　刃型位错示意

3.2.2.3　面缺陷

面缺陷是指在两个方向上尺寸较大，而在另一个方向上尺寸很小的缺陷，如晶界和亚晶界。多晶体中存在晶界和亚晶界，晶界和亚晶界处原子不规则排列，导致晶格畸变，使晶界处能量高出晶粒内部，使晶界表现出与晶粒内部不同的性能。如晶界易被腐蚀；晶界的熔点较低；晶界处原子扩散速度较快；相变时晶界处先成核，所以细晶粒相变温度低；晶界的强度、硬度较晶粒高。

3.3　金属的结晶

3.3.1　金属的结晶过程

液态金属冷却到熔点温度时，原子从无序状态转变为按一定几何形状作有序排列的过程，称为结晶。结晶也可以是固态金属转变成固态金属，即固态金属的相变。

纯金属的结晶是在一定温度下进行的。它的结晶过程可以用冷却曲线来表示，如图3-10所示。冷却曲线有一水平线段，这就是实际结晶温度。因为结晶放出热量与冷却散失的热量一致，所以线段是水平的。由图3-10可知，实际结晶温度低于理论结晶温度。液态金属冷却到理论结晶温度以下才开始结晶的现象，称为过冷。而理论结晶温度（T_0）与实际结晶温度（T_n）的差，称为过冷度，用符号 ΔT 表示，即 $\Delta T = T_0 - T_n$。一种金属的过冷度不是恒定值，冷却速度越大，过冷度也越大。

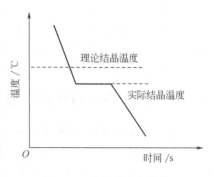

图 3-10　金属的冷却曲线

液态金属的结晶过程分两个阶段：①形成晶核，②晶核长大。图 3-11 表示纯金属的结晶过程。液态金属中存在着有序排列的原子小集团，随着液态金属原子的热运动，这些原子小集团时聚时散，当温度低于理论结晶温度时，这些原子小集团成为有规则排列的小晶体，称为晶核。晶核通过吸附周围的原子，沿各个方向以不同的速度长大，同时又有新的晶核形成、长大。当全部长大的晶体互相抵触，液态金属耗尽，结晶完毕。

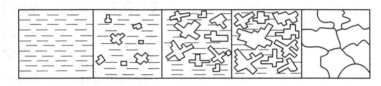

图 3-11　金属结晶过程示意

金属结晶后形成晶粒的大小与晶核数目和晶核长大的速度有关。液态金属中形成的晶核越多，每个晶核长大的余地就越小，长成的晶粒也就越细小。在铸造生产中采用变质处理来细化晶粒，也就是在液态金属中加入一些高熔点金属质点作为晶核，以增加晶粒数目，细化晶粒。这种方法称为变质处理，加入的物质称为变质剂。

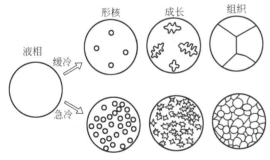

图 3-12　缓冷、急冷后晶粒大小示意

金属结晶时，晶粒的大小随冷却速度的增大而减小，故可采用增加过冷度的方法细化晶粒，如图 3-12 所示。

对于固态金属，可以用热处理或压力加工的方法细化晶粒。

3.3.2　金属的同素异构转变

多数金属结晶后的晶格类型保持不变，但有些金属（如 Fe、Co、Sn、Mn 等）的晶格类型，随温度的改变而改变。一种金属具有两种或两种以上的晶体结构，称为同素异构性。金属在固态时随着温度的改变，而改变其晶格结构的现象，称为同素异构转变，又称为重结晶。它同样遵循着形成晶核和晶核长大的结晶基本规律。

图 3-13 是纯铁的同素异构转变的冷却曲线。在 1538～1394℃时，铁为体心立方晶格，称为 δ-铁；在 1394～912℃时，铁为面心立方晶格，称为 γ-铁；在 912℃以下时，铁为体心

立方晶格，称为α-铁。

铁在同素异构转变时有体积的变化。α-铁转变成γ-铁时体积缩小，反之体积增大。晶体体积的改变，使金属材料内部产生内应力，这种内应力称为相变应力。

铁在770℃产生磁性转变，但晶格结构没有改变。770℃以上铁失去磁性。

3.3.3 金属铸锭的组织特点

液态金属结晶后形成的晶体称为铸态晶。在实际生产中，液态金属是在铸锭模中结晶的，铸锭的结晶属于大体积结晶，其特点是过冷度小，整个截面存在着明显的温度梯度，结晶是从表面至中心逐步进行，不是整个截面同时均匀结晶，所以，结晶后的组织粗细不均匀，形状也不同。将铸锭剖开可以看到三个不同的晶区，如图 3-14 所示。

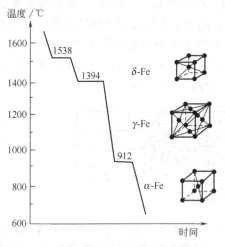

图 3-13　纯铁的同素异构转变的冷却曲线

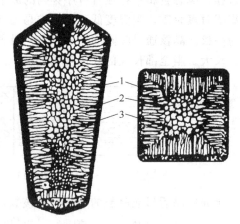

图 3-14　钢锭铸态组织示意
1—表面细小等轴晶粒层；2—柱状晶
粒层；3—中心粗大等轴晶粒层

3.3.3.1 表面细小等轴晶粒层

金属溶液注入铸型后，因铸型温度较低，冷却速度快，过冷度大，形核率高，所以产生细小等轴晶粒层。

等轴晶粒层是在散热没有方向性、近于同时结晶形成。其优点是组织致密，性能比较均匀一致，无脆弱晶界面，有良好的热加工性能和力学性能，但易形成缩松。

3.3.3.2 柱状晶粒层

当表面的细晶粒层形成后，紧接着是柱状晶粒层，它们的轴向都是垂直于型壁的。形成的原因是其结晶时，外层已有细晶粒层形成，液态金属的冷却速度降低，过冷度减小，形核率下降；又由于垂直于型壁方向散热比较容易，而且相邻晶粒之间的长大余地很小，互相抵触，所以生长成柱状晶粒。

柱状晶粒是在散热具有明显方向性（垂直于型壁），由外向里顺序结晶（晶粒沿温度梯度长大）形成的，其特点是性能具有方向性。由于柱状晶粒的交界面上易存杂质，所以热加工性能较低，但柱状晶粒之间组织致密，空隙、气孔较少，所以沿柱状晶粒的轴向强度高，韧性也较好，适用于那些只要求单向受力的零件。如涡轮叶片常采用定向结晶工艺得到柱状晶粒，以提高使用性能。

3.3.3.3 中心粗大等轴晶粒层

中心粗大等轴晶粒层的形成，是由于柱状晶粒的长大和散热越来越慢，而且截面上的温度差越来越小，中心区液体金属的温度逐渐趋于均匀，散热无明显的方向性，晶核向各方向等速长大；又由于中心部分的过冷度小，晶核少，所以形成较粗大的等轴晶粒。

在铸锭或铸件中，除组织不均匀外，还存在缩孔、缩松、夹杂及偏析等铸造缺陷，它们对铸件质量有很大影响。

复 习 题

3-1 什么是单晶体？什么是多晶体？各有什么特性？为什么？

3-2 常见的金属晶体结构有几种？它们的原子排列和晶格常数各有什么特点？α-Fe、γ-Fe、Mg、Zn 属于何种晶格结构？

3-3 求出面心立方晶格的致密度。

3-4 什么是过冷度？它对结晶过程和晶粒度的影响规律如何？

3-5 晶粒的大小对材料的力学性能有哪些影响？用哪些方法可使液态金属结晶后获得细晶粒？

3-6 什么是变质处理？其作用是什么？

3-7 实际金属晶体存在哪些缺陷？对材料性能有何影响？

3-8 简述实际金属晶体和理想晶体在结构和性能上的主要差异。

3-9 什么是同素异构转变？试画出纯铁的冷却曲线，并指出室温和 1100℃ 时的纯铁晶格有什么不同？分析曲线中出现"平台"的原因。

3-10 金属结晶的基本规律是什么？晶核的形核速率受到哪些因素的影响？

4　铁　碳　合　金

 ## 4.1　合金的相结构

由两种或两种以上的金属或金属与非金属组成的具有金属性质的物质称为合金。组成合金最基本的、独立的物质称为组元。一般来说，组元就是组成合金的化学元素，或者是稳定的化合物。由两种组元组成的合金称为二元合金。

液态合金在结晶时，合金组元间相互作用，形成具有一定晶体结构和一定成分的相。相是指合金中成分相同、结构相同，并与其他部分以界面分开的均匀组成部分。

一种或多种相按一定方式相互结合所构成的整体称为组织。相的相对数量、形状、尺寸和分布的不同，形成了不同的组织，不同的组织使合金具有不同的力学性能。

固态合金中的相，按其晶格结构的基本属性，可分为固溶体和金属化合物两类。

4.1.1　固溶体

合金在固态下，组元间相互溶解而形成的均匀相，称为固溶体。晶格与固溶体相同的组元称为固溶体的溶剂，溶质以原子状态分布在溶剂的晶格中，其他组元称为固溶体的溶质。根据溶质原子在溶剂晶格中所占的位置，固溶体分为间隙固溶体和置换固溶体。

4.1.1.1　间隙固溶体

溶质原子溶入溶剂晶格各结点间的间隙中而形成的固溶体，称为间隙固溶体，如图 4-1(a)所示。间隙固溶体是由一些原子半径较小 [$<1Å(1Å=1\times10^{-10}\,m)$ 的非金属元素，如 H、O、C、B、N]，溶入过渡族金属而形成，而且只有当溶质原子直径与溶剂原子直径的比值小于 0.59 时，才能形成间隙固溶体。溶质原子溶入溶剂晶格的间隙后，将使溶剂晶格发生畸变，晶格常数增大。溶入的溶质原子越多，引起的晶格畸变越大，当畸变达到某一程度后，溶剂晶格将变得不稳定，若再增加溶质原子，固溶体中将析出新相。因此，间隙固溶体只能是有限固溶体。

溶质原子溶入固溶体中的量，称为固溶体的浓度。在一定条件下，溶质原子在固溶体中的极限浓度，称为溶质原子在固溶体中的溶解度。间隙固溶体的溶解度与溶质原子半径及溶剂的晶格类型有关。溶质原子半径越小，溶解度越大；溶剂晶格类型不同，具有的间隙大小不同，溶解度也不同。

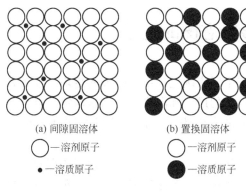

(a) 间隙固溶体　　　　(b) 置换固溶体

○—溶剂原子　　　　　○—溶剂原子

●—溶质原子　　　　　●—溶质原子

图 4-1　固溶体结构示意

4.1.1.2　置换固溶体

溶质原子溶入溶剂晶格，并占据溶剂原子的某些晶格结点位置而形成的固溶体，称为置换固溶体，如图 4-1（b）所示。溶质原子溶入溶剂原子造成溶剂晶格畸变，使晶格常数改变。如果溶质原子小于溶剂原子，引起晶格常数减小，反之，晶格常数增加。

在置换固溶体中，溶质原子在溶剂晶格中的分布一般是任意的、无规律的。如果溶质原子在溶剂晶格中的溶解度有一定限度，则叫有限互溶，形成有限置换固溶体；如果合金组元可以以任何比例相互溶解，如 Cu-Ni 合金，这叫无限互溶，形成无限置换固溶体。形成无限置换固溶体必须满足：溶质与溶剂晶格类型相同；溶质原子与溶剂原子直径几乎相等；溶质原子与溶剂原子电负性相接近。此外，溶质原子在溶剂晶格中的溶解度还与温度有关，温度越高，溶解度越大。

4.1.1.3　固溶体的性能

当溶质原子溶入溶剂晶格，使溶剂晶格发生畸变，导致固溶体强度、硬度提高，塑性和韧性略有下降的现象，称为固溶强化。如果溶质浓度适当，固溶体亦具有良好的塑性和韧性，所以，固溶体合金具有很好的综合力学性能。溶剂晶格畸变亦使其电阻增大，所以，高电阻合金都是固溶体合金。单相固溶体在电解质中不会像多相固溶体那样构成微电池，故单相固溶体合金的耐蚀性较高。

4.1.2　金属化合物

在合金中，当溶质含量超过固溶体的溶解度时，将析出新相。若新相的晶格结构与合金的另一组元相同，则新相为以另一组元为溶剂的固溶体。若新相的晶格类型和性能完全不同于任一组元，并具有一定的金属特性，则新相是合金组元相互作用形成的一种新物质——金属化合物，如 Fe_3C、Mg_2Si、$CuZn$、Cu_5Zn_8 等。

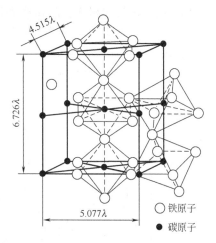

图 4-2　Fe_3C 的晶格形式

○铁原子
●碳原子

Fe_3C 又称渗碳体，具有复杂斜方晶格，如图 4-2 所示。Fe_3C 中 Fe 原子可以部分地被其他金属原子置换，形成以渗碳体为基体的固溶体，如 $(Fe、Mn)_3C$、$(Fe、Cr)_3C$ 等，称为合金渗碳体。

金属化合物一般具有复杂晶体结构。它熔点极高，硬度极高，脆性极大，塑性几乎为零。如 TiC 熔点为 3410℃，硬度为 2850HV；WC 熔点为 2876℃，硬度为 1730HV；Fe_3C 熔点为 1227℃，硬度为 860HV。

金属化合物呈细小颗粒状均匀分布在固溶体基体上时，使合金的强度、硬度、耐热性和耐磨性明显提高，这一现象称为弥散强化。因此，金属化合物在合金中常作为强化相，它是合金的重要组成相。

4.2　二元合金状态图的建立

合金存在的状态由合金的成分、温度和压力三个因素确定。由于合金的熔炼、加工处理通常在常压下进行，所以，合金存在的状态可由合金的成分和温度两个因素确定。合金的成分或温度改变，合金中所存在的相及相的相对量也发生改变，合金的组织和性能也发生改变。

合金相图是表示在平衡状态下合金系中的合金状态与温度、成分之间关系的图解。利用相图可以知道各种成分的合金在不同温度下存在哪些相、各个相的成分及其相对含量。分析合金在结晶过程中的变化规律，可以知道相的形状、大小和分布状况，即组织状态，预测合金的性能。

由两组元组成的合金系构成的相图，称为二元合金相图，又称为二元合金平衡相图或二元合金状态图。

4.2.1　二元相图的建立

现以铜镍二元合金为例来说明二元合金状态图的构成法。将铜镍两种金属配制成一系列不同成分的合金，并用实验方法测定出其冷却曲线。在温度-成分坐标图上，将各个开始结晶的温度点连接起来，构成了 AaB 线，称为液相线；将终止结晶的温度线连接起来，构成了 AbB 线，称为固相线。液相线和固相线将相图分为三个相区，液相线以上为单相液态，用"L"表示；固相线以下为单相固态，用"α"表示；液相线和固相线之间为固、液共存的二相区，用"$L+\alpha$"表示。

A 点（1083℃）为纯铜的熔点；B 点（1455℃）为纯镍的熔点，如图4-3所示。

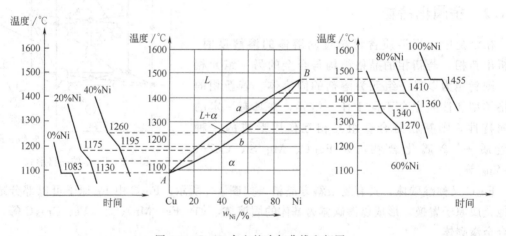

图4-3　Cu-Ni合金的冷却曲线和相图

二组元在液态和固态均能无限互溶所构成的相图，称为二元匀晶相图。如 Cu-Ni、Cu-Au、Au-Ag、Fe-Cr、W-Mo、Bi-Sb 等二元合金系，均为匀晶相图，如图4-3所示。

4.2.2　杠杆定律

在结晶过程中，液、固二相的成分分别沿液相线和固相线变化。设有 Cu-Ni 合金，合金中含 Ni 量为 K，若想知道它在 t_x（℃）时液、固二相的成分，可作一条代表 t_x（℃）的水平线，令其与液相线和固相线分别交于 x 及 x'，那么 x 及 x' 的横坐标就代表 t_x（℃）时液、固两平衡相的成分。即液相中含 Ni 量为 x；固相中含 Ni 量为 x'，如图 4-4(a) 所示。

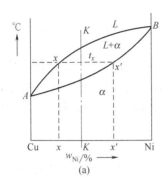 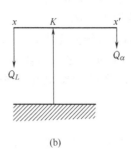

图 4-4　杠杆定律的力学比喻

设合金的总质量为 1，液相的质量为 Q_L，固相的质量为 Q_α，则

$$Q_L + Q_\alpha = 1 \tag{4-1}$$

$$Q_L x + Q_\alpha x' = K \tag{4-2}$$

解方程 (4-1) 与方程 (4-2) 得

$$Q_L = \frac{x-K}{x'-x}; \quad Q_\alpha = \frac{K-x}{x'-x}$$

由图 4-4(b) 所示的线段关系，上式可改写成

$$Q_L = \frac{Kx'}{xx'}; \quad Q_\alpha = \frac{xK}{xx'}$$

$$\frac{Q_L}{Q_\alpha} = \frac{Kx'}{xK} \tag{4-3}$$

由图 4-4(b) 可见，液、固二相的相对量关系，如同力学中的杠杆定律。因此，在相平衡的计算中，称式 (4-3) 为杠杆定律。必须注意：杠杆定律只适用于两相平衡区中，两平衡相的相对含量。

4.2.3　共晶相图

两组元在液态时无限互溶，固态时有限互溶，结晶时发生共晶转变，形成共晶组织的相图，称为共晶相图。Pb-Sn、Pb-Sb、Ag-Cu、Al-Si 等合金的相图，都属于共晶相图，如图 4-5 所示。

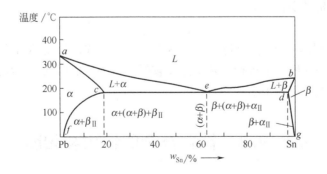

图 4-5　标明组织组成物的 Pb-Sn 相图

aeb 为液相线，$acedb$ 为固相线。a 点（327℃）为 Pb 的熔点，b 点（232℃）为 Sn 的熔点。cf 为 Sn 溶于 Pb 的溶解度曲线，dg 为 Pb 溶于 Sn 的溶解度曲线，溶解度曲线又称固溶线。合金系有三个相：液相 L、固相 α 和 β。α 相是 Sn 溶于 Pb 的固溶体，β 相是 Pb 溶于 Sn 的固溶体。

相图中有三个单相区：L、α 和 β。三个两相区：$L+\alpha$、$L+\beta$ 及 $\alpha+\beta$。一个三相区：$L+\alpha+\beta$，即水平线 ced。

c 点以左的合金结晶完毕时，都是 α 固溶体；d 点以右的合金结晶完毕时，都是 β 固溶体；成分在 c 点和 d 点之间的合金，当温度下降到 ced 线（183℃）时，成分为 e 点的液态合金在结晶时，将同时结晶出成分为 c 点的 α 固溶体（α_c）和成分为 d 点的 β 固溶体（β_d），即

$$L_e \rightarrow \alpha_c + \beta_d$$

这种一定成分的液相，在一定温度下，同时结晶成分不同的两种固相的转变，称为共晶转变。e 点称为共晶点，ced 线称为共晶线。成分对应于共晶点的合金称为共晶合金，成分位于 ce 之间的合金称为亚共晶合金，成分位于 ed 之间的合金称为过共晶合金。

为了研究组织的方便，常常将组织组成物标注在合金的相图上，如图 4-5 所示。常温状态下，Pb-Sn 合金的组织分为五个区：$\alpha+\beta_{II}$、$\alpha+(\alpha+\beta)+\beta_{II}$、$(\alpha+\beta)$、$\beta+(\alpha+\beta)+\alpha_{II}$、$\beta+\alpha_{II}$，组织组成物为 α、α_{II}、β、β_{II}、$(\alpha+\beta)$。β_{II} 为从 α 相中析出的 Pb 溶于 Sn 的固溶体，α_{II} 为从 β 相中析出的 Sn 溶于 Pb 的固溶体，α_{II} 和 β_{II} 称为次生相或二次相。它们与从液相中析出的初生相 α 和 β 成分和结构相同，但它们的形态、数量、分布均不相同。因此，α 与 α_{II}（或 β 与 β_{II}）同是一种相，但却是两种不同的组织。α 和 β 相形成温度较高，晶粒较粗大，呈树枝状或颗粒状；α_{II} 和 β_{II} 形成温度较低，呈细小颗粒状分布在固溶体 α（或 β）晶粒内或呈网状分布在固溶体 α（或 β）晶界上。

亚共晶合金的最终组织为 $\alpha+(\alpha+\beta)+\beta_{II}$，过共晶合金的最终组织为 $\beta+(\alpha+\beta)+\alpha_{II}$。

4.2.4 共析相图

从一个固相中同时析出成分和晶体结构完全不同的两种新的固相的转变过程，称为共析转变。图 4-6 为具有共析转变的二元合金相图。图中 A、B 为两组元，合金结晶后得到 γ 固溶体，γ_c 固溶

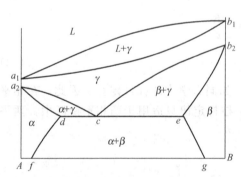

图 4-6 具有共析转变的二元合金相图

体在恒温下进行共析转变：

$$\gamma_c \rightarrow \alpha_d + \beta_e$$

$\alpha_d + \beta_e$ 称为共析体，c 点为共析点，dce 为共析线，对应的温度称为共析温度。

因为共析转变是在固态下进行，转变温度较低，原子扩散困难，因而过冷度较大。与共晶体相比，共析体的组织较细小且均匀。

4.3 铁碳合金的结构和相图

铁碳合金是以铁为基础的合金，也是钢和铁的统称，它是工业上应用最广泛的合金。

4.3.1 铁碳合金的基本组织

铁是具有同素异构的金属。铁碳合金的基本组元是 Fe 与 Fe_3C，属于二元合金。其基本相有铁素体、奥氏体和渗碳体三种。由基本相组成的铁碳合金的基本组织有铁素体、奥氏体、渗碳体、珠光体、莱氏体和低温莱氏体六种。其特性归纳列于表 4-1 中。

表 4-1　铁碳合金中的基本组织

名称与符号	铁素体(F)	奥氏体(A)	渗碳体(Fe_3C)	珠光体(P)	莱氏体(L_d)	低温莱氏体(L_d')
定义	C溶于α-Fe	C溶于γ-Fe	$Fe+C \rightarrow Fe_3C$	$F+Fe_3C$	$A+Fe_3C$	$P+Fe_3C$
组织类型	固溶体	固溶体	金属间化合物	机械混合物	机械混合物	机械混合物
组织形态	等轴状、片状	等轴状	片状、粒状、网状	层片状	鱼骨状	斑点状
力学性能	良好的塑性和韧性		硬而脆	综合力学性能好	硬而脆	

不同成分的铁碳合金在不同温度下的各类组织，就是由以上一种或几种基本组织所构成的。

4.3.2 铁碳合金相图

铁碳合金相图是研究铁碳合金用的基本图表。由于含碳量大于 6.69% 的铁碳合金脆性极大，没有使用价值，再者 Fe_3C 是一个稳定的化合物，可以把 Fe_3C 作为一个独立的合金组元。因此，一般研究的 Fe-C 相图实际是 Fe 与 Fe_3C 所组成的相图，图 4-7 所示是表明组织组成物的 Fe-Fe_3C 相图。

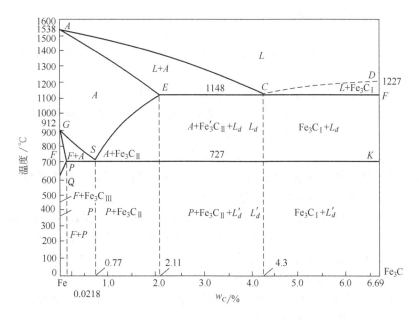

图 4-7　简化后的 Fe-Fe_3C 相图

Fe-Fe_3C 相图表示了铁碳合金系中不同含碳量的合金在冷却过程中所发生的相变，各温度时合金的相组成物和组织组成物，可以由合金的室温组织了解它们的力学性能，确定其应用范围，对零件的选材、加工工艺的制定有着直接的指导意义。

4.3.2.1 Fe-Fe₃C 相图中的特性点

Fe-Fe$_3$C 相图中有 10 个特性点，其中 P 点、S 点、E 点、C 点是 4 个最为重要的特性点。

P 点（727℃，0.0218%C）：碳在铁素体中达到的最大溶解度点，共析转变时析出的铁素体成分点。

S 点（727℃，0.77%C）：共析转变点，碳在奥氏体中达到的最小溶解度点。

E 点（1148℃，2.11%C）：碳在奥氏体中达到的最大溶解度点，共晶转变时析出的奥氏体成分点。

C 点（1148℃，4.3%C）：共晶转变点。

相图中其余各特性点的温度、含碳量及涵义见表 4-2。

表 4-2 铁碳相图中特性点数据

符 号	A	D	F	G	K	Q
温度/℃	1538	1227	1148	912	727	600
含碳量/%	0	6.69	6.69	0	6.69	0.0057
说明	纯铁的熔点	渗碳体的熔点	渗碳体的成分点	α-Fe 与 γ-Fe 转变点	渗碳体的成分点	600℃时碳在 α-Fe 中的溶度点

4.3.2.2 Fe-Fe₃C 相图中的特性线与相区

ACD 线为液相线，$AECF$ 线为固相线。

ECF 线为共晶线。即含碳量为 4.3% 的 Fe-C 合金的液相在 1148℃时，同时生成含碳量为 2.11% 的奥氏体和含碳量为 6.69% 的渗碳体的共晶转变线。共晶转变的产物称为共晶体，共晶体中的渗碳体称为 Fe$_3$C$_{共晶}$。其反应式为

$$L_C \Longleftrightarrow (A_E + Fe_3C_{共晶})$$

由于奥氏体与渗碳体在恒温下同时生成，因此形成在渗碳体上弥散分布鱼骨状奥氏体的机械混合物——莱氏体 L_d。

PSK 线为共析线。即含碳量为 0.77% 的奥氏体在 727℃时，同时析出含碳量为 0.0218% 的铁素体和含碳量为 6.69% 的渗碳体的转变线。共析转变的产物称为共析体，共析体中的渗碳体称为 Fe$_3$C$_{共析}$。其反应式为

$$A_S \Longleftrightarrow (F_P + Fe_3C_{共析})$$

由于铁素体与渗碳体在恒温下同时析出，两相互相制约生长，因此形成铁素体与渗碳体层片交替排列的细密的机械混合物——珠光体 P。

可以看出，共晶转变与共析转变很相似。两者的区别在于：共晶反应的母相是液体，而共析反应的母相是固溶体。此外，相图中还有三条较重要的特性线（ES，PQ，GS）。

① ES 线是碳在奥氏体中的溶解度曲线。在 1148℃（E 点）奥氏体的最大溶碳量是 2.11%；在 727℃（S 点）奥氏体的最小溶碳量为 0.77%。因此，含碳量大于 0.77% 的 Fe-C 合金，自 1148℃冷却到 727℃的过程中，将从奥氏体中析出渗碳体，这种渗碳体称为二次渗碳体（Fe$_3$C$_{\rm II}$）。ES 线又称为 A_{cm} 线。

② PQ 线是碳在铁素体中的溶解度曲线。在 727℃（P 点）铁素体的最大溶碳量是 0.0218%；在 200℃时，仅能溶解 7×10^{-7}%C。所以 Fe-C 合金由 727℃冷却到室温时，将由铁素体中析出渗碳体，这种渗碳体称为三次渗碳体（Fe$_3$C$_{\rm III}$）。

③ GS 线，又称 A_3 线。合金在冷却过程中，由奥氏体析出铁素体的开始线，或者说是

在加热时，铁素体溶入奥氏体的终了线。

相图中有四个基本相，相应的有四个单相区：ACD 以上为液相区 L，$AGSE$ 区为奥氏体（A）相区，$GPQG$ 区为铁素体（F）相区，DFK 线为渗碳体（Fe_3C）相区。

相图中有五个两相区：$L+A$、$L+Fe_3C$，$A+F$，$A+Fe_3C$，$F+Fe_3C$。

共晶线与共析线可看作是三相共存的三相区：$L+A+Fe_3C$，$A+F+Fe_3C$。

相图中的两相区的两个组成相由其相邻的两个单相区决定。因此，可以由单相区填写出两相区的相组成物。

4.3.2.3　Fe-Fe₃C 相图中铁碳合金的分类

根据成分不同，铁碳合金可分为三大类，见表4-3。

表 4-3　铁碳合金的分类

合金种类	工业纯铁	碳　钢			白口铸铁（又称生铁）		
		亚共析钢	共析钢	过共析钢	亚共晶白口铸铁	共晶白口铸铁	过共晶白口铸铁
含碳量/%	<0.0218	0.0218~0.77	0.77	0.77~2.11	2.11~4.3	4.3	4.3~6.69
室温组织	P	$F+P$	P	$P+Fe_3C_{II}$	$P+Fe_3C_{II}+L'_d$	L'_d	$Fe_3C_I+L'_d$
力学性能	软	塑性、韧性好	综合力学性能好	硬度大、塑性低	硬而脆		

4.3.3　典型成分合金平衡结晶过程分析

平衡结晶过程是指合金由液态缓慢冷却到室温所发生的组织转变的过程。通过对它的分析，可以了解某成分的合金在温度下降的每个阶段的相组成和相的相对量的变化，直至推导出室温组织。下面列举 6 个典型的铁碳合金，分析其结晶过程。

4.3.3.1　共析钢、亚共析钢、过共析钢的结晶过程分析

含碳量小于 2.11% 的共析钢、亚共析钢和过共析钢，从液态缓慢冷却到室温的过程中，均无共晶转变，室温组织均由奥氏体转变而来。

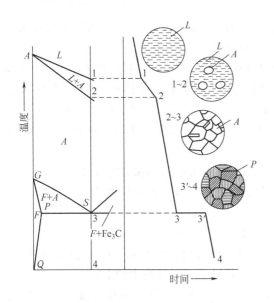

图 4-8　共析钢的结晶过程示意

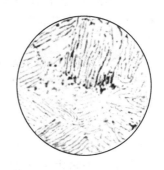

图 4-9　共析钢的显微组织示意

图 4-8 为共析钢的结晶过程示意图。温度在 1～2 区间之间，按匀晶方式形成单相奥氏体，奥氏体冷却到 727℃（3 点）时，发生共析转变，形成珠光体。温度继续降低时，铁素体的溶碳量沿 *PQ* 线变化，析出 Fe_3C_{III}，并与共析渗碳体混在一起，不易分辨。因此，共析钢室温组织仍为珠光体，它是呈片状的铁素体与呈片状的渗碳体形成的机械混合物，其中亮白色基底为铁素体，黑色线条为渗碳体，如图 4-9 所示。

图 4-10 为亚共析钢的结晶过程示意图。温度降至 1 点后开始从液相中析出奥氏体，温度继续下降到 2 点后，合金全部凝固，形成单相奥氏体。继续冷至 3 点，奥氏体中析出铁素体。到 4 点时，奥氏体含碳量变为 0.77%，这时便发生共析转变，形成珠光体，原先析出的铁素体保持不变，所以亚共析钢转变结束后，合金的组织为铁素体和珠光体，继续冷却时，铁素体中会析出 Fe_3C_{III}，因其量极少，可忽略不计。亚共析钢在室温时，其组织由呈颗粒状的铁素体和呈层片状的珠光体组成，如图 4-11 所示。

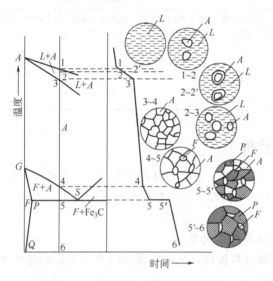

图 4-10　亚共析钢的结晶过程示意

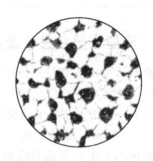

图 4-11　亚共析钢的显微组织示意

所有的亚共析钢，室温时的组织都是由铁素体和珠光体组成，其差别仅是铁素体和珠光体的相对量不同，含碳量越高，珠光体越多，铁素体越少。

图 4-12 为过共析钢结晶过程示意图。合金冷却到 1 点，开始从液相中结晶出奥氏体，直至 2 点凝固完毕，形成单相奥氏体，当冷却到 3 点，开始从奥氏体中析出二次渗碳体（Fe_3C_{II}）。二次渗碳体沿奥氏体晶界析出，呈网状分布。至 4 点（727℃）时，奥氏体成分变为含碳量 0.77%，发生共析转变，形成珠光体。最终组织为珠光体与二次网状渗碳体，如图 4-13 所示。

4.3.3.2　共晶白口铸铁、亚共晶白口铸铁、过共晶白口铸铁的结晶过程分析

含碳量大于 2.11% 的三种白口铸铁均发生共晶转变。共晶产物莱氏体冷却至共析线后转变为低温莱氏体，反应式为

$$L_d(A_E + Fe_3C_{共晶}) \rightarrow L'_d(P + Fe_3C_{II} + Fe_3C_{共晶})$$

其实质是共晶奥氏体析出二次渗碳体，并在 727℃ 时转变为珠光体。组织中的铁素体、渗碳体、珠光体和低温莱氏体一旦形成，在随后的冷却过程中不再发生相变。

图 4-14 为共晶白口铸铁结晶示意图。合金在 1 点（1148℃）发生共晶转变，形成由共晶渗碳体和共晶奥氏体组成的机械混合物——高温莱氏体 L_d。继续冷却时共晶奥氏体中析

出二次渗碳体，二次渗碳体与共晶渗碳体混在一起，无法分辨。温度降到2点（727℃）时，共晶奥氏体的含碳量降到0.77%，发生共析转变，形成珠光体。因此，室温时共晶白口铸铁是由共晶渗碳体、珠光体和二次渗碳体组成，这种组织称为低温莱氏体L'_d。图中黑色部分为珠光体，白色基体为渗碳体，如图4-15所示。

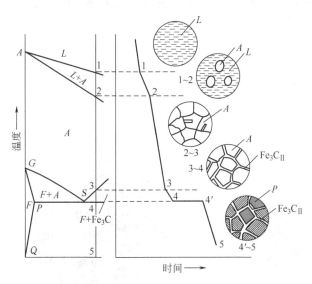

图4-12 过共析钢的结晶过程示意

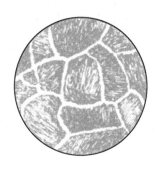

图4-13 过共析钢的显微组织示意

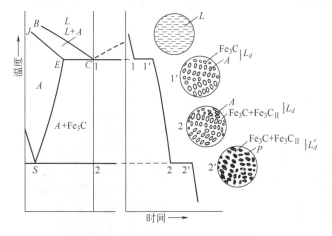

图4-14 共晶白口铁结晶过程示意

图4-15 共晶白口铁显微组织示意

图4-16为亚共晶白口铁结晶示意图。合金冷却到1点，从液相中结晶出初晶奥氏体，随着温度下降，初晶奥氏体不断增多，液相不断减少，冷却到2点（1148℃）时，奥氏体含碳量为2.11%，液相的含碳量为4.3%，液相发生共晶转变，形成高温莱氏体，合金组织为初晶奥氏体和高温莱氏体L_d。在2~3点之间继续冷却时，初晶奥氏体和共晶奥氏体都要析出二次渗碳体，随着二次渗碳体的析出，至3点（727℃）时，奥氏体的含碳量下降到0.77%，发生共析转变，初晶奥氏体和共晶奥氏体都转变为珠光体，亚共晶白口铸铁在室温下的组织是珠光体，二次渗碳体和低温莱氏体L'_d。图中黑色块状或树枝状部分为初晶奥氏体转变成的珠光体，基体为低温莱氏体，从初晶奥氏体和共晶奥氏体中析出的二次渗碳体与

共晶渗碳体混合在一起，在显微镜下无法分辨，如图 4-17 所示。

　　图 4-18 为过共晶白口铁的结晶过程示意图。当合金冷却到 1 点，开始从液相中结晶出初晶渗碳体，也叫一次渗碳体（Fe_3C_I），　次渗碳体呈粗大片状，在合金继续冷却的过程中不再发生变化。当温度继续下降到 2 点（1148℃）剩余液相含碳量达到 4.3%，发生共晶转变，形成高温莱氏体。过共晶白口铁的室温组织为一次渗碳体与低温莱氏体，如图4-19所示。

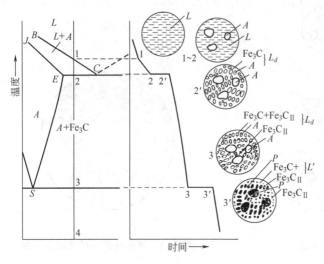

图 4-16　亚共晶白口铁结晶过程示意

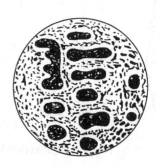

图 4-17　亚共晶白口铁显微组织示意

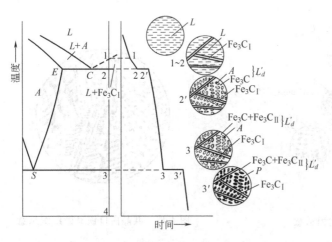

图 4-18　过共晶白口铁结晶过程示意

图 4-19　过共晶白口铁显微组织示意

4.3.4　铁碳合金的应用

4.3.4.1　铁碳合金的相组成物、组织组成物的相对含量

　　钢和白口铸铁中的相组成物和组织组成物的相对含量，可根据 Fe-C 相图运用杠杆定律进行计算，计算的结果可绘制在以成分为横坐标，以相对含量为纵坐标的图上，如图 4-20 所示。

4.3.4.2　含碳量对铁碳合金力学性能的影响

　　当含碳量增多，不仅渗碳体的数量增加，而且渗碳体存在的形式也发生变化，由分散在

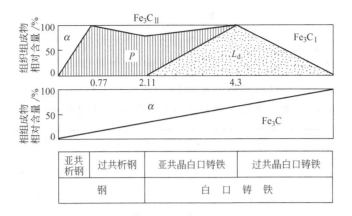

图 4-20　铁碳合金的相组成物、组织组成物的相对含量
与含碳量的关系

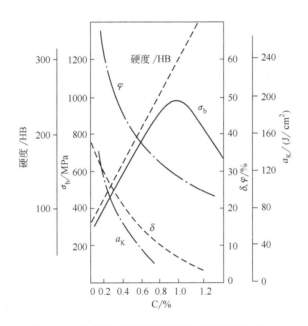

图 4-21　含碳量对钢的平衡组织力学性能的影响

铁素体基体内（如珠光体）变成分布在珠光体的晶界上，最后当形成莱氏体时，渗碳体又作为基体出现。

　　渗碳体是个强化相。如果渗碳体分布在固溶体晶粒内，渗碳体的量越多，越细小，分布越均匀，材料的强度就越高；当渗碳体分布在晶界上，特别是作为基体时，材料的塑性和韧性将大大下降。含碳量对钢的平衡组织力学性能的影响如图 4-21 所示。

　　对亚共析钢来说，随着含碳量的增加，组织中珠光体的数量相应地增加，钢的硬度、强度呈直线上升，而塑性则相应降低。

　　对过共析钢来说，缓冷后由珠光体与二次渗碳体所组成，随着含碳量的增加，二次渗碳体发展成连续网状。当含碳量超过 1.2% 时，钢变得硬、脆、强度下降。

　　对白口铸铁来说，由于出现了以渗碳体为基体的莱氏体，性能硬脆，难以切削加工，故很少应用。

复 习 题

4-1 解释下列名词：合金、组元、相、组织、固溶体、化合物。

4-2 形成无限置换固溶体必须满足哪三个条件？

4-3 什么是固溶强化？什么是弥散强化？

4-4 根据 Fe-Fe₃C 平衡状态图，确定下列钢在给定温度时的组织：

含碳量/%	温度/℃	组织	温度/℃	组织	温度/℃	组织
0.2	770		900		20	
0.8	680		770		20	
1.2	700		740		20	

4-5 试绘简化的 Fe-Fe₃C 平衡状态图中钢的部分，标出各特性点的符号，填写各区组织名称。

4-6 分析在缓慢冷却条件下，45 钢和 T10 钢的结晶过程，并画出室温金相显微组织示意图。

4-7 试求含碳量为 1.2% 的钢，室温下的相组成物和组织组成物的相对含量，并画出其在室温下的显微组织示意图。

4-8 什么是共晶转变和共析转变？计算珠光体在共析温度和莱氏体在共晶温度时的相组分的相对含量。

4-9 已知铁素体的硬度为 80HBS，渗碳体硬度为 800HBW。根据两相混合物的合金性能变化规律，计算珠光体的硬度。为什么实际测得的珠光体硬度都要比计算结果高？

4-10 试说明碳含量对材料的力学性能有什么影响？

5 钢的热处理

钢的热处理是将固态钢件通过加热、保温和冷却的工艺方法使钢的内部组织结构发生变化，从而获得所需性能的一种加工工艺。

热处理的特点是改变零件或毛坯的内部组织和力学性能，而不改变其形状和尺寸。它能消除毛坯（如铸件、锻件等）中缺陷，改善毛坯的切削性能；改善零件和工模具的力学性能，延长其使用寿命；并为减小零件尺寸，减轻零件质量，提高产品质量，降低成本提供了可能性。因此，机械设备中几乎 90% 以上的零件都要经过不同的热处理后才能使用。

热处理的基本类型大致分为普通热处理（退火、正火、淬火和回火）、表面热处理（表面淬火、渗碳、渗氮、碳氮共渗等表面化热处理）及特殊热处理（形变热处理等）。

要了解各种热处理工艺方法，必须首先研究钢在加热（包括保温）和冷却过程中组织变化的规律。

5.1 钢在加热时的组织转变

由 Fe-Fe$_3$C 相图得知，PSK 线、GS 线和 ES 线是碳钢在极缓慢地加热或冷却时的相变温度，在热处理中则分别以 A_1、A_3 和 A_{cm} 来表示，因此，A_1、A_3 和 A_{cm} 点都是相变临界点，如图 5-1 所示。在实际生产中，加热和冷却并不是极缓慢的，故相变点在加热时要高于平衡相变点，冷却时要低于平衡相变点，加热和冷却速度越大，相变点偏离平衡点的位置也越大。由图 5-1 可知，实际加热时各临界点的位置分别为图中的 A_{c_1}、A_{c_3}、A_{cm} 线，而实际冷却时各临界点的位置分别为 A_{r_1}、A_{r_2} 和 $A_{r_{cm}}$。

钢进行热处理时首先要加热，任何成分的碳钢加热到 A_1 点以上时，其组织都要发生珠光体向奥氏体的转变，这种转变称为奥氏体化。奥氏体化是钢进行组织转变的基本条件，下面以共析钢为例，分析奥氏体的形成过程。

5.1.1 奥氏体的形成

共析钢加热到 A_{c_1} 点以上时，珠光体将转变成奥氏体。珠光体向奥氏体的转变过程中必须进行晶格的转变和铁、碳原子的扩散。奥氏体的形成遵循形核和长大的基本规律，并通过下列四个阶段来完成，如图 5-2 所示。

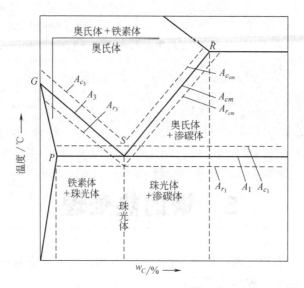

图 5-1 实际加热和冷却时 Fe-Fe₃C 相图上各相变点的位置

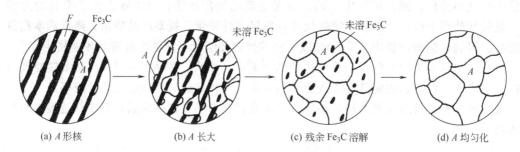

(a) A 形核   (b) A 长大   (c) 残余 Fe₃C 溶解   (d) A 均匀化

图 5-2 共析碳钢中奥氏体形成过程示意

5.1.1.1 奥氏体晶核的形成

奥氏体晶核首先在铁素体与渗碳体的相界面上形成，如图 5-2(a) 所示。这是因为相界面上碳浓度分布不均匀，位错和空位密度较高，原子排列不规则，处于能量较高状态。此外，因奥氏体的含碳量介于铁素体和渗碳体之间，故在两相的相界面上为奥氏体的形核提供了良好的条件。

5.1.1.2 奥氏体的长大

奥氏体晶核形成后朝着相界面两侧逐渐长大，如图 5-2(b) 所示。它的长大是依靠铁、碳原子的扩散，使相邻的铁素体晶格转变为面心立方晶格的奥氏体同时渗碳体不断溶入奥氏体而进行的。由于渗碳体的晶体结构与奥氏体差别很大，在平衡条件下，一份渗碳体溶解将促使几份铁素体转变，因此铁素体向奥氏体转变的速度远比渗碳体溶解速度快得多，珠光体中的铁素体率先全部转变为奥氏体，此时奥氏体的长大基本结束。

5.1.1.3 残余渗碳体的溶解

铁素体全部消失后，仍有部分渗碳体未溶解。随保温时间延长，残留在奥氏体中的渗碳体通过碳原子的扩散，不断溶入奥氏体中，直至全部消失为止，如图 5-2(c) 所示。

5.1.1.4 奥氏体成分均匀化

当残余渗碳体完全溶解后，奥氏体中碳浓度是不均匀的，原先是渗碳体的地方碳浓度较高，而原先是铁素体的地方碳浓度较低。只有继续延长保温时间，通过碳原子的扩散才能获得成分较均匀的奥氏体。

对于亚共析钢和过共析钢，加热温度超过A_{c_1}点时，只能使原组织中的珠光体转变为奥氏体，奥氏体化过程与共析钢基本相同，但仍保留部分先共析铁素体或二次渗碳体组织。只有当加热温度超过A_{c_3}点或$A_{c_{cm}}$点，并保温足够的时间，才能使铁素体或二次渗碳体组织完全转变为奥氏体，获得均匀的单相奥氏体。

5.1.2　奥氏体的形成速度

共析钢加热到A_{c_1}点以上某一温度，奥氏体并不是立即出现，而是需要保温一定时间才开始形成，这段时间称为孕育期。因为形成奥氏体晶核需要原子的扩散，扩散需要一定时间。随着温度的升高，原子扩散速度加快，孕育期缩短。例如在740℃等温转变时，经过10s转变才开始，而在800℃等温时，瞬间转变便开始。

加热温度越高，原始组织越细小，奥氏体形成速度越快。

5.1.3　奥氏体晶粒大小及其影响因素

奥氏体的晶粒大小，决定了其冷却后转变产物的晶粒大小和性能。因此需要了解奥氏体晶粒度的概念及影响奥氏体晶粒度的因素。

5.1.3.1　奥氏体的晶粒度

奥氏体的晶粒大小用晶粒度表示。晶粒度分8级，各级晶粒度的晶粒大小如图5-3所示。晶粒度级别N与晶粒大小有如下关系：$n=2^{N-1}$。式中，n表示放大100倍时，每平方英寸（6.45cm^2）中的平均晶粒数。由此可知，晶粒度级别N越小，单位面积中的晶粒数目

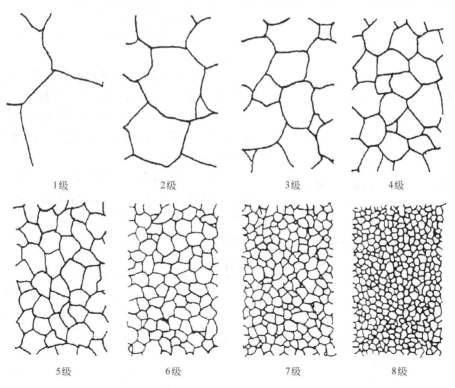

1级　　　2级　　　3级　　　4级

5级　　　6级　　　7级　　　8级

图5-3　标准晶粒等级示意

越少，则晶粒尺寸越大。通常 1～4 级为粗晶粒，5～8 级为细晶粒。

5.1.3.2 影响奥氏体晶粒长大的因素

奥氏体晶粒长大的过程是奥氏体晶界迁移的过程，其实质是原子在晶界附近的扩散过程。所以一切影响原子扩散迁移过程的因素都能影响奥氏体晶粒的长大。

（1）加热温度 随加热温度升高，奥氏体晶粒急剧长大。这是由于晶粒长大是通过原子扩散进行的，而扩散速度随温度升高呈指数关系增加。在影响奥氏体长大的诸因素中，温度的影响最显著。因此，为了获得细小奥氏体晶粒，热处理时必须规定合适的加热温度范围。一般都是将钢加热到相变点以上某一适当温度。

（2）保温时间 钢在加热时，随保温时间的延长，晶粒不断长大。但随时间延长，晶粒长大速度越来越慢，当奥氏体晶粒长大到一定尺寸后，继续延长保温时间，晶粒不再明显长大。

（3）加热速度 加热速度越大，奥氏体转变时的过热度越大，奥氏体的实际形成温度越高，奥氏体的形核率大于长大速率，因此获得细小的起始晶粒。但保温时间不能太长，否则晶粒反而更粗大。所以，生产中常采用快速加热和短时间保温的方法来细化晶粒。

5.2 钢在非平衡冷却时的转变

冷却过程是钢热处理的关键工序，它决定了钢在热处理后的组织和性能。在热处理生产中，冷却速度是比较快的，因此奥氏体的组织转变不完全符合 Fe-Fe$_3$C 相图所反映的规律。

经奥氏体化的钢快速冷却至 A_{r_1} 点以下，处于不稳定状态还未进行转变的奥氏体，称为过冷奥氏体。

过冷奥氏体冷却到室温有两种方式，如图 5-4 所示。

（1）连续冷却 把奥氏体化的钢置于某种冷却介质（如空气、水、油）中，连续冷却到室温。

（2）等温冷却 把奥氏体化的钢快速冷却到 A_{r_1} 点以下的某一温度，保持恒温，使过冷奥氏体完成其组织转变过程。

冷却方式不同，冷却速度不同，钢中奥氏体转变的过程也不同，直接影响室温下钢获得的组织和性能。表 5-1 为 45 钢在同样奥氏体化条件下，不同冷却速度对其力学性能的影响。所以冷却方式是热处理工艺中最重要的问题之一。

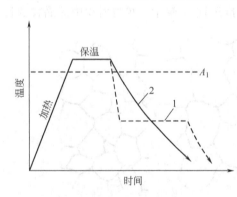

图 5-4 过冷奥氏体冷却示意
1—等温冷却；2—连续冷却

表 5-1 45 钢在不同冷却速度时的力学性能

冷却方式	σ_b/MPa	σ_s/MPa	δ/%	硬度/HRC
随炉冷却	530	280	32.5	15～18
空气中冷却	670～720	340	15～18	18～24
油中冷却	900	620	18～20	40～50
水中冷却	1100	720	7～8	52～60

5.2.1 过冷奥氏体等温转变曲线

过冷奥氏体等温转变曲线是研究过冷奥氏体等温转变的重要工具。

5.2.1.1 过冷奥氏体等温转变曲线的建立

过冷奥氏体等温转变曲线常用金相法来测定。它是将若干组奥氏体化的共析碳钢薄片快速冷却到 A_1 线以下不同温度（如 720℃、700℃、650℃、600℃……）的等温浴槽中保温，然后测定各个不同温度下过冷奥氏体转变开始的时间和转变终止的时间，如图 5-5 所示。将图 5-5 中的转变开始时间和转变终止时间标记到温度-时间为坐标的图上，并把各转变开始点及终止点用光滑曲线连接起来，便可得到共析碳钢过冷奥氏体等温转变曲线，如图 5-6 所示，根据英文名称字头，它称为 TTT 曲线。由于曲线的形状与"C"字相似，故共析碳钢过冷奥氏体等温转变曲线又简称"C"曲线。

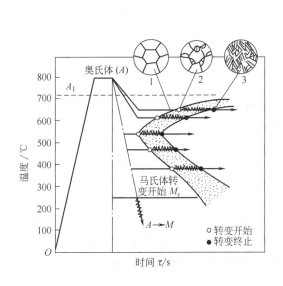

图 5-5 共析碳钢 TTT 曲线建立方法示意

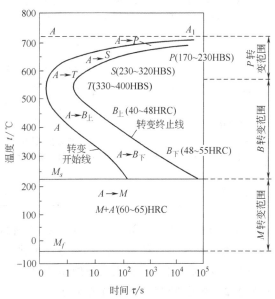

图 5-6 共析碳钢 C 曲线及转变产物

5.2.1.2 共析碳钢等温转变曲线的分析

图 5-6 中，A_1 线以上是奥氏体稳定区域，C 曲线中左边一条曲线为过冷奥氏体转变开始线——P_s 曲线，右边一条曲线为过冷奥氏体转变终止线——P_f 曲线，A_1 线以下和转变开始线以左为过冷奥氏体区。由纵坐标轴到转变开始线之间的水平距离表示过冷奥氏体等温转变前所经历的时间，称为孕育期。过冷奥氏体在不同温度下等温转变所需的孕育期是不同的。随转变温度降低，孕育期先逐渐缩短，然后又逐渐变长，在 550℃ 左右孕育期最短，过冷奥氏体最不稳定，它的转变速度最快，这里称为 C 曲线的"鼻尖"。A_1 以下，转变终止线以右的区域为转变产物区，在转变开始线和转变终止线之间为过冷奥氏体和转变产物共存区。

在图 5-6 中，水平线 M_s（230℃）为马氏体转变开始温度，M_f（－50℃）为马氏体转变终止温度。

5.2.2 过冷奥氏体等温转变产物的组织与性能

根据 C 曲线，过冷奥氏体的转变按其温度的高低和组织形态，大致可以分为三个区域：

550℃以上的高温转变（珠光体型转变），550℃到 M_s 点之间的中温转变（贝氏体型转变），以及 M_s 线以下的低温转变（马氏体型转变）。

5.2.2.1 高温转变（珠光体型转变）

当奥氏体过冷到 A_1～550℃温度范围内，在转变过程中铁原子和碳原子都可进行扩散，故珠光体型转变属于扩散型相变。

奥氏体在向珠光体转变的过程中，首先是渗碳体在奥氏体晶界处形成晶核，然后依靠渗碳体片的不断分支，向奥氏体内部平行长大。故在渗碳体片分支长大的同时，必然使与它相邻的奥氏体的含碳量不断降低，从而促使这部分奥氏体转变为铁素体片，形成了铁素体与渗碳体相间的片层状组织，称为珠光体。由一个晶核发展起来的珠光体组织，称为一个珠光体领域。由于在一个奥氏体晶粒中可以产生几个晶核，结果可形成几个位向各不相同的珠光体领域，直到奥氏体全部转变为珠光体为止。

珠光体中铁素体与渗碳体的层片间距离，随着转变温度的降低（即过冷度的增大）而减小，即组织变得更细。根据片层间距的大小，将珠光体型组织分为珠光体（P）、索氏体（S）、托氏体（T）。其形成温度范围、组织和性能见表 5-2。

表 5-2　共析碳钢三种珠光体型组织

组织名称		符号	转变温度/℃	相组成	转变类型	特征	硬度/HRC	σ_b/MPa
珠光体型	珠光体	P	A_1～650	$F+Fe_3C$	扩散型（铁原子和碳原子都扩散）	片层距＝0.6～0.8μm，500×可分辨	10～20	1000
	索氏体	S	650～600			片层距＝0.25～0.4μm，1000×可分辨，细珠光体	25～30	1200
	托氏体	T	600～550			片层距＝0.1～0.2μm，2000×可分辨，极细珠光体	30～40	1400

珠光体组织中层片间距离越小，相界面越多，则塑性变形的抗力越大，强度和硬度越高，同时，由于渗碳体片变薄，易与铁素体一起变形而不脆断，使得塑性和韧性逐渐提高。这就是冷拔钢丝要求具有索氏体组织才容易变形而不致因拉拔而断裂的原因。

5.2.2.2 中温转变（贝氏体型转变）

过冷奥氏体在 550℃～M_s 点温度范围内等温保温时，将转变为贝氏体组织，用符号 B 表示。由于过冷度较大，转变温度稍低，贝氏体转变时只发生碳原子扩散，铁原子不扩散，因此，贝氏体转变为半扩散型转变。

贝氏体是由含饱和碳的铁素体与弥散分布的渗碳体组成的非层状两相组织。根据组织形态及转变温度，贝氏体型组织分为上贝氏体（$B_\text{上}$）和下贝氏体（$B_\text{下}$）。

贝氏体形成过程与珠光体不同，它是先在过冷奥氏体晶界或晶内贫碳区形成过饱和碳的铁素体，随着铁素体生长，碳原子扩散，铁素体中陆续析出短片渗碳体或极细的 ε 相（$Fe_{2.4}C$）碳化物。

在光学显微镜下，上贝氏体呈羽毛状（图 5-7），铁素体呈暗黑色片状，渗碳体呈亮白色，由于铁素体较宽和渗碳体较粗大，故其强度低，塑性和韧性差，因此热处理生产中要避免得到上贝氏体组织。下贝氏体呈针叶状（图 5-8），含过饱和碳的铁素体呈针片状，在其上分布着与轴成 55°～65°的微细 ε 相（$Fe_{2.4}C$）颗粒或薄片。下贝氏体具有优良的力学性能，因此，生产中常采用等温淬火来获得下贝氏体组织。

5.2.2.3 低温转变（马氏体型转变）

如果将奥氏体以极大的冷却速度快冷到 M_s 以下，使其冷却曲线不与 C 曲线相遇，则将发生马氏体型转变。

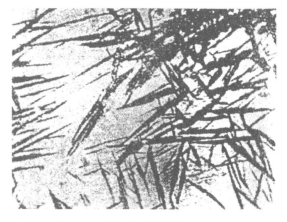

图 5-7　上贝氏体显微组织（540×）　　　图 5-8　下贝氏体显微组织（540×）

发生马氏体型转变时，过冷度极大，转变温度很低，因此铁原子和碳原子都不能进行扩散，奥氏体只能进行非扩散性相变，即由 γ-Fe 的面心立方晶格改组为 α-Fe 的体心立方晶格，碳原子来不及进行扩散而被保留在 α-Fe 晶格中，所以马氏体是一种碳在 α-Fe 中的过饱和固溶体，用符号 M 表示。由此可见，马氏体中含碳量就是转变前奥氏体中的含碳量，由于其过饱和度极大，晶格畸变增大，固溶强化显著，因而马氏体具有很高的硬度、强度和耐磨性。

其组织形态主要有板条状和片状两种。含碳量小于 0.2% 的低碳马氏体在光学显微镜下呈现为平行成束分布的板条状组织（图 5-9），具有较好的塑性和韧性，硬度为 30～50HRC；含碳量大于 1.0% 的高碳马氏体在光学显微镜下呈现为针片状组织（图 5-10），硬度高达 64～66HRC，但塑性和韧性较差；含碳量介于两者之间的马氏体，则为板条状马氏体与针片状马氏体的混合组织。

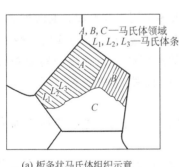

(a) 板条状马氏体组织示意　　　　　　　(b) 板条状马氏体 (0.2%C) 组织

图 5-9　板条状马氏体的组织形态

马氏体的强度和硬度主要取决于马氏体中的含碳量，如图 5-11 所示。随着马氏体含碳量的增加，晶格畸变增大，马氏体的强度、硬度也随之增高，同时其塑性和韧性随含碳量增高而急剧降低。当含碳量不小于 0.6% 时强度和硬度的变化趋于平缓。

马氏体转变还具有以下特点：①奥氏体向马氏体转变无孕育期；②马氏体形成速度极快，接近声速；③奥氏体转变成马氏体后，钢件的体积会产生约 1% 的膨胀，形成很大的内应力；④奥氏体转变为马氏体具有不彻底性，钢中会有部分残余奥氏体存在，残余奥氏体量随奥氏体含碳量的增加而增多。

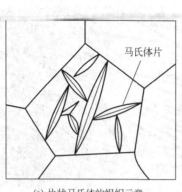
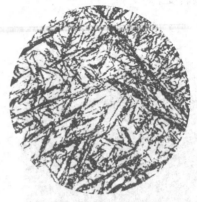

(a) 片状马氏体的组织示意　　　(b) 片状马氏体 (1.0%C , 1.5%Cr)(500×)

图 5-10　针片状马氏体的组织形态

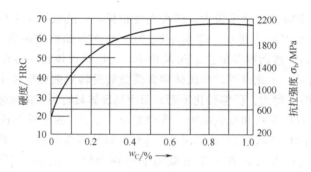

图 5-11　马氏体的硬度与含碳量的关系

5.2.3　过冷奥氏体连续冷却转变曲线

实际热处理生产中，钢被加热后的冷却方式大多采用连续冷却，此时过冷奥氏体的转变是在不断的降温过程中完成的。图 5-12 是用膨胀法测得的共析碳钢连续冷却转变曲线，也称为连续冷却 C 曲线，根据英文字头，又称为 CCT 曲线。

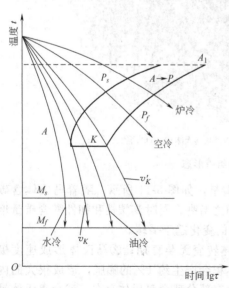

图 5-12　共析钢过冷奥氏体连续冷却转变图

由图 5-12 可见，连续冷却 C 曲线有以下一些主要特点。

① 连续冷却 C 曲线只有上半部分，而没有下半部分，这就是说共析碳钢在连续冷却时，只发生珠光体转变和马氏体转变，而没有贝氏体转变。

② 连续冷却 C 曲线珠光体转变区由三条曲线构成：P_s 线为 $A \rightarrow P$ 转变开始线；P_f 线为 $A \rightarrow P$ 转变终了线；K 线为 $A \rightarrow P$ 转变中止线，它表示当冷却曲线碰到 K 线时，过冷奥氏体就不再发生珠光体转变，而一直保留到 M_s 点以下转变为马氏体。

由于过冷奥氏体连续冷却 C 曲线的测定比较困难，因此用等温冷却 C 曲线来定性地、近似地分析连续冷却的转变过程。

图 5-13 就是应用共析碳钢等温转变曲线分析过冷奥氏体在连续冷却时的转变情况。图中冷却速度 v_1 相当于随炉冷却的速度，根据 v_1 与 C 曲线相交的位置，过冷奥氏体将转变为珠光体（P）；冷却速度 v_2 相当于空气中冷却的速度，根据 v_2 与 C 曲线相交的位置，过冷奥氏体将转变为索氏体（S）；冷却速度 v_3 相当于淬火时在油中的冷却速度，有一部分过冷奥氏体转变为托氏体（T），剩余的过冷奥氏体冷却到 M_s 开始转变成马氏体（M），最终获得托氏体＋马氏体＋残余奥氏体的混合组织；冷却速度 v_4 相当于在水中冷却时的冷却速度，它不与 C 曲线相交，一直过冷到 M_s 点以下开始转变为马氏体（M），得到马氏体和残余奥氏体的混合组织。

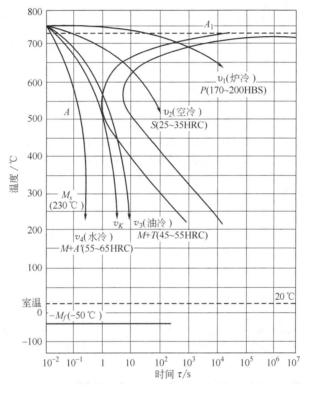

图 5-13 在 C 曲线上估计连续冷却后过冷奥氏体的转变产物

冷却速度 v_K 与 C 曲线鼻尖相切，是保证过冷奥氏体在连续冷却过程中不发生分解而全部过冷到马氏体区的最小冷却速度，称为马氏体临界冷却速度，用 v_K 表示。马氏体临界冷却速度对正确制定热处理工艺具有十分重要的指导意义。

 5.3 钢的常用热处理工艺

5.3.1 钢的退火和正火

热处理工艺一般分为预先热处理和最终热处理。预先热处理是为了消除或改善前道工序引起的某些缺陷，为最终热处理做准备。退火和正火是零件预先热处理的主要方式。在某些情况下，若零件经退火或正火后已满足要求，这时的退火和正火工艺就作为最终热处理。

5.3.1.1 退火

退火是将金属材料加热到适当温度，保温一定的时间，然后缓慢冷却（随炉冷却）以获得接近平衡组织的一种热处理工艺。

退火的主要目的是：细化晶粒，改善组织；降低硬度，提高切削性能；消除或减少内应力，稳定尺寸，提高力学性能；消除组织缺陷，均匀化学成分，为下一道热处理工序（如淬火）做准备。

由于退火的目的不同，退火工艺通常可分为以下几种，见表5-3。

表 5-3　退火和正火的热处理工艺

热处理名称	热处理工艺	热处理后的组织	应用场合	目的
完全退火	将亚共析碳钢加热到 A_{c_3} 以上 $30\sim50℃$，保温，随炉缓冷到 $600℃$ 以下，出炉空冷	铁素体＋珠光体	用于亚共析碳钢和合金钢的铸件、锻件	细化晶粒，消除内应力，降低硬度以便于随后的切削加工
等温退火	将奥氏体化后的钢快冷至珠光体形成温度等温保温，使过冷奥氏体转变为珠光体，空冷至室温	铁素体＋珠光体	用于奥氏体比较稳定的合金钢	与完全退火相同，但所需时间可缩短一半，且组织也较均匀
球化退火	将过共析碳钢加热到 A_{c_1} 以上 $20\sim30℃$，保温 $2\sim4h$，使片状渗碳体发生不完全溶解断开成细小的链状或点状，形成均匀的颗粒状渗碳体	铁素体基体上均匀分布的粒状渗碳体组织——球状珠光体	用于过共析钢、过共析钢和合金工具钢	降低硬度、改善切削加工性能；获得均匀组织，为以后的淬火做组织准备
均匀化退火	将工件加热到 $1000\sim2000℃$，保温 $10\sim15h$，随炉缓冷到 $350℃$，再出炉空冷。工件经均匀化退火后，奥氏体晶粒十分粗大，必须进行一次完全退火或正火来细化晶粒，消除过热缺陷		用于高质量要求的优质高合金钢的铸锭和成分偏析严重的合金钢铸件	高温长时间保温，使原子充分扩散，消除晶内偏析，使成分均匀化
去应力退火	将工件随炉缓慢加热到 $500\sim650℃$，保温，随炉缓冷至 $200℃$，出炉空冷	组织无变化	用于铸件、锻件、焊接件、冷冲压件及机加工件	消除残余内应力，提高工件的尺寸稳定性，防止变形和开裂

5.3.1.2 正火

正火是将金属材料加热到 A_{c_3} 或 $A_{c_{cm}}$ 以上 $30\sim50℃$，保温适当时间，然后在空气中冷却的热处理工艺。它与退火的主要区别是正火的冷却速度稍快些，故正火组织更细，强度、硬度更高些。正火的目的主要是细化晶粒，并使组织均匀化，提高低碳钢工件的硬度和切削加工性能；消除过共析钢中的网状碳化物，为后续热处理做组织准备。

5.3.1.3 正火与退火的选择

几种退火和正火的加热温度范围及工艺曲线如图 5-14 所示。

正火与退火在某种程度上有相似之处，它们在实际生产中，有时是可以相互代替的。退火或正火的选用主要从以下几方面考虑。

（1）从使用性能上考虑　如果钢件的性能要求不太高，随后不再进行淬火与回火的话，则往往可以用正火作为最终热处理来提高力学性能；但如果零件的形状比较复杂，正火的冷却速度有形成裂纹危险的话（如复杂或大型的铸件），则应采用退火。另外，从减少最终热

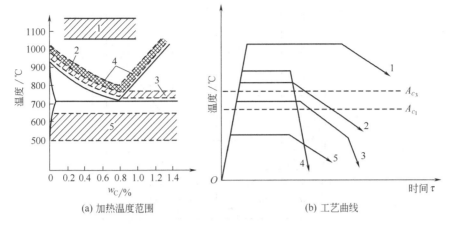

(a) 加热温度范围　　　　　　　　(b) 工艺曲线

图 5-14　几种退火和正火的加热温度范围及工艺曲线示意

1—均匀化退火；2—完全退火；3—球化退火；4—正火；5—去应力退火

处理（淬火）的变形开裂倾向来看，退火比正火好。

（2）从切削加工性上考虑　一般来说，金属的硬度在 $160\sim240$HBS 范围内的切削加工性能比较良好，过高的硬度不但难以加工且会造成刀具很快磨损，而过低的硬度则形成很长的切屑缠绕刀具，产生"粘刀"现象，使刀具发热而加剧磨损，加工后零件表面粗糙度较大。低碳结构钢以正火作为预先热处理比较合适，高碳结构钢和工具钢则以退火较好。

（3）从作用上考虑　对于过共析钢来说，由于正火时析出的二次渗碳体量较少，难以形成连续的网状，有利于球化，故共析钢在球化退火之前往往要先进行一次正火，以抑制网状二次渗碳体的形成。

（4）从经济上考虑　正火比退火的生产周期短，能耗少且操作简单，故在可能的条件下应优先考虑以正火代替退火。

5.3.2　钢的淬火

淬火是将钢加热到 A_{c_3} 或 A_{c_1} 以上，保温一定时间后快速冷却（大于临界冷却速度），以获得马氏体组织的热处理工艺。淬火钢得到的组织主要是马氏体（或下贝氏体），其目的是提高钢的硬度、强度和耐磨性。

5.3.2.1　淬火加热温度

碳钢的淬火加热温度可利用 Fe-Fe_3C 相图来选择，如图 5-15 所示。

对于亚共析碳钢，适宜的淬火加热温度一般为 $A_{c_3}+30\sim50℃$，使碳钢完全奥氏体化，淬火后获得均匀细小的马氏体组织。如果加热温度小于 A_{c_3} 线，在淬火钢中将出现铁素体组织，造成淬火硬度不足；如果加热温度过高，奥氏体晶粒长大，淬火后得到粗大的马氏体组织，使淬火钢韧性降低，同时引起钢件较严重的变形。

对于过共析碳钢，适宜的淬火加热温度为 $A_{c_1}+30\sim50℃$。由于淬火前先进行球化退火，所以淬火加热时组织为细小奥氏体晶粒和未溶的细粒状渗碳体，淬火后得到细小马氏体和均匀分布在马氏体基体上的细小粒状渗碳体组织。这种组织不仅具有高强度、高硬度、高耐磨性，而且也具有较好的韧性。如果加热温度过高，一方面奥氏体晶粒长大，淬火后容易得到粗片状马氏体，增加了工件淬火变形和开裂倾向；另一方面渗碳体溶

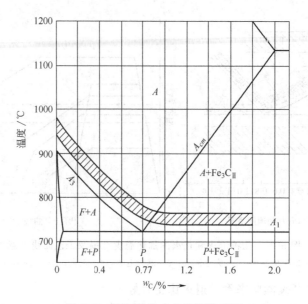

图 5-15　碳钢的淬火加热温度范围

入奥氏体中增多，使奥氏体的含碳量增加，淬火后残余奥氏体量增加，结果反而使钢的硬度和耐磨性降低。

对于合金钢，由于大多数合金元素（Mn、P 除外）会阻碍奥氏体晶粒长大，淬火加热温度一般比碳钢稍高一些，这样可使合金元素充分溶解和均匀化，以便取得较好的淬火效果。

5.3.2.2　淬火加热时间

为了使工件各部分完成组织转变，必须在淬火加热温度保温一定的时间，通常将工件升温和保温所需的时间计算在一起，统称为加热时间。

影响淬火加热时间的因素较多，如钢的成分、原始组织、工件形状和尺寸、加热介质、炉温、装炉方式及装炉量等。目前生产中多采用下列经验公式来计算加热时间：

$$\tau = \alpha K D$$

式中　τ——加热时间，min；

α——加热系数，min/mm；

K——装炉修正系数；

D——工件有效厚度，mm。

加热系数 α 表示工件单位有效厚度所需的加热时间。装炉修正系数 K 根据炉量的多少确定，装炉量大时，K 值取较大值。部分工件有效厚度 D 计算方式见表 5-4。

表 5-4　部分工件有效厚度 D 的计算

工件形状	$D < h$	$D > h$	$\dfrac{D-d}{2} < h$	$\dfrac{D-d}{2} > h$
有效厚度	D	h	$\dfrac{D-d}{2}$	h

钢在淬火加热过程中，如果操作不当，会产生过热、过烧或表面氧化、脱碳等缺陷。

过热是指工件在淬火加热时，由于温度过高或时间过长，造成奥氏体晶粒粗大的现象。过热不仅使淬火后得到的马氏体组织粗大，使工件的强度和韧性降低，易于产生脆断，而且容易引起淬火裂纹。对于过热工件，进行一次细化晶粒的退火或正火，然后再按工艺规程进行淬火，便可以纠正过热组织。

过烧是指工件在淬火加热时，温度过高，使奥氏体晶界发生氧化或出现局部熔化的现象，过烧的工件无法补救，只得报废。

淬火加热时工件和加热介质之间相互作用，往往会产生氧化和脱碳等缺陷。氧化使工件尺寸减小，表面粗糙度降低，并影响淬火冷却速度；表面脱碳使工件表面含碳量降低，导致工件表面硬度、耐磨性及疲劳强度降低。

5.3.2.3　淬火冷却介质

淬火冷却时，既要快速冷却以保证淬火工件获得马氏体组织，又要减少变形，防止裂纹产生。因此，冷却方式是关系到淬火质量高低的关键操作。

5.3.2.3.1　理想淬火冷却速度

由 C 曲线得知，要得到马氏体，淬火冷却速度就必须大于临界冷却速度。但是淬火钢关键是在过冷奥氏体最不稳定的 C 曲线鼻尖附近（650～400℃）要快速冷却。而在其他转变温度区域并不需要都进行快速冷却，反而是冷却速度越慢越好，有利于减小淬火冷却中工件截面的内外温度差，从而减少热应力，同时也减少了马氏体转变时产生的相变应力，有效地防止工件变形与裂纹的产生。根据上述要求，冷却介质对钢的理想淬火冷却速度应如图 5-16 所示。

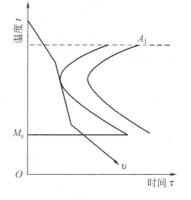

图 5-16　冷却介质对钢的
理想淬火冷却速度

5.3.2.3.2　常用淬火介质

工件淬火冷却时，要使其得到合理的淬火冷却速度，必须选择适当的淬火介质。目前生产中应用的冷却介质是水、盐水、矿物油、硝盐浴和碱浴等。

（1）水　淬火冷却能力很强，但冷却特性并不理想，在需要快冷的 500～650℃ 温度范围内，工件和水形成蒸汽膜，使冷却速度放慢；而在 200～300℃ 需要慢冷时，它的冷却速度反而很大，易产生变形，甚至开裂。一般只能用于尺寸较小的碳钢零件的淬火。

（2）盐水　水中加入少量的盐，制成 5%～10%NaCl 水溶液，在 500～650℃ 时，炽热的工件表面形成的盐膜爆裂而迅速带走大量热量，使其冷却能力提高到约为水的 10 倍；但在 200～300℃ 温度范围内冷却速度过大，使淬火工件相变应力增大，且食盐水溶液对工件有一定的锈蚀作用，淬火后工件必须清洗干净。盐水主要用于淬透性较差的碳钢零件的淬火。

（3）矿物油　淬火用油几乎全部为矿物油（如机油、变压器油、柴油等）。它比水的平均冷却速度小得多，20# 机油在 200～300℃ 时平均冷却速度为 65℃/s，使马氏体转变引起的体积膨胀以缓慢的速度进行，有利于减小工件的变形和开裂倾向，常用于淬透性较高的合金钢或尺寸小、形状复杂的碳钢件。

（4）硝盐浴和碱浴　硝盐浴和碱浴的冷却能力介于水和油之间，通常使用温度在 150～

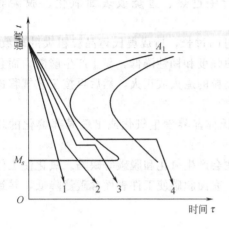

图 5-17　钢的常用淬火方法
1—单液淬火法；2—双液淬火法；
3—分级淬火法；4—等温淬火法

300℃。其冷却能力既能保证奥氏体向马氏体的转变，不发生中途分解，又能大大减少工件的变形和开裂倾向。硝盐浴和碱浴有较高的腐蚀性，其蒸发气体对人的呼吸有刺激，劳动条件比较差。两者主要用于截面不大、形状复杂、变形要求严格的碳素工具钢和合金工具钢的分级淬火和等温淬火。

5.3.2.4　淬火方法

生产中应根据钢的化学成分、工件的形状和尺寸以及技术要求等来选择淬火方法。选择合适的淬火方法可以在获得所要求的淬火组织和性能条件下，尽量减少淬火应力，从而减小工件变形和开裂的倾向。目前常用的淬火方法如表 5-5 所示，冷却介质对钢的理想淬火冷却速度如图 5-16 所示，冷却曲线如图 5-17 所示。

5.3.2.5　钢的淬透性

5.3.2.5.1　淬透性的概念

淬透性是指钢在一定条件下淬火后，获得淬硬层深度的能力。一般规定，由钢的表面至内部马氏体组织量占 50% 处的距离称为淬硬层深度。同样形状和尺寸的工件，用不同的钢材制造，在相同条件下淬火，淬硬层深度越深，其淬透性越好。

表 5-5　常用淬火方法

淬火方法	冷却方式	特点和应用
单液淬火法	将奥氏体化后的工件放入一种淬火冷却介质中一直冷却到室温	操作简单，易于实现机械化与自动化，适用于形状简单的工件
双液淬火法	将奥氏体化后的工件在水中冷却到接近 M_s 点时，立即取出放入油中冷却	防止低温马氏体转变时工件发生裂纹，常用于高碳工具钢和形状复杂的合金钢
分级淬火法	将奥氏体化后的工件放入温度稍高于 M_s 点的盐浴中，使工件各部分与盐浴的温度一致后，取出空冷完成马氏体转变	大大减小热应力、变形和开裂，但盐浴的冷却能力较小，故只适用于截面尺寸小于 10mm 的工件，如刀具、量具等
等温淬火法	将奥氏体化的工件放入温度稍高于 M_s 点的盐浴中等温保温，使过冷奥氏体转变为下贝氏体组织后，取出空冷	它常用来处理形状复杂、尺寸要求精确、韧性高的工具、模具和弹簧等
局部淬火法	对工件局部要求硬化的部位进行加热淬火	提高硬度、耐磨性、稳定尺寸，适用于一些高精度的工件，如精密量具、精密丝杠、精密轴承等
冷处理	将淬火冷却到室温的钢继续冷却到 $-70 \sim -80℃$，使残余奥氏体转变为马氏体，然后低温回火，消除应力，稳定新生马氏体组织	提高硬度、耐磨性、稳定尺寸，适用于一些高精度的工件，如精密量具、精密丝杠、精密轴承等

在热处理生产中常用临界淬透直径来衡量淬透性的大小。临界淬透直径是指淬火钢在某种介质中冷却后，心部能淬透的最大直径，用 D_c 表示。在同一冷却介质中钢的临界淬透直径越大，则其淬透性越好。表 5-6 为部分常用钢材的临界淬透直径。

表 5-6 部分常用钢材的临界淬透直径

| 牌　号 | 临界淬透直径 D_c/mm | | 心部组织 |
	水　淬	油　淬	
45	13～16	5～9.5	50%M
60	11～17	6～12	50%M
40Cr	30～38	19～28	50%M
60Si2Mn	55～62	32～46	50%M

必须注意，钢的淬透性与淬硬性不是同一概念。淬硬性是指钢淬火后形成的马氏体组织所能达到的最高硬度，它主要取决于马氏体中的含碳量，合金元素的含量对淬硬性影响不大。

5.3.2.5.2　影响淬透性的因素

钢的淬透性主要决定于临界冷却速度。临界冷却速度越小，过冷奥氏体化温度及保温时间越稳定，钢的淬透性也就越好。临界冷却速度和钢的化学成分、奥氏体化温度及保温时间等都有密切的关系。因此，影响淬透性的因素主要有以下两方面。

（1）化学成分　大多数合金元素（除 Co 外）都能显著提高钢的淬透性。这是因为溶入奥氏体中的合金元素增大了过冷奥氏体的稳定性，使 C 曲线右移，临界冷却速度减小，淬透性提高。因此合金钢的淬透性高于碳钢。在碳钢中，亚共析钢随含碳量的增加，C 曲线右移，其淬透性升高；而过共析钢随含碳的增加，C 曲线左移，其淬透性降低。所以共析钢的淬透性最好。

（2）加热温度及保温时间　提高奥氏体化温度和延长保温时间，会使奥氏体成分均匀，晶粒粗大，过冷奥氏体稳定性增加，临界冷却速度减小，淬透性提高。但加热温度和保温时间对淬透性的影响远没有合金元素显著。

5.3.3　钢的回火

钢的淬火和回火是密不可分的，经过淬火的工件，一般都要进行回火。回火是将淬火钢重新加热到 A_1 以下某一温度，保温后冷却下来的一种热处理工艺。回火决定了钢在使用状态的组织和性能。回火的目的是为了消除淬火内应力，降低脆性，稳定工件的尺寸；调整硬度，提高塑性和韧性，获得工件最终所需要的力学性能。

5.3.3.1　淬火钢在回火时的转变

钢在淬火后的组织是马氏体和少量的残余奥氏体，它们都是不稳定的非平衡组织，都有向稳定组织转变的倾向。但在室温下，原子活动能力很差，转变速度极慢，不易进行。钢的回火正是要促进这种转变。

随回火温度升高，淬火马氏体和残余奥氏体的组织发生以下四个阶段的转变。

5.3.3.1.1　马氏体分解

在 100～200℃回火时，马氏体过饱和碳原子以 ε 相（$Fe_{2.4}C$）的形式析出而发生分解，过饱和 α 相中的含碳量逐渐下降，此时 α 相仍保持针状特征。这种由极细 ε 相（$Fe_{2.4}C$）和低饱和度的 α 相组成的组织，称为回火马氏体。此时钢的硬度基本保持不变或略微提高。

5.3.3.1.2　残余奥氏体分解

当回火温度达到 200～300℃时，马氏体继续分解，同时残余奥氏体转变成下贝氏体。

此时钢的组织大部分仍是回火马氏体，因过饱和 α 相中的含碳量明显减少，硬度有所下降。

5.3.3.1.3 回火托氏体的形成

当回火温度达到 $250\sim400℃$ 时，马氏体分解结束，α 相转变为铁素体，淬火应力基本消除。非稳定碳化物 ε 相（$Fe_{2.4}C$）也逐渐转变成稳定的 Fe_3C，从而形成在铁素体基体上分布着细颗粒状渗碳体的混合物组织，称为回火托氏体。此阶段钢的硬度持续下降，而塑性、韧性明显提高。

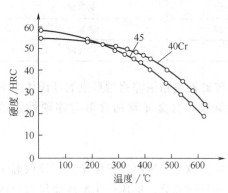

图 5-18　钢的硬度与回火温度的关系

5.3.3.1.4 渗碳体聚集长大和铁素体再结晶

回火温度在 $400℃$ 以上时，弥散分布的渗碳体逐渐聚集长大，形成较大的颗粒状渗碳体，同时铁素体发生再结晶，失去淬火马氏体的板条状或片状形态，而成为等轴多边形态。此时铁素体和渗碳体的混合物组织称为回火索氏体。

随着回火温度升高，钢的硬度、强度下降，而塑性、韧性提高，弹性极限在 $300\sim400℃$ 附近达到最大值，如图 5-18 所示。

5.3.3.2 回火的分类及应用

根据回火温度不同，可将钢的回火分为三类。

（1）低温回火（$150\sim250℃$）　其主要目的是降低淬火内应力和脆性。回火后的组织为回火马氏体，基本上保持了淬火马氏体的高硬度（$58\sim62HRC$）和高耐磨性。它主要用于各种高碳钢的刃具、量具、冷冲模具、滚动轴承和渗碳工件。

（2）中温回火（$350\sim500℃$）　回火后的组织为回火托氏体，其硬度为 $35\sim45HRC$，具有较高的弹性极限和屈强比，较好的冲击韧性。它主要用于处理各种弹性零件和热锻模等。

（3）高温回火（$500\sim650℃$）　回火后的组织为回火索氏体，其硬度为 $25\sim35HRC$，具有良好的综合力学性能，在保持较高强度的同时，具有较好的塑性和韧性，它适用于处理重要结构零件，如在交变载荷下工件的传动轴、齿轮、传递连杆等。

工业上通常将淬火与高温回火相结合的热处理工艺称为调质处理。调质处理后的钢与正火后的相比，不仅强度较高，而且塑性和冲击韧性显著提高，尽管两者硬度值很接近。这是由于调质处理后的组织为回火索氏体，其渗碳体呈颗粒状，而正火得到的索氏体，其渗碳体呈片状。因此重要的结构零件一般都进行调质处理。表 5-7 所示为 45 钢（$\phi20\sim40mm$）经调质与正火处理后力学性能的比较。

表 5-7　45 钢（$\phi20\sim40mm$）调质与正火处理后力学性能的比较

热处理状态	σ_b/MPa	$\delta/\%$	a_K/J	硬度（HBS）	组织
正火	$700\sim800$	$15\sim20$	$40\sim64$	$163\sim220$	索氏体+铁素体
调质	$750\sim850$	$20\sim25$	$64\sim96$	$210\sim250$	回火索氏体

5.3.3.3 回火脆性

一般来说，随着回火温度升高，钢的硬度、强度逐渐下降，而塑性、韧性不断提高，但在 $250\sim350℃$ 和 $450\sim600℃$ 这两个温度范围内回火时，钢的冲击韧性反而会显著下降，如

图 5-19 所示，这种现象称为回火脆性。前者称为低温回火脆性（或第一类回火脆性），后者称为高温回火脆性（或第二类回火脆性）。

低温回火脆性是由于从马氏体中析出薄片状碳化物引起的。产生低温回火脆性是无法消除的，对碳钢和合金钢应尽量避免在这个温度范围内回火。

高温回火脆性一般是回火冷却时由于冷速较慢而引起的，它主要出现在含锰（Mn）、铬（Cr）、镍（Ni）等元素的合金钢中。当出现高温回火脆性时，可将钢重新加热 600℃ 以上，保温后快速冷却即能予以消除，故又称可逆回火脆性。另外，在合金钢中加入适量的钨（W）、钼（Mo）也能有效地防止高温回火脆性。

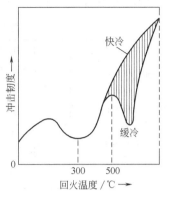

图 5-19　钢的回火脆性示意图

 ## 5.4　钢的表面热处理工艺

有许多机器零件如齿轮、活塞销、轧辊及曲轴颈等都是在高载荷及表面摩擦条件下工作的，因此要求零件表面具有高的强度、硬度和耐磨性，而心部又要具有良好的塑性和韧性，即要达到外硬内韧的效果。表面热处理就能赋予零件这样的性能，是强化零件表面的重要手段。

目前生产中常用的表面热处理有表面淬火和化学热处理两种。

5.4.1　钢的表面淬火

表面淬火是对工件表层进行淬火的工艺。它是将工件表面进行快速加热，使其奥氏体化并快速冷却获得表层一定深度的马氏体组织，而心部组织保持不变（即为原来塑性、韧性较好的退火、正火或调质状态的组织）。常用的表面淬火有感应加热表面淬火、火焰加热表面淬火和激光加热表面淬火。

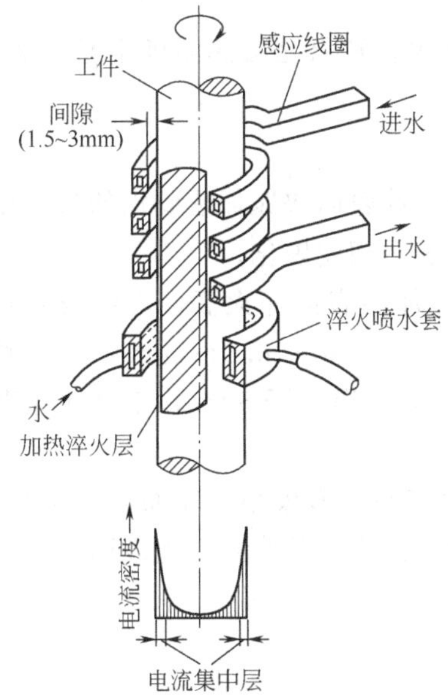

5.4.1.1　感应加热表面淬火

感应加热表面淬火的原理如图 5-20 所示。把工件放入由空心铜管绕成的感应线圈中，当感应线圈通以交流电时，便会在工件中产生频率相同、方向相反的感应电流（涡流）。感应电流在工件截面上的分布是不均匀的，表面电流密度最大，心部电流密度几乎为零，这种现象称为集肤效应，因而几秒钟可将工件表面温度升至 800～1000℃（完全奥氏体化），而心部温度仍接近室温，在随即喷水（合金钢浸油）快速冷却后，就达到了表面淬火的目的。

感应加热时，工件截面上感应电流密度的分布与通入感应线圈中的电流频率有关。电流频率越高，感应电流集中的表面层越薄，淬硬层深度越小。因此可通过调节通入感应线圈中的电流频率来获得工件不同的淬硬层深度。表

图 5-20　感应加热表面淬火示意

5-8 列出了不同电流频率感应加热种类及应用范围。

表 5-8　不同电流频率感应加热种类及应用范围

感应加热类型	工作电流频率	淬硬层深度/mm	应用范围
高频感应加热	100～200kHz （常用 200～300kHz）	0.5～2	中小模数齿轮（$m<3$），中小轴，机床导轨等
超音频感应加热	20～60kHz （常用 30～40kHz）	2.5～3.5	中小模数齿轮（$m=3～6$），花键轴，曲轴，凸轮轴等
中频感应加热	500～10000Hz （常用 800～2500Hz）	2～10	大中模数齿轮（$m=8～12$），大直径轴类，机床导轨等
工频感应加热	50Hz	10～20	大型零件，如冷轧辊、火车车轮、柱塞等

感应加热表面淬火主要适用于中碳钢和中碳低合金钢。若含碳量过高，会增加淬硬层脆性和淬火开裂倾向，且心部塑性和韧性不够；若含碳量过低，会降低零件表面淬硬层的硬度和耐磨性。

与普通淬火相比，感应加热表面淬火有以下特点：①感应加热速度极快，奥氏体晶粒细小而均匀，淬火后可在表层获得极细马氏体或隐针马氏体，较普通淬火高 2～3HRC；②工件表面不易氧化和脱碳，变形小，耐磨性好，疲劳强度较高；③生产率高，易于实现机械化和自动化操作。但感应加热设备较贵，维修、调整比较困难，形状复杂的零件感应线圈不易制造，且不适于单件生产。

为保证零件心部具有良好的力学性能，感应加热表面淬火前应进行正火或调质处理。表面淬火后需进行低温回火，以减少淬火内应力和降低脆性。

5.4.1.2　火焰加热表面淬火

火焰加热表面淬火法是用乙炔-氧火焰（最高温度 3200℃）或煤气-氧火焰（最高温度 2000℃），对工件表面进行快速加热，并随即喷水冷却的方法。淬硬层深度一般为 2～6mm。适用于中碳钢、中碳合金钢及铸铁的单件小批量生产以及大型零件（如大型轴类、模数齿轮等）的表面淬火。

火焰加热表面淬火的优点是设备简单，成本低，灵活性大。缺点是加热温度不易控制，工件表面易过热，淬火质量不够稳定。

5.4.1.3　激光加热表面淬火

激光加热表面淬火是以高能量激光束扫描工件表面，使工件表面快速加热到钢的临界点以上，利用工件自身大量吸热使表层迅速冷却而淬火，实现表面相变硬化。

激光加热表面淬火加热速度极快（105～106℃/s），激光加热表面淬火后，工件表层获得极细小的板条马氏体和针状马氏体的混合组织，其硬化层深度一般为 0.3～1mm，表层硬度比普通淬火后低温回火提高 20%，硬化层硬度值一致，耐磨性提高了 50%，工件使用寿命可提高几倍甚至十几倍。

激光加热表面淬火最佳的原始组织是调质组织，淬火后零件变形极小，表面质量很高，特别适用于拐角、沟槽、盲孔底部及深孔内壁的表面热处理，而这些部位是其他表面淬火方法极难做到的。

5.4.2　钢的化学热处理

化学热处理是将工件置于一定温度的含有活性原子的特定介质中，使介质中一种或几种元素（如 C、N、B、Cr 等）渗入工件表面，以改变表层的化学成分和组织，达到工件使用性能要求的热处理工艺。其特点是既改变工件表面层的组织，又改变化学成分，从而使零件表层强化或具有某种特殊的物理、化学性能。

根据渗入元素的不同，化学热处理有渗碳、渗氮和碳氮共渗等。无论哪一种化学热处理都是由以下三个基本过程来完成的。

（1）分解　介质在一定温度下分解出渗入元素的活性原子。

（2）吸收　活性原子首先吸附在零件的表面，然后被零件表面溶解吸收。活性原子或进入铁的晶格形成固溶体，或与钢中的某种元素形成化合物。

（3）扩散　已被工件表面吸收的原子，在一定温度下，由表面向内部进行扩散，形成一定厚度的渗层。

5.4.2.1　钢的渗碳

钢的渗碳是向钢的表层渗入活性炭原子，增加零件表层含碳量并得到一定渗碳层深度的化学热处理工艺。通过随后的淬火和低温回火，可提高零件表面硬度和耐磨性，增加零件的疲劳抗力，而心部仍保持足够的强度和韧性。

5.4.2.1.1　渗碳用钢

为保证零件渗碳淬火后，心部仍具有较高的塑性和韧性，渗碳零件必须用低碳钢或低碳合金钢（含碳量在 0.15%～0.25% 之间）来制造。如 20、20Cr、20CrMnTi 钢等。

5.4.2.1.2　渗碳方法（气体渗碳）

按渗碳介质的类型，分为固体渗碳、液体渗碳和气体渗碳。气体渗碳工艺操作简单，渗碳介质成分与渗层质量可以控制，渗碳后可直接淬火。气体渗碳便于实现机械化、自动化，生产效率高，劳动条件好，成本也较低，目前已得到广泛应用。

工件在气态活性介质中进行渗碳的工艺方法称为气体渗碳。如图 5-21 所示，它是将工件置于密封的加热炉中，加热到 900～950℃ 保温，并滴入煤油、丙酮、甲醇等渗碳剂。这些渗碳剂在高温下首先被汽化，然后经裂解析出活性碳原子 $[C]$，其反应如下：$2CO \longrightarrow CO_2 + [C]$；$2CH_4 \longrightarrow 2[C] + 2H_2 \uparrow$；$CO + H_2 \longrightarrow H_2O + [C]$ 等。

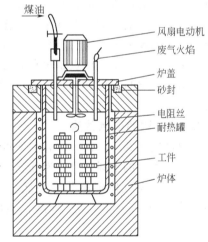

图 5-21　气体渗碳法示意

活性碳原子被高温奥氏体吸收，不断由表面向内部进行扩散，最后形成一定深度的渗碳层。在同一渗碳温度下，渗碳层深度主要取决于保温时间，保温时间越长，渗层越深。一般可按每小时渗入 0.2～0.25mm 的速度估算渗碳层深度。

零件渗碳后，其表面含碳量可高达 0.85%～1.05%，由表面至内部逐渐减少到原来的含碳量。

5.4.2.1.3　渗碳后的热处理

渗碳件渗碳后，都要进行淬火加低温回火的热处理。经淬火和低温回火后，渗碳件表面为细小片状回火马氏体及少量渗碳体，硬度可达 58～64HRC，耐磨性能很好。心部组织决定于钢的淬透性，低碳钢如 15 钢、20 钢，心部组织为铁素体和珠光体，硬度为 10～15HRC；低碳合金钢如 20CrMnTi，心部组织为回火低碳马氏体、铁素体及屈氏体，硬度为

35～45HRC，具有较高的强度、韧性及一定的塑性。

5.4.2.2 钢的渗氮

钢的渗氮又称为氮化，是指在一定温度下（一般在 A_{c_1} 以下）使活性氮原子渗入到工件表面的一种化学热处理工艺方法。与渗碳相比，渗氮温度低，工件变形小，表面硬度和耐磨性高，疲劳强度高，耐蚀性和抗咬合性较好。缺点是周期长，生产效率低，成本高，渗层薄而脆，不宜承受太大的接触应力和冲击载荷。

根据所用介质、工艺装备的不同，分为气体渗氮、液体渗氮、离子氮化等。目前应用最广泛的是气体渗氮和离子氮化。

5.4.2.2.1 气体渗氮

气体渗氮是将工件置于密封的井式炉内加热到 500～600℃ 保温，并通入氨气（NH₃），分解出活性氮原子渗入工件表层，在工件表面形成一薄层坚硬且稳定的氮化物。氮化层厚度一般为 0.2～0.6mm。

渗氮用钢通常是含有 Al、Cr、Mo、V 等元素的合金钢，因为这些合金元素极易与氮形成弥散分布、硬度很高且又非常稳定的氮化物，如 AlN、CrN、MoN 等。应用最广泛的氮化钢是 38CrMoAl 钢，氮化后工件表面硬度可达 1100～1200HV（相当于 72HRC），因此钢在渗氮后不需要进行淬火处理。

在生产中渗氮主要用于处理重要和复杂的精密零件，如精密丝杆、镗杆、排气阀等。

5.4.2.2.2 离子氮化

离子氮化是将需渗氮的零件作阴极，以炉壁作阳极，在真空炉室内通入氨气，并在两电极之间通以高压直流电。氨气在高压电场下被电离出氮离子，氮离子以很高的速度轰击零件表面，使零件表面的温度迅速升高至 450～650℃。氮离子在阴极（零件）上夺取电子还原成氮原子而渗入零件表层，经扩散后形成氮化层。

离子氮化的最大优点是氮化速度快，氮化时间仅为气体渗氮的 1/3 左右，氮化层质量好，对金属材料适应性强。但所需设备复杂，成本高。它主要用于中小型精密零件的氮化处理。

5.4.2.3 钢的碳氮共渗

钢的碳氮共渗是在一定温度下将碳原子和氮原子同时渗入工件表层的化学热处理工艺。根据处理温度的不同，可分为低温气体碳氮共渗和中温气体碳氮共渗。

（1）低温气体碳氮共渗 低温气体碳氮共渗也称为气体软氮化，以渗氮为主，处理温度在 500～570℃，处理时间一般在 1～6h 内，常用的渗剂有尿素、甲酰胺和三乙醇胺等。

软氮化的渗层深度约 0.2～0.5mm，工件表面硬度可达 500～900HV，其脆性和变形较小，抗疲劳、抗咬合和抗擦伤性能较高，普遍用于刀具、模具和耐磨零件的热处理。所用材料不受钢种的限制，碳钢、合金钢、铸铁及硬质合金均适用于软氮化处理。

（2）中温气体碳氮共渗 中温气体碳氮共渗以渗碳为主，处理温度在 750～860℃，常用渗剂为煤油＋氨气。其渗层深度小于 1mm。碳氮共渗后工件须进行淬火和低温回火，其渗层组织为回火马氏体、粒状碳氮化合物及少量残余奥氏体，表面硬度可达 58～64HRC。

中温气体碳氮共渗兼有渗碳与渗氮的优点，可取代渗碳，与渗碳相比，其处理时间较短，生产率高，零件变形小，渗层具有更高的耐磨性和抗疲劳性。适用于较大载荷的齿轮、轴类及变形要求严格的薄件、小件。所用钢材可以是低碳钢和低碳合金钢，也可以是中碳钢和中碳合金钢。

5.5 其他热处理工艺简介

5.5.1 形变热处理

形变热处理是把塑性变形（锻、轧等）和热处理工艺紧密结合起来的一种热处理方法。由于它可以使钢同时受到形变强化和相变强化，因此经过形变热处理的钢件的强度、塑性和韧性大大高于仅经过一般热处理的钢件。另外，它还能大大简化钢件生产流程，节省能源，因而受到越来越广泛的重视。

根据形变温度的高低，可分为低温形变热处理［图 5-22(a)］和高温形变热处理［图 5-22(b)］两种。

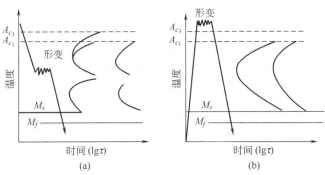

图 5-22 形变热处理工艺示意

5.5.2 低温形变热处理

低温形变热处理是把钢加热至奥氏体化，保温一段时间，快冷到 A_{c_1} 以下，在过冷奥氏体孕育期最长的温度（500～600℃）进行大量（60%～90%）塑性变形，然后淬火得到马氏体组织的综合热处理工艺。低温形变淬火后需要进行低温回火或中温回火。

低温形变热处理的目的是保持一定塑性，大幅度提高强度和耐磨性。它主要用于强度要求极高的零件，如飞机的起落架、高速钢刀具、模具、冲头、板簧等。

5.5.3 高温形变热处理

高温形变热处理是把钢加热至奥氏体化，保温一段时间，在该温度下进行塑性变形，随后淬火处理，获得马氏体组织。根据性能要求，高温形变热处理在淬火后，还需要进行低温回火、中温回火或高温回火。

高温形变热处理可大大改善塑性、韧性，减少脆性，但其塑性变形是在奥氏体再结晶温度以上的范围内进行的，因而强化程度（一般在 10%～30% 之间）不如低温形变热处理大，它主要应用于调质钢及机械加工量不大的锻件，如连杆、曲轴、弹簧、叶片、农机具等。

5.5.4 真空热处理

将钢件置于低于 1atm❶ 的环境中加热的热处理工艺称为真空热处理。实际上无气压的

---

❶ 1atm＝101325Pa。

理想真空是不存在的，一般把气压小于 0.1MPa 的气氛统称为真空，在工业上获得这样的真空度是很容易的（只要用一般的抽气装置就可以了）。因此真空热处理应用很广泛。

真空热处理的特点是：①钢件在真空中加热保温可避免氧化、脱碳，同时还能脱脂、分解表面氧化物，得到较高的表面质量；②真空加热无对流传热，升温速度慢，零件内外温差小，热处理后零件变形小。

5.6 热处理工艺举例

以机床主轴的热处理为例，轴类零件是应用很广泛的重要零件。它在机床等设备中，主要是用于传递动力。承受不同大小和形式的载荷，如弯曲、扭转、疲劳、冲击等。轴颈和滑动表面部分还承受摩擦，所以主轴的耐磨性能要求较高。如图 5-23 所示 CA6140 机床主轴图。

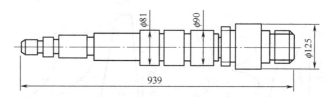

图 5-23　CA6140 机床主轴图

技术要求：φ81 及 φ90 轴颈处高频表面淬火、回火 45～50HRC

材料：45 钢

① 钢材选择：CA6140 车床属于中速、中负荷、在滚动轴承中工作的机床，选用 45 钢。

② 工艺路线：下料—锻造—正火—机加工—高频淬火—回火—磨加工。

③ 热处理工艺

正火：840～860℃，保温 1～1.5h，空冷，硬度≤229HB。

高频淬火：在高频设备及淬火机床上进行淬火，淬火前应进行一次预热。

回火：220～250℃，1～1.5h。

④ 工艺分析

正火：在主轴经过锻造后进行正火，主要是为了调整、细化内部组织，使其具有良好的综合力学性能，为表面高频淬火做好组织准备；如果性能要求很高，则需将正火改为调质；经过调质处理的主轴，其综合力学性能要大大优于正火主轴。

高频淬火：主要提高轴颈部的耐磨性能，可以大大延长零件的使用寿命。

回火：高频淬火后，经低温回火，主要是为了消除淬火应力，保持表面淬火的高硬度和高耐磨性。

复 习 题

5-1　何为钢的热处理？钢的热处理操作有哪些基本类型？

5-2　马氏体组织有哪几种类型？马氏体的硬度和含碳量关系如何？

5-3　退火和正火的主要区别是什么？生产中如何选择退火和正火？

5-4　一批 45 钢（含碳量为 0.45%）试样（尺寸为 15mm×10mm），因其组织晶粒大小不均匀，需采用退火处理。采用以下哪种退火工艺是适合的？

① 缓慢加热至 700℃，保温足够时间，随炉冷却至室温；

② 缓慢加热至 840℃，保温足够时间，随炉冷却至室温；

③ 缓慢加热至 1100℃，保温足够时间，随炉冷却至室温。

5-5 淬火的目的是什么？亚共析钢和共析钢淬火加热温度应如何确定？为什么？

5-6 为什么工件经淬火后往往会产生变形，有的甚至开裂？减小变形和开裂的方法有哪些？

5-7 常用的淬火方法有哪些？说明它们的主要特点及应用范围。

5-8 回火的目的是什么？常用的回火方法有哪几种？指出各种回火方法得到的组织、性能及其应用范围。

5-9 指出下列工件的淬火及回火温度，并说明其回火后获得的组织和大致的硬度：

① 含碳量为 0.45% 的钢小轴；②含碳量为 0.60% 的钢弹簧；③含碳量为 1.2% 的钢锉刀。

5-10 试分析以下几种说法是否正确？为什么？

① 过冷奥氏体的冷却速度越快，钢冷却后的硬度越高；②钢经淬火后处于硬脆状态；③钢中合金元素含量越多，则淬火后硬度就越高；④共析钢在加热到奥氏体化后，冷却时所形成的组织主要决定于钢的加热温度；⑤同一钢材在相同加热条件下，水淬比油淬的淬透性好，小件比大件的淬透性好；⑥钢的回火温度不能超过 A_{c_1}。

5-11 在一批 45 钢制的螺栓中（要求头部淬硬到 43～48HRC）混入少量 20 钢（含碳量为 0.20%），若按 45 钢进行淬火处理，试问热处理后能否达到要求？为什么？若混入的是 T12 钢（含碳量为 1.2%），结果会如何？为什么？

5-12 现有三个形状、尺寸、材质（低碳钢）完全相同的齿轮，分别进行普通整体淬火、渗碳和高频感应加热淬火，试用最简单的办法把它们区分出来。

5-13 某柴油机的凸轮轴，要求表面有高的硬度（大于 50HRC），而心部具有良好的韧性（$a_{KU}>40J$）。原来用 45 钢调质处理，再在凸轮表面进行高频淬火，最后低温回火。现因 45 钢已用完，拟改用 20 钢代替，试说明：

① 原 45 钢各热处理工序的作用；②改用 20 钢后，其热处理工序是否应进行修改？采用何种热处理工艺最恰当？

5-14 甲、乙两厂同时生产一批 45 钢零件，硬度要求为 220～250HBS。甲厂采用调质处理，乙厂采用正火处理都可达到硬度要求。试分析甲、乙两厂产品的组织和性能的差别？

5-15 45 钢调质处理后硬度为 240HBS，若再进行 200℃ 回火，试问是否可提高其硬度？为什么？若 45 钢经淬火、低温回火后硬度为 57HRC，然后再进行 560℃ 回火，试问是否可降低其硬度？为什么？

6 常用金属材料

金属材料是目前应用最广泛的工程材料，尤其是钢铁材料和一些有色金属及其合金。

6.1 工 业 用 钢

工业用钢按化学成可分为碳素钢和合金钢两大类。

6.1.1 碳素钢

含碳量小于 2.11％的铁碳合金称为碳素钢，简称碳钢。此外，碳钢中还含有少量锰、硅、硫、磷等杂质元素。碳钢由于其价格低廉，容易生产，通过不同的热处理可改变它的力学性能，因此能满足很多工业生产上的要求，它广泛应用于建筑、交通运输及机械制造工业中。

6.1.1.1 常见杂质对钢性能的影响

(1) 锰和硅 锰和硅在钢中是有益元素，来源于炼钢原料——生铁和脱氧剂锰铁。在室温下，能溶于铁素体，对钢有一定的固溶强化作用。同时锰具有一定的脱氧和脱硫能力，能使钢中的 FeO 还原成铁，可与硫生成 MnS，减轻硫的有害作用。碳钢中含锰量一般在 0.25％～0.80％之间。含硅量一般不超过 0.40％。

(2) 硫和磷 硫和磷在钢中是有害元素，是从生铁和燃料带入的，炼钢时难以除尽。

硫在固态下基本上不溶于铁，而是以 FeS 的形式存在于钢中。FeS 会与铁形成低熔点（985℃）的共晶体（FeS＋Fe），分布在奥氏体的晶界上。当钢加热到 1000～1200℃进行热加工时，由于晶界上的共晶体已经熔化，晶粒间结合被破坏，使钢在加工过程中沿晶界开裂，这种现象称为热脆。为了避免热脆，必须严格控制钢中的含硫量。此外，增加钢中含锰量，可消除硫的有害作用。锰可优先与硫形成高熔点（1620℃）的 MnS，并呈颗粒状分布在晶粒内，它在高温下具有一定的塑性，从而避免了发生热脆。

磷基本上能全部溶于铁素体中，起固溶强化作用，增加钢的强度、硬度，但使塑性、韧性显著降低。这种脆化现象在低温时更为严重，故称为冷脆。另外，含磷量较高的钢在焊接时易产生裂纹，使焊接性能变差。因此，要严格控制钢中磷的含量。

6.1.1.2 碳钢的分类、牌号、性能和用途

6.1.1.2.1 碳钢的分类

碳钢品种繁多，为了便于生产、管理、选用和研究，有必要将钢加以分类和统一编号，

常用的分类方法如下。

(1) 按含碳量分 有低碳钢（$w_C < 0.25\%$）；中碳钢（$0.25\% \leqslant w_C \leqslant 0.60\%$）；高碳钢（$w_C > 0.60\%$）。

(2) 按质量分 普通碳素钢（$w_S \leqslant 0.050\%$，$w_P \leqslant 0.045\%$）；优质碳素钢（$w_S \leqslant 0.035\%$，$w_P \leqslant 0.035\%$）；高级优质碳素钢（$w_S \leqslant 0.020\%$，$w_P \leqslant 0.030\%$）。

(3) 按用途分 碳素结构钢——主要用于制造各种机械零件和工程构件，一般属于低碳钢和中碳钢；碳素工具钢——主要用于制作各种刃具、模具和量具等，一般属于高碳钢。铸钢——主要用于制作形状复杂、难以用压力加工方法成形的铸钢件。

此外，按冶炼方法不同可分为平炉钢、转炉钢和电炉钢。按冶炼时脱氧程度不同又可分为沸腾钢（脱氧不完全）、镇静钢（脱氧较完全）和半镇静钢（脱氧程度介于沸腾钢和镇静钢之间）。

6.1.1.2.2 碳钢的牌号、性能和用途

(1) 普通碳素结构钢 普通碳素结构钢的牌号是由代表钢材屈服强度的汉语拼音首位字母、屈服强度值、质量等级符号、脱氧方法符号四个部分按顺序组成。其中质量等级共有四级，分别以 A（$w_S \leqslant 0.050\%$，$w_P \leqslant 0.045\%$）、B（$w_S \leqslant 0.045\%$，$w_P \leqslant 0.045\%$）、C（$w_S \leqslant 0.040\%$，$w_P \leqslant 0.040\%$）、D（$w_S \leqslant 0.035\%$，$w_P \leqslant 0.035\%$）表示。脱氧方法符号分别用"F"表示沸腾钢；"b"表示半镇静钢；"Z"表示镇静钢；"TZ"表示特殊镇静钢。通常钢号中"Z"和"TZ"符号可省略。如 Q235AF，其中"Q"为钢材屈服强度的汉语拼音首位字母；"235"表示其 $\sigma_s \leqslant 235$MPa；"A"表示质量等级为 A 级；"F"表示沸腾钢。

普通碳素结构钢的牌号、化学成分和力学性能见表 6-1。

表 6-1 普通碳素结构钢

牌号	等级	化学成分/%					力学性能			应用举例
		C	Mn	Si	S	P	σ_s/MPa	σ_b/MPa	δ/%	
					$\leqslant$					
Q195	—	0.06~0.12	0.25~0.50	0.30	0.050	0.045	195	315~390	33	用于制造受力不大的零件,如螺钉、螺母、垫圈等,焊接件、冲压件及桥梁建设等金属结构件
Q215	A			0.30	0.050	0.045	215	335~410	31	
	B	0.09~0.15				0.045				
Q235	A	0.14~0.22	0.30~0.65	0.30	0.050	0.045	235	375~460	26	
	B	0.12~0.20	0.30~0.70		0.045					
	C	≤0.18	0.30~0.80		0.040	0.040				
	D	≤0.17			0.035	0.035				
Q255	A	0.18~0.28	0.40~0.70	0.30	0.050	0.045	255	410~510	24	用于制造承受中等载荷的零件,如小轴、销子、连杆、农机零件等
	B				0.045					
Q275	—	0.28~0.38	0.50~0.80	0.35	0.035	0.045	275	490~610	20	

这类钢一般在热轧状态下供货，如热轧钢板、钢带、型钢、棒钢等，大多不预热处理而直接使用。

(2) 优质碳素结构钢 优质碳素结构钢的牌号用两位数字表示，这两位数字具体表示钢中含碳量的万分之几。如 45 钢，就表示平均含碳量为 0.45% 的优质碳素结构钢。若钢中含锰量较高（$0.7\% \leqslant w_{Mn} \leqslant 1.2\%$）时，在牌号后面加上锰的化学元素符号，例如 20Mn、

65Mn 钢等。

常用的优质碳素结构钢牌号有：08F 钢、10 钢含碳量低，塑性好而强度低，主要用于制作薄钢板、冷冲压件、容器等；15 钢、20 钢、25 钢经渗碳热处理后，其表面可获得高硬度、高耐磨性，而心部具有良好的塑韧性，常用于制造表面要求耐磨、承受冲击载荷的零件，如凸轮、齿轮、摩擦片等；30 钢、35 钢、40 钢、45 钢、50 钢经调质处理后，可获得良好的综合力学性能，主要用来制造齿轮、连杆、轴类等零件；55 钢、60 钢以上的钢经适当热处理后，有较高的耐磨性、弹性极限和强度，常用于制造弹簧、钢轨、车轮、钢丝绳等。

（3）碳素工具钢　碳素工具钢主要用来制造刀具、模具和量具。这类钢要求高硬度和高耐磨性，因此其含碳量在 0.65%～1.35% 之间，全都属于优质级或高级优质的高碳钢。

碳素工具钢的牌号用"T＋数字＋质量级别"的方法来表示，"T"为碳素工具钢"碳"字的汉语拼音首字符，其后数字表示其平均含碳量千分之几，如为高级优质钢，则在数字后面加符号"A"表示。例如，T8 表示平均含碳量为 0.8% 的优质碳素工具钢，而 T8A 则表示平均含碳量为 0.8% 的高级优质碳素工具钢。常用的碳素工具钢牌号有 T7、T8、T8A、T10、T12 等。

（4）铸造碳钢　在生产中，有些形状复杂的零件，很难用压力加工方法成形，用铸铁又难以满足性能要求，此时可采用铸造碳钢。

铸造碳钢的牌号用"ZG＋两组数字"的方法来表示，其中"ZG"是"铸钢"两字汉语拼音首字符，后面两组数字中，第一组表示其屈服强度值，第二组表示其抗拉强度值（该数值适用于厚度为 100mm 以下的铸钢件）。例如，牌号 ZG230-450 表示屈服强度为 230MPa、抗拉强度为 450MPa 的工程用铸造碳钢。

6.1.2　合金钢

合金钢就是在碳钢中有目的地加入一定量的其他元素的钢。常用的合金元素有：锰（>0.8）、硅（>0.4）、铬、钨、镍、钼、钒、铝、铜、钛、硼、铌等。这些元素在合金钢中可提高钢的力学性能，增大钢的淬透性，改善钢的工艺性能或得到某种特殊物理和化学性能，因而大大提高其应用范围。

应该指出的是：合金钢由于其冶炼工艺复杂，成本较高，因而价格比碳钢昂贵，而且并不是一切性能都优于钢，有很多工艺性能（如铸造性能、焊接性能等）不如碳钢。所以从经济角度考虑，应尽量选用碳钢，特别是在设计零件时必须全面考虑这些问题，合理选用金属材料。

6.1.2.1　合金元素在钢中的作用

6.1.2.1.1　强化铁素体

几乎所有合金元素都或多或少地溶入铁素体中，形成合金铁素体。引起铁素体的晶格畸变，产生固溶强化，使铁素体的强度、硬度提高，但塑性和韧性有所下降。但其中铬≤2%和镍≤5%时，在强化铁素体同时，仍能提高韧性。图 6-1 和图 6-2 为一些合金元素对铁素体硬度和韧性的影响。

6.1.2.1.2　细化晶粒

除锰、磷可促使奥氏体晶粒长大外，其余合金元素均有不同程度细化晶粒的作用。尤其是与碳有很强亲和能力钛、钒、铌、钨、钼等元素，与碳在钢中形成的特殊碳化物（如 TiC、VC、NbC）具有高熔点、高硬度和高耐磨性，并且更为稳定，不易分解。尤其是特殊

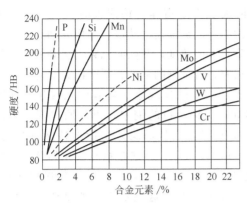

图 6-1 合金元素对铁素体硬度的影响

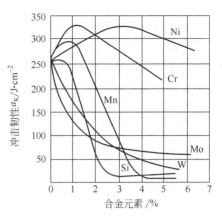

图 6-2 合金元素对铁素体冲击韧性的影响

碳化物在钢中弥散分布时，能强烈阻碍奥氏体晶粒长大，显著细化晶粒，提高钢的强度、硬度和耐磨性。

6.1.2.1.3 提高淬透性

合金元素（除钴外）溶入奥氏体后，使铁、碳原子扩散困难，过冷奥氏体稳定性增加，使 C 曲线右移，降低了钢的临界冷却速度，增大了钢的淬透性。通常镍、锰、硅、铜、铝等元素溶入奥氏体后均使合金钢的 C 曲线右移，其 C 曲线形状与碳钢相似，如图 6-3(a) 所示。而铬、钼、钨等元素溶入奥氏体，由于它们对推迟珠光体转变与贝氏体转变的作用不同，除使 C 曲线右移外，还使 C 曲线出现两个鼻尖，如图 6-3(b) 所示。其上部是珠光体转变区，下部是贝氏体转变区。在两区之间的过冷奥氏体有较大的稳定性。

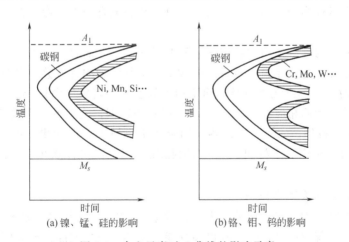

图 6-3 合金元素对 C 曲线的影响示意

需要指出的是，钢中多种合金元素同时加入对淬透性的提高远比各元素单独加入时为大，故目前淬透性好的钢多采用"多元少量"的原则。

合金钢淬透性比碳钢好，在淬火时就可以用冷却能力较弱的淬火介质（如油等），以减少工件变形与开裂倾向。特别是对大截面工件，淬火后得到较大的淬硬深度，可提高其承载能力。

6.1.2.1.4 提高红硬性

红硬性是指工具钢在高温下保持高硬度的能力。合金钢中的合金元素提高红硬性主要体现在两方面。

（1）提高了钢的回火稳定性　回火稳定性或回火抗力是指淬火钢回火时抵抗软化（硬度、强度下降）的能力。合金元素溶入马氏体后，使原子的扩散速度减慢，因而在回火时延缓了马氏体分解、残余奥氏体分解以及碳化物析出聚集长大的速度，并推向比碳钢更高温度才发生，这就提高了回火稳定性。可见，在同一温度回火时，合金钢的强度、硬度比碳钢高。

（2）产生二次硬化现象　含有中强或强碳化物形成元素如钨、钼、钒的钢中，当其回火温度升高到 $500 \sim 600 ℃$ 时，会从马氏体中析出特殊碳化物，如 W_2C、Mo_2C、VC 等。这些特殊碳化物高度弥散分布在基体上阻碍位错运动，起到弥散强化作用，使钢的硬度反而升高，这就是二次硬化现象。如图 6-4 所示。二次硬化对高温下工作的钢，特别是高速切削工具及热加工模具是极为重要的性能。

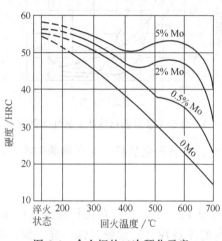

图 6-4　合金钢的二次硬化示意

6.1.2.1.5　增加了残余奥氏体量

合金元素（除钴、铝外）溶入奥氏体后都使马氏体转变点 M_s 及 M_f 的温度下降，其中锰、铬、镍的影响最为显著。M_s 和 M_f 越低，淬火后残余奥氏体量增加越多。这就降低了钢淬火后的硬度，虽然可用冷处理或多次回火减少残余奥氏体量，但使热处理过程复杂化。

6.1.2.2　合金结构钢

在碳素结构钢的基础上，特意加入一种或数种合金元素，以满足机器结构和工程结构使用性能要求的合金钢称为合金结构钢。通常又分为普通低合金钢、渗碳钢、调质钢、弹簧钢及滚动轴承钢等几类。

我国合金结构钢的牌号采用"数字＋元素符号＋数字"的表示方法。前面两位数字表示平均含碳量万分之几，合金元素符号后面的数字表示其含量的百分数。当合金元素平均含量为 $0.8\% \sim 1.5\%$ 时，只标出元素符号，而不标出数字；当其平均含量≥1.5、≥2.5、≥3.5 等时，则在元素符号后面相应标出 2、3、4……如 40Cr 钢，表示平均含碳为 0.4%，平均含铬量小于 1.5%。另外，如钒、钛、硼、钼及稀土金属等合金元素，虽在钢中含量很低，但起重要作用，仍应在钢号中标出。如 40CrNiMoA 钢，钼仅含 0.2%，不到 0.8%，仍应在牌号中标出。

6.1.2.2.1　低合金高强度结构钢

低合金高强度结构钢是在普通碳素钢（含碳量≤0.2%）的基础上加入少量（≤3%）合金元素制成的，又称普通低合金钢。其很多性能，尤其是力学性能优于普碳钢。低合金高强度结构钢的屈服强度比普通碳素结构钢高 $25\% \sim 50\%$ 以上，特别是屈强比（σ_s/σ_b）明显提高。由于含碳量低，低合金结构钢有良好的塑韧性和焊接性能，耐蚀性能也比碳钢好。但冷冲压性能较差。目前广泛应用于桥梁、船舶、车辆、化工设备和农业机械中。其主要牌号有 Q295、Q345（16Mn）、Q390 等。

6.1.2.2.2　合金渗碳钢

用于制造渗碳零件的合金钢称为渗碳钢。主要用于制造既承受冲击载荷作用，表面又受强烈磨损的零件（如变速齿轮、齿轮轴、活塞销等）。这类零件要求表面具有高硬度、高强度和高耐磨性，心部具有较高的韧性和足够的强度。

合金渗碳钢的含碳量在 0.1%～0.25% 之间。含碳量低，可保证渗碳零件心部有足够的韧性。主加元素为铬（<0.3%）、锰（<2%）、镍（<4.5%）、硼等。其主要作用是提高钢的淬透性，并强化铁素体基体，以提高心部强度，同时保持良好的韧性。辅加元素为少量钼、钨、钒、钛等碳化物形成元素。其主要作用是防止高温渗碳时奥氏体晶粒长大，显著细化晶粒，使渗碳后能直接淬火，简化热处理工序；其所形成的特殊碳化物，还可增加表面渗碳层的耐磨性。其主要牌号有 20Cr、20MnVB、20CrMnTi、20Cr2Ni4、18Cr2Ni4W 等。

合金渗碳钢的热处理主要有以下两种。

（1）预备热处理　低、中淬透性的合金渗碳钢可采用正火改善其切削加工性。高淬透性合金渗碳钢锻后空冷得到马氏体组织而采用高温回火，得到回火索氏体组织，以利于切削加工。

（2）最终热处理　为保证渗碳件表面高硬度和高耐磨性，一般在渗碳后进行一次淬火及低温回火。

6.1.2.2.3　合金调质钢

合金调质钢通常指经调质处理后使用的中碳合金钢。主要用于制造承受较大交变载荷与冲击载荷的重要零件。如发动机曲轴、传动齿轮、汽车后桥半轴等。这类零件要求钢材具有较高的综合力学性能，即强硬度与塑韧性有最佳的配合。

合金调质钢的含碳量一般为 0.27%～0.50%。主加元素为锰、硅、铬、镍、硼，其主要作用是提高钢的淬透性，使整体零件调质后，获得高而均匀的综合力学性能，特别是高的屈强比。除硼外，主加元素还起固溶强化作用，强化铁素体，并在一定含量范围内还能提高钢的韧性。辅加元素为钨、钼、钛、钒等，它们起提高回火稳定性和细化晶粒的作用。其中钨、钼还有防止第 II 类回火脆性的作用。其主要牌号有 40Cr、35CrMo、30CrMnSi、40CrMnMo 等。

合金调质钢的热处理主要有以下两种。

（1）预备热处理　合金调质钢零件的锻造毛坯的预备热处理一般采用正火或完全退火，得到珠光体和铁素体组织，以改善切削加工性能。

（2）最终热处理　一般是采用调质处理，以获得回火索氏体组织，使钢件具有优良的综合力学性能。

6.1.2.2.4　合金弹簧钢

用于制造各种弹簧或弹性元件的合金钢称为合金弹簧钢，主要用于制造汽车、机车、拖拉机上的板弹簧或圆弹簧及气阀、安全阀等耐热弹簧。弹簧是缓和冲击或振动，以弹性变形贮存能量的零件。工作时一般承受循环冲击载荷，当承受大载荷时不允许发生塑性变形。因此要求弹簧钢要有高的弹性极限和疲劳强度，还要有足够的韧性（$a_K \geqslant 30～40J/cm^2$），以防止塑性变形，又不致脆断。

合金弹簧钢含碳量一般在 0.45%～0.70% 之间。主加合金元素为锰、硅、铬等，主要作用是提高钢的淬透性，同时强化铁素体，显著提高弹性极限及疲劳强度。辅加元素为少量的钼、钨等，其作用是提高回火稳定性，细化晶粒，提高强韧性并减少脱碳倾向。其主要牌号有 55Si2Mn、60Si2Mn、50CrVA 等。

合金弹簧钢的热处理主要有以下两种。

（1）冷成形弹簧的热处理　对于线径小于 10mm 的弹簧，常用冷拉弹簧钢丝冷绕而成。这些钢材先在 500～550℃ 的铅浴中进行等温淬火，得到索氏体组织，然后经多次冷拉或冷轧成形。由于冷变形强化作用，弹性极限大为提高，不需再淬火处理，只要在 200～300℃

进行一次去应力退火，稳定尺寸后即可使用。

（2）热成形弹簧的热处理　对于线径大于 10mm 的弹簧，通常在淬火加热时成形。成形后利用余热立即淬火，再进行 350～500℃ 中温回火。得到回火屈氏体组织，其硬度为 40～48HRC，从而在保证得到高的弹性极限的情况下，又具有足够的韧性指标。

为了提高弹簧疲劳强度，热处理后往往采用喷丸处理进行表面强化，使表层形成残余奥氏体并消除表面缺陷，以提高弹簧使用寿命。

6.1.2.2.5　滚动轴承钢

用于制造滚动轴承中的滚动体（滚珠、滚柱、滚针）和套圈的合金钢称为滚动轴承钢。滚动轴承在工作时承受较大的局部交变载荷，特别是滚动体和套圈间呈点或线接触，产生极大的接触应力，易发生接触疲劳破坏与磨损。因此，要求轴承钢具有高硬度、高耐磨性及较高的抗疲劳强度，还要有足够的韧性及耐腐蚀性。

滚动轴承钢的含碳量高达 0.95%～1.15%，这是为了淬火后得到高碳马氏体，保证轴承钢具有高硬度和高强度。铬是其基本元素，含量在 0.40%～1.65% 之间，其作用是提高淬透性，并形成弥散分布的碳化物 $(Fe，Cr)_3C$，以提高钢的耐磨性和接触疲劳强度。但含铬太多（>1.65%），会增加残余奥氏体含量，降低硬度及尺寸稳定性。目前我国应用最广的轴承钢是 GCr15 和 GCr15SiMn。前者用于制造中小型轴承，后者用于较大型轴承。

滚动轴承钢的热处理主要有以下两种。

（1）预备热处理　滚动轴承零件锻后预备热处理采用球化退火（<210HBS），降低硬度，改善切削加工性能，并为淬火做好组织准备。

（2）最终热处理　滚动轴承零件的最终热处理一般是淬火后低温回火，得到回火马氏体及弥散分布的细粒状碳化物，回火后硬度为 62～64HRC。注意淬火加热温度应严格控制，过高过低均影响质量。

对于精密零件，可在淬火后进行冷处理（-60～-80℃），以减少残余奥氏体量，稳定工件尺寸。

6.1.2.3　合金工具钢

用于制造各种工模具的合金钢称为合金工具钢。这种钢比碳素工具钢具有更高硬度、耐磨性和韧性，特别是具有更好的淬透性、淬硬性和红硬性。因而可以制造大截面、形状复杂、性能要求较高的工具。

我国合金工具钢牌号表示法与合金结构钢相似，只有含碳量的表示法不同。当其平均含碳量≥1.0% 时，则含碳量不标出；当其平均含碳量≤1.0% 时，则牌号前的数字表示含碳量的千分之几；但高速钢例外，其平均含碳量<1.0% 也不标出。合金元素的表示法与合金结构钢相同。如 CrMn 钢，表示平均含碳量≥1.0%，平均含铬、锰量均<1.5% 的合金工具钢；9SiCr 表示平均含碳量为 0.9%，平均含硅、铬量均<1.5% 的合金工具钢；而 W18Cr4V 则表示平均含碳量为 0.70%～0.80%，含钨、铬、钒量分别为小于 18.5%、4.5%、1.5% 的高速工具钢。此外，由于合金工具钢都属于高级优质钢，故不再在牌号中标出"A"字。

合金工具钢按用途一般分为刃具钢、模具钢和量具钢。

6.1.2.3.1　合金刃具钢

合金刃具钢一般包括低合金工具钢和高速工具钢。

（1）低合金工具钢　低合金工具钢（包括刃具钢、模具钢、量具钢）是在碳素工具钢的基础上加入少量（＜5％）合金元素（硅、铬、锰、钨、钒等），以进一步提高红硬性、耐磨性及热处理工艺性能。低合金工具钢可制作尺寸较大、形状复杂、受力大的刃具，如板牙、丝锥、铰刀等，但不能制作高速切削的刃具。常用的牌号有 Cr2、9SiCr、CrWMn、9Mn2V 等。

低合金工具钢的加工工艺路线一般是：锻造→球化退火→机加工→淬火＋低温回火。刃具毛坯锻造后的球化退火的目的是降低硬度，便于机加工。最终热处理采用淬火后低温回火，得到细回火马氏体、粒状合金碳化物及少量残余奥氏体，一般硬度为 60～64HRC。

（2）高速工具钢　简称高速钢。因它制作的刃具使用时，比低合金工具钢允许有更高的切削速度而得名。高速钢红硬性可达 600℃，即在刃部切削温度达 600℃ 时仍保持高硬度（硬度＞60HRC），并在切削时长期保持刃口锋利，所以又称"锋钢"。高速钢主要用来制作车刀、刨刀、钻头、齿轮铣刀、插齿刀等。

高速钢的含碳量为 0.75％～1.65％，加入的合金元素有钨、铬、钼、钒、钴等。钨、钼的主要作用是提高红硬性；铬主要是提高高速钢的淬透性，并能增加耐磨性；钒的主要是细化晶粒，并能提高热硬性；钴能使合金碳化物以更细小均匀的状态析出，且不易聚集长大，从而提高了弥散强化效果。常用高速工具钢的牌号有 W18Cr4V、W18Cr4V2Co8。

由于高速钢含大量合金元素，使 E 点显著左移，故铸态组织中出现了粗大的鱼骨状莱氏体，如图 6-5 所示，这大大降低了钢的力学性能，特别是韧性。鱼骨状莱氏体不能用热处理方法来消除，只有用反复锻造的方法将其击碎，并使之均匀分布在基体上，才能消除其不良影响。

高速钢热处理包括锻后退火和机加工后淬火加回火。

① 预备热处理：由于高速钢的奥氏体很稳定，锻后虽缓冷，但硬度仍较高，并产生残余内应力。所以高速钢锻后的预备热处理采用等温球化退火（即在 860～880℃ 保温后，迅速冷却到 720～750℃ 等温）。其目的是为了改善切削加工性能，消除锻造内应力，并为最后淬火作组织准备。退火后组织通常为索氏体及粒状碳化物，如图 6-6 所示，硬度为 207～255HBS。

② 最终热处理：高速钢最终热处理的特点是淬火温度非常高（1200～1300℃），回火温度也很高（560℃），且要进行三次回火。W18Cr4V 的热处理工艺曲线如图 6-7 所示。由于高速钢中合金元素含量多，其塑性与导热性较差，淬火加热时为减少热应力，防止工件变形与开裂，必须进行预热。一次预热的温度为 800～840℃，待工件在截面上里外温度均匀后，再送入高温炉加热。对截面大、形状复杂的刃具，可采用 600～650℃ 与

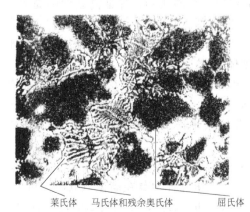

莱氏体　马氏体和残余奥氏体　　屈氏体

图 6-5　高速钢铸态显微组织（400×）

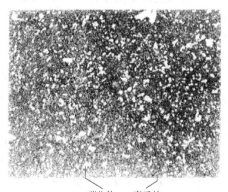

碳化物　索氏体

图 6-6　高速钢退火后的显微组织（400×）

800～850℃的二次预热。在 550～570℃回火时，由于从马氏体中析出了弥散分布的 WC、W2C、VC 等特殊碳化物，产生了强烈的二次硬化现象，其硬度最高，甚至超过了淬火后的硬度，达到 64～66HRC。高速钢淬火后有大量的残余奥氏体，一次回火难以全部消除，需经多次（一般为三次）回火才能基本消除。一般 W18Cr4V 淬火后残余奥氏体量高达 20～25（第一次回火降到 10％左右，第二次回火降到 3％～5％，第三次回火降到最低量 1％～2％）。其回火后的组织为回火马氏体、粒状合金碳化物及少量残余奥氏体，硬度为 63～64HRC。

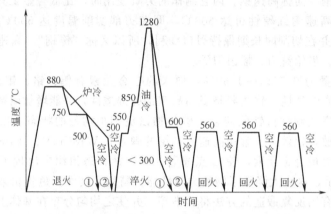

图 6-7　W18Cr4V 钢退火、淬火、回火工艺曲线

6.1.2.3.2　合金模具钢

根据模具的工作条件不同，合金模具钢可分为冷作模具钢和热作模具钢。

（1）冷作模具钢　冷作模具钢用于制造使金属在冷态下变形的模具，如冷冲模、冷挤压模、拉丝模等。因为金属在模具中产生塑性变形，因而模具要受到很大的压力、摩擦和冲击。所以要求冷作模具钢具有高硬度、高耐磨性及足够的强度和韧性。此外，还要求冷作模具钢淬透性高，热处理变形小。

由于冷作模具钢的性能要求与合金刃具钢基本相近，故尺寸较小或形状不太复杂的模具可用低合金工具钢制造，如 9SiCr、CrWMn、9Mn2V 等。此外，高速工具钢也可用于制造冷冲模、冷挤压模等。

最常用的专用冷作模具钢是 Cr12 型钢。其含碳量为 1.45％～2.30％，含铬量为 11％～13％。含碳量高是为了淬火后获得高碳马氏体和足够的合金碳化物，保证高硬度和高耐磨性。含铬量高，可大大提高钢的淬透性，一般空冷也能淬硬。此外，含铬量高使钢淬火后存在较多的残余奥氏体，可显著减少淬火变形，同时能增加韧性。因而 Cr12 型钢属于微变形钢。如再加入钼、钒，可进一步提高回火稳定性，细化晶粒。

Cr12 型钢的最终热处理是淬火和低温回火。其淬火温度较高，通常 Cr12 钢的淬火加热温度为 930～980℃，Cr12MoV 钢的淬火加热温度为 1020～1040℃。回火温度一般为 160～180℃，回火后的组织为回火马氏体、合金碳化物及残余奥氏体，硬度达到 61～63HRC。Cr12 型钢的常用牌号为 Cr12 和 Cr12MoV。

（2）热作模具钢　热作模具钢用来制造经加热的固态或液态金属在压力下成形的模具。前者称为热锻模（包括热挤压模），后者称为压铸模。热作模具钢是在高温（400～600℃）下工作的，要求其在工作高温下能保持足够的强度、韧性和耐磨性，以及较高的热疲劳抗力和导热性。

热作模具钢的含碳量为 0.3%～0.6%，属于中碳钢，以保证经中温或高温回火后具有足够的强度和韧性。加入的合金元素有铬、锰、镍、硅、钼等，其作用是提高钢的淬透性，强化铁素体基体，镍还能提高其韧性。铬、硅、钨可提高其热疲劳抗力。钼主要是提高回火稳定性与防止第Ⅱ类回火脆性。常用的压铸模钢的牌号有 3Cr2W8V、4CrSi、4CrW2Si 等，而常用的热锻模具钢牌号是 5CrMnMo 和 5CrNiMo。

热作模具钢经锻造后的预备热处理是退火，目的在于消除锻造内应力，改善切削加工性。退火后的组织为细片状珠光体与铁素体，硬度为 197～241HBS。其最终热处理是淬火后中温回火或高温回火。淬火加热温度为 840～870℃，需在 500℃ 预热一次。其回火温度根据模具大小确定，回火后组织为回火屈氏体或回火索氏体。

6.1.2.3.3 合金量具钢

量具是机械工程中用来测量加工零件的工具，如千分尺、卡规等。由于量具在使用过程中经常与被测零件接触，易受到磨损和碰撞，因此要求量具具有高硬度（62～65HRC）、高耐磨性。另外，量具本身必须具备很高的尺寸精确性和恒定性，因而还要求量具有很高的尺寸稳定性和良好的磨削加工性能。

最常用的量具用钢为碳素工具钢和低合金工具钢。碳素工具钢（如 T10A、T12A）只用于制作尺寸小、形状简单、精度要求低的量具，如量规、模套等。低合金工具钢（如 9SiCr、CrWMn、GCr15 等）则常用于制造高精度或形状复杂的精密量具，如塞规、块规等。

量具钢的热处理基本与刃具钢一样。对于精密量具在淬火后应立即进行冷处理，然后在 150～160℃ 下低温回火；低温回火后还应进行一次人工时效（110～150℃，24～36h），尽量使淬火组织转变为较稳定的回火马氏体和消除淬火应力。精磨后还要在 120℃ 下人工时效 2～3h，以消除磨削应力。

6.1.2.4 特殊性能钢

特殊性能钢是指具有特殊的物理或化学性能，并兼有一定力学性能的合金钢。它包括不锈钢、耐热钢和耐磨钢等。这里仅介绍常用的不锈钢。

不锈钢是指能抵抗大气腐蚀或酸、碱介质腐蚀的合金钢。为了提高钢的抗蚀能力，可以从两方面着手。一方面尽量使钢在室温下获得单相组织；另一方面设法提高钢的基体组织在腐蚀介质中的电极电位。实践证明，钢中加铬是提高抗蚀能力的基本元素，由于铬在氧化介质中能很快形成一层氧化膜（Cr_2O_3），以保护内部不受腐蚀；同时，当含铬量大于 12.5% 后，钢的电极电位发生跃增（由 -0.56V 上升到 +0.21V），抗蚀性显著提高。

不锈钢按其组织状态主要分为以下三大类。

（1）铁素体不锈钢 常用铁素体不锈钢的含碳量<0.15%，含铬量为 12%～30%，属于铬不锈钢。这类钢是单相铁素体组织，从室温加热到高温（960～1100℃），其组织也无显著变化。钢中随含铬量增加，耐蚀性进一步提高。其抗氧化性介质腐蚀的能力强，特别是抗应力腐蚀性能较好。但其力学性能不如马氏体不锈钢，故多用于受力不大的耐酸结构和作抗氧化钢使用。

铁素体不锈钢按铬的含量有以下三种类型。

① Cr13 型，如 00Cr13Al、00Cr12，常作耐热钢用（如汽车排气阀等）。

② Cr17 型，如 1Cr17、1Cr17Mo 等，可耐大气、稀硝酸等介质的腐蚀。

③ Cr27-30 型，如 00Cr27Mo、00Cr30Mo，是耐强腐蚀介质的耐酸钢。

（2）马氏体不锈钢 常用马氏体不锈钢的含碳量为 0.1%～0.4%，含铬量为 12%～

14%，也属于铬不锈钢。这类钢的含碳量较铁素体不锈钢高，淬火后能得到马氏体，所以它有较好的力学性能，但耐蚀性、塑性、可焊性不如铁素体、奥氏体不锈钢。

马氏体不锈钢牌号中，1Cr13、2Cr13 等含碳量较低，可用来制造力学性能较高、又要有一定耐蚀性的零件，如汽轮机叶片及医疗器械等；3Cr13、7Cr13 等含碳量较高，其强度、硬度提高，用于制造医用手术工具、量具、不锈钢轴承及弹簧等。

（3）奥氏体不锈钢　奥氏体不锈钢中含铬量为 17%～19%，含镍量达 8%～11%，属于镍铬不锈钢。由于其含镍量高，扩大了奥氏体区域，在室温下能得到稳定的单相奥氏体组织。因而有更好的耐蚀性和高温抗氧化性。最典型的是 18-8 型不锈钢，如 0Cr18Ni9、2Cr18Ni9 等。其供货状态多为固溶处理态。

奥氏体不锈钢主要用于制作耐蚀性要求很高及冷变形成形需焊接的工件，如化工设备及管道等；也用于仪表、发电等工业制作无磁性的耐蚀零件。需注意的是：这类钢热处理不能强化，但可通过冷变形加工提高其强硬度。

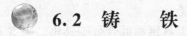

6.2 铸　铁

6.2.1 概述

铸铁是碳含量大于 2.11% 的 Fe-C 合金，它是工业上应用最广泛的金属材料之一。铸铁的使用价值与碳的存在形式密切相关，工业在常用铸铁中的碳主要以石墨形式（而不是莱氏体）存在，其成分大致为：2.5%～4.0%C，1.0%～3.0%Si，0.5%～1.4%Mn，0.01%～0.5%P，0.02%～0.20%S。

6.2.2 铸铁的石墨化

6.2.2.1 石墨化的概念

碳在铸铁中主要以渗碳体（Fe_3C）和游离状态的石墨（常用 G 表示石墨）两种形式存在。铸铁中碳原子析出而形成石墨的过程称为石墨化。

一般认为，铸铁的石墨化有以下三种方式。

① 由液态铁水中直接析出石墨：$L \rightarrow G$。

② 自奥氏体中直接析出石墨：$A \rightarrow Fe+G$。

③ 在高温长时间加热下，渗碳体会发生分解产生石墨：$Fe_3C \rightarrow Fe+G$。

6.2.2.2 影响石墨化的因素

影响石墨化的因素主要是化学成分和冷却速度。

（1）化学成分　碳与硅均为强烈促进石墨化的元素，其含量越高，越容易获得石墨组织，但含量过高，铸铁中石墨数量多且粗大。硫对石墨化有强烈的阻碍作用，锰也是阻碍石墨化的元素，但与硫的亲和力很大，可形成 MnS，从而起到削弱硫的反石墨化作用。

（2）冷却速度　相同化学成分的铁水冷却速度越慢，碳原子析出和聚集越充分，结晶并析出石墨的可能性越大；反之，冷却速度越快，析出 Fe_3C 的可能性越大，不利于石墨化。在生产中，铸件的冷却速度主要取决于铸型材料和铸件壁厚。

6.2.2.3 铸铁的分类

根据碳在铸铁中存在的形式不同，铸铁可分为三类，见表 6-2。

表 6-2　铸铁的分类

种　　类	碳的存在形式	断口颜色	性　能	应　用
白口铸铁	$Fe_3C(Ld)$	银白色	硬而脆	很少用于制造零件
麻口铸铁	Fe_3C 和 G	黑白相间的麻点	硬而脆	很少应用
灰口铸铁	G	暗灰色	较好的力学性能	广泛应用于工业中

灰口铸铁的碳大部分或全部以石墨形式存在，根据石墨存在形态的不同，灰口铸铁又可分为以下几种。

（1）灰铸铁　其石墨呈黑色片状，力学性能不太高，但生产工艺简单，价格低廉，应用最广泛。

（2）可锻铸铁　其石墨呈黑色团絮状，力学性能较灰铸铁高，但生产周期长，成本较高。

（3）球墨铸铁　其石墨呈黑色球状，力学性能最高，强度已接近于碳钢，生产工艺比可锻铸铁简单，应用广泛。

（4）蠕墨铸铁　其石墨呈黑色蠕虫状，力学性能介于灰铸铁与球墨铸铁之间。

6.2.3　常用铸铁

6.2.3.1　灰铸铁

6.2.3.1.1　灰铸铁的组织和性能

灰铸铁的组织特点是在钢的基体上分布有片状石墨，按其基体组织分为以下三种。

① 铁素体灰铸铁　组织为铁素体＋片状石墨，见图 6-8(a)。

② 铁素体＋珠光体灰铸铁　组织为铁素体＋珠光体＋片状石墨，见图 6-8(b)。

③ 珠光体灰铸铁　组织为珠光体＋片状石墨，见图 6-8(c)。

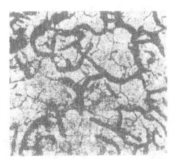  

(a) 铁素体灰铸铁 (200×)　　　(b) 铁素体+珠光体灰铸铁 (200×)　　　(c) 珠光体灰铸铁 (200×)

图 6-8　灰铸铁显微组织

由于石墨本身是一个软而脆的相（其强度、硬度和塑韧性几乎为零），故在铸铁中可把它看成是微裂纹。片状石墨的尖端会产生应力集中，且对基体组织起到割裂作用，使灰铸铁的抗拉强度大大降低（$\sigma_b = 120 \sim 250$ MPa），塑性和冲击韧性几乎为零，石墨片的量越多，尺寸越大，性能越差。因此灰铸铁的力学性能远低于碳钢。

但也正是由于石墨的存在，使灰口铸铁具有一系列优于钢的其他性能。

（1）铸造性能良好　灰铸铁碳含量接近共晶成分，故熔点低，流动性好，收缩率小。所以，灰铸铁能浇铸出形状复杂的薄壁铸件。

（2）切削加工性良好　由于石墨割裂了基体的连续性，使铸铁切削时易断屑和排屑，利于散热；且石墨对刀具与有一定的润滑作用，使刀具磨损减小。

（3）减摩性好　由于石墨本身具有固体润滑作用，加上其周围孔隙可以吸附储存润滑油，使摩擦面上的油膜易于保持而大大降低摩擦因数，具有良好的减摩性。

（4）减振性强　由于石墨组织松软，能吸收振动波，阻止振动的传播，它比钢的减振能力约大 10 倍。所以灰铸铁常用作承受振动的机床底座、机身等零件。

（5）缺口敏感性低　由于石墨本身就相当于很多小的缺口，致使外加缺口（如油孔、键槽、刀痕等）的作用相对减弱，使灰口铸铁具有低的缺口敏感性，从而增加了零件工作时的可靠性。

6.2.3.1.2　灰铸铁的牌号和应用

我国灰铸铁的牌号是用"HT＋三位数字"的方法来表示的，HT 表示"灰铁"汉语拼音的字首，后面三位数字表示其抗拉强度（MPa）的数值，例 HT100、HT200 等。表 6-3 列出了部分灰铸铁的牌号、力学性能和用途。

表 6-3　部分灰铸铁的牌号、力学性能和用途

牌　号	显微组织		力学性能				用途举例
	基体	石墨	σ_b/MPa	$\sigma_{0.2}$/MPa	δ/%	硬度/HBS	
			不小于				
HT150	$F+P$	较粗片状	100	—	<1	143～229	机械制造业中一般铸件,如底座、手轮、阀体、阀盖等
HT250	细 P	较细片状	240	—	<1	163～229	运输机械中薄壁缸体、缸盖 冶金矿山机械中的轨道、齿轮
HT350	细 P	细小片状	340	—	<1	170～241	大型发动机汽缸体、缸盖、衬套 机床导轨、工作台等摩擦件
QT400-18	F	球状	400	250	18	130～180	承受冲击、振动的零件,如汽车、拖拉机的轮毂、驱动桥壳、拨叉、电动机壳、齿轮箱等
QT400-15	F	球状	400	250	15	130～180	
QT600-3	$P+F$	球状	600	370	3	190～270	载荷大、受力复杂的零件,如汽车、拖拉机的曲轴、连杆,部分磨床、铣床、车床的主轴等
QT700-2	P	球状	700	420	2	225～305	
QT800-3	细小 P	球状	800	480	2	245～335	
KTH330-08	F	团絮状	330		8	>150	扳手、车轮壳等
KTH370-12	F	团絮状	330		12	>150	汽车、拖拉机的前后轮壳、减速器、制动器等载荷较高和耐磨损零件,如曲轴、连杆、万向接头、棘轮、传动链条等
KTZ550-04	P	团絮状	550	340	4	180～250	
KTZ700-02	P	团絮状	700	530	2	240～290	

6.2.3.1.3　灰铸铁的热处理

由于热处理无法改变石墨的形状和大小，对铸件力学性能的影响不大，除部分铸铁件采用表面淬火提高表面硬度和耐磨性外，通常不对其进行提高力学性能的热处理，而进行消除应力的低温退火及消除自由渗碳体或降低硬度、改善加工性的石墨化退火（软化退火）。

6.2.3.2　可锻铸铁

6.2.3.2.1　可锻铸铁的组织、性能、牌号和用途

可锻铸铁又称马铁或玛钢，它是由白口铸铁件经过石墨化退火而获得的具有团絮状石墨的铸铁。

据退火后获得的基体组织不同，可锻铸铁分为以下两种。

（1）铁素体可锻铸铁　也称黑心可锻铸铁，组织为铁素体＋团絮状石墨，见图6-9(a)。

（2）珠光体可锻铸铁　组织为珠光体＋团絮状石墨，见图6-9(b)。

(a) 铁素体可锻铸铁(200×)　　　　(b) 珠光体可锻铸铁(200×)

图 6-9　可锻铸铁显微组织

由于团絮状石墨对铸件基体的割裂和应力集中作用比灰铸铁大大减少，故强度和韧性有很大提高，尤其是珠光体可锻铸铁，强度可与钢媲美。称这类铸铁为"可锻铸铁"，是指其韧性比普通灰口铸铁件优良，实际并不可锻。

可锻铸铁的牌号是用"KTH（Z）＋两组数字"的方法来表示，前者汉语拼音字首代表类型，后者两组数字分别表示其抗拉强度与伸长率，例如：KTH300-06。

这类铸铁适于制造形状复杂、强度与韧性要求较高的壁厚较小的零件，其牌号、特性与应用见表6-3。

6.2.3.2.2　可锻铸铁的生产

可锻铸铁的生产过程分为下列两个步骤。

（1）白口铸件的浇铸　为保证浇铸后获得白口铸件，铸铁中的碳、硅元素总含量较低，含碳量为 2.1%～2.8%、含硅量为 1.2%～1.8%。同时在浇注前加入少量多元复合孕育剂（如铝-铋、硼-铋等）进行孕育处理。这些孕育剂在铁水凝固时起阻碍石墨化的作用，以保证获得白口铸件；在对白口铸件进行石墨化退火时，又能起促进石墨化的作用，以缩短退火周期。

（2）石墨化退火　可锻铸铁的退火工艺如图6-10所示。当白口铸铁被加热至 900～950℃保温时，莱氏体中的渗碳体分解成奥氏

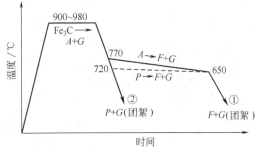

图 6-10　可锻铸铁退火工艺曲线

体＋石墨（A＋G），再以较慢速度（100℃/h）冷却，奥氏体转变为珠光体，即获得了珠光体可锻铸铁；若在720～760℃再进行低温石墨化，使共析组织中的渗碳体分解，转变为铁素体＋石墨（F＋G），则形成了铁素体可锻铸铁。

由于可锻铸铁对原料成分要求较严格，需要大量废钢，并且生产周期长（一般为60～80h），工艺复杂，成本高，故某些可锻铸铁件已被球墨铸铁件所代替。

6.2.3.3　球墨铸铁

6.2.3.3.1　球墨铸铁的组织、性能、牌号和用途

球墨铸铁的显微组织同样包括石墨与基体组织两部分，其中石墨为球形。根据其基体组

织的不同，球墨铸铁可分为铁素体球墨铸铁、铁素体＋珠光体球墨铸铁和珠光体球墨铸铁三大类，其显微组织如图 6-11 所示。

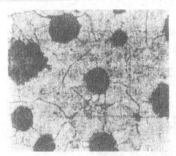  

(a) 铁素体球墨铸铁 (200×)　　　(b) 铁素体＋珠光体球墨铸铁 (200×)　　　(c) 珠光体球墨铸铁 (200×)

图 6-11　球墨铸铁显微组织

由于球墨铸铁中的石墨呈球状，对基体组织的割裂和应力集中作用大为减小，其基体强度利用率可高达 70%～90%，而灰铸铁的基体强度利用率仅为 30%～50%，所以球墨铸铁的强度、塑性、韧性不仅超过其他铸铁，而且可与相应组织的钢媲美，球墨铸铁的屈强比（$\sigma_{0.2}/\sigma_b$）为 0.7～0.8。由于设计机械零件一般根据屈服点确定许用应力，故对承受静载荷的零件用球墨铸铁取代钢是安全可靠的。但球墨铸铁的塑性、韧性却低于钢。

与灰铸铁不同，球墨铸铁经常可通过各种热处理方法改变其基体组织，从而提高力学性能。其热处理方法与钢基本相同，可进行退火、正火、调质、等温淬火和表面淬火等。

我国球墨铸铁的标准牌号是用"QT＋两组数字"的方法来表示，前者汉语拼音字首代表类型，后者两组数字分别表示其最低抗拉强度与最小伸长率，例如：QT600-03。常用球墨铸铁的牌号和应用见表 6-3。

6.2.3.3.2　球墨铸铁的生产

球墨铸铁的生产是先将普通灰铸铁原料熔化成铁水，在铁水烧铸前加入一定量的球化剂和孕育剂，球化剂（稀土镁合金）的作用是使石墨以球状析出，而孕育剂（硅铁粉）可以促进石墨化进程，并使球状石墨圆整、细小、分布更均匀。

铁水

堤坝
硅铁粉
球化剂

图 6-12　冲入法球化处理

球化处理的工艺方法有多种，其中以冲入法最普遍，如图6-12所示。将球化剂放入铁水包的堤坝内，上面铺以孕育剂（硅铁粉）和稻草灰，以防止球化剂上浮并使其作用缓和。开始时先将铁水包容量的 1/2～1/3 铁水冲入包内，使球化剂与铁水充分反应，然后把孕育剂放在冲天炉出铁槽内，用余下的铁水将其冲入包内，经搅拌扒渣后，即可进行浇注。

6.2.3.4　合金铸铁

铸铁合金化的目的：一是为强化基体组织（通常需要辅之以热处理）；二是为获得特殊性能，如耐磨性、耐蚀性、耐热性等。合金化既适用于灰铸铁，也适用于球墨铸铁。一般常用的合金铸铁有以下几种。

（1）耐热铸铁　在铸铁中加入 Cr、Si、Al 等合金元素，可以在铸件表层形成致密的保护性氧化膜（如 Cr_2O_3、SiO_2、Al_2O_3 等），使铸铁在高温下具有抗氧化能力，称这种铸铁为耐热铸铁。

（2）耐磨铸铁　在经过孕育处理的灰铸铁中加入 P（0.4%～0.6%）、Cu、Ti 等，可以大大提高铸件的耐磨性，形成耐磨合金铸铁。其原因是加入的 P 形成坚硬的磷化物共晶体；加入的 Cu 可使铸铁组织致密，细化珠光体，使石墨均匀分布；加入 Ti 可形成高硬度的特殊碳化物（TiC）。

（3）耐蚀铸铁　普通铸铁的耐蚀性很差，容易发生电化学腐蚀。原因是铸铁本身是一种多相合金，在电解质中各种相具有不同的电极电位，其中石墨的电极电位最高（＋0.37V），渗碳体次之，铁素体最低（－0.44V），一旦形成微电池，电极电位低的相将不断被腐蚀消耗，使铸件发生腐蚀。可向铸铁中加入 Cr、Mo、Cu、Ni 等合金元素，提高基体的电极电位，以增加铸件的耐蚀性。

6.3　有色金属及其合金

有色金属是指除钢、铁、锰以外的其他金属。有色金属及其合金种类很多，但其产量不及钢铁材料。有色金属及其合金具有密度小、比强度高、耐腐蚀、耐高温和一些特殊的物理和化学性能，成为现代科技和工业生产中不可缺少的材料，尤其是在航空航天、原子能、计算机等新型工业部门中应用广泛。

这里仅介绍机电工业中广泛使用的铝及其合金、铜及其合金。

6.3.1　铝及其合金

6.3.1.1　纯铝

铝是目前工业中用量最大的有色金属。

纯铝的密度较小，仅为 2.7g/cm³，只有铜或铁的 1/3；熔点为 660℃；具有面心立方晶格，无同素异晶转变。铝有良好的导电、导热性，其电导率约为铜的 64％，仅次于银、铜、金。在大气中铝有良好的抗大气腐蚀能力。但铝不能耐酸、碱、盐的腐蚀。纯铝的强度很低（σ_b 仅为 80～100MPa），但塑性很高，易进行冷、热变形加工，也便于切削加工。

工业纯铝的牌号有 L1、L2、…、L7。"L" 是 "铝" 字的汉语拼音首字首，后面的数字表示纯度，数字越大，则纯度越低。高纯铝的牌号以 LG1、LG2…表示，其数字越大，纯度越高。

6.3.1.2　铝合金

铝合金一般情况下形成具有图 6-13 所示的二元相图。一般将铝合金分为铸造铝合金（成分在 D 点以右）和形变铝合金（成分在 D 点以左）两大类。而形变铝合金又可分为可热处理强化铝合金（成分在 F、D 点之间）和不可热处理强化铝合金（成分在 F 点以左）两类。

6.3.1.2.1　形变铝合金

铝合金热处理的原理与钢不同，因为铝合金没有同素异晶转变，不能通过相变强化。但铝合金相图表明，铝合金在固态下有固溶度的变化。这样可采用淬火＋时效的热处理方法来强化铝合金。淬火后的铝合金硬度并不提高，仍处于软韧状态。但淬火得到的过饱和固溶体是不稳定的，有析出第二相的倾向，如果将其在室温下放置很长时间，或在一定温度下保持足够时间，就会从

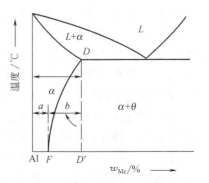

图 6-13　铝合金状态图的一般类型

过饱和的 α 固溶体中析出细小均匀的第二相，从而使铝合金出现强度、硬度显著升高的强化现象，这一过程称为时效，或称为时效硬化。

按 GB/T 16474—1996 规定，形变铝合金牌号采用四位字符表示，即用 $2\times\times\times\sim8\times\times\times$ 系列表示。牌号的第一位数字是依主要合金元素 Cu、Mn、Si、Mg、Mg+Si、Zn、其他元素的顺序来表示形变铝合金的组别；第二位字母表示原始纯铝的改型；最后两位数字用来区分同一组中不同的铝合金。如 2A11 表示以铜为主要元素的形变铝合金。

根据主要的性能特点和用途，形变铝合金主要分为以下四类。

(1) 防锈铝合金　这类合金属于铝-锰系或铝-镁系合金。合金元素锰、镁的主要作用是提高耐蚀性和产生固溶强化。这类合金不能进行时效强化，一般采用冷变形方法来提高其强度。

防锈铝的塑性和焊接性能很好，但切削加工性较差。主要用于制造各种高耐蚀性的薄板容器、防锈蒙皮、管道、窗框等受力小、质轻的制品与结构件。常用的牌号有 3A21、5A02、5A05 等。

(2) 硬铝合金　这类合金属于铝-铜-镁系三元合金。其中铜和镁的主要作用是形成两个强化相，在时效过程中以弥散的形式析出，使合金的强度、硬度显著提高。但硬铝的耐蚀性较差，尤其是在海水中更差。为此，可加入适量的锰来改善耐蚀性；也可采用在硬铝表面包一层纯铝或包覆铝，以提高其耐蚀性。

目前，硬铝合金主要用来制造飞机上常用的铆钉、骨架、螺旋桨叶片、螺栓、飞机翼肋、翼梁等受力构件。常用的牌号有 2A01、2A10、2A11、2A12 等。

(3) 超硬铝合金　这类合金属于铝-铜-镁-锌系四元合金。合金元素形成的强化相多达三个，因而时效强化后具有比硬铝更高的强度和硬度。超硬铝的抗拉强度可达 600MPa，其比强度已相当于超高强度钢，故名超硬铝。但超硬铝的耐蚀性较差，常用包铝法来提高耐蚀性。另外，其耐热性比硬铝差，工作温度超过 120℃ 就会软化。

目前最常用的超硬铝牌号是 7A04。主要用于制作受力大的结构零件，如飞机起落架、大梁、加强框、桁条等。在光学仪器中，用于要求质量轻而受力大的结构零件。

(4) 锻造铝合金　这类合金多数为铝-铜-镁-硅系四元合金，元素种类虽较多，但含量少，因而有良好的热塑性，适于锻造。其主要强化相是 Mg_2Si，力学性能与硬铝相近。

锻铝常用的牌号有 2A50、2A14 等。主要用于制造航空及仪表工业中各种形状复杂、受力较大的锻件或模锻件，如各种叶轮、框架、支杆等。

6.3.1.2.2　铸造铝合金

铸造铝合金由于其成分接近共晶点，因而具有良好的铸造性能，可进行各种成型铸造，生产形状复杂的零件。但其力学性能不如形变铝合金。

铸造铝合金的代号为"ZL"，是"铸铝"的汉语拼音首字首，后面带有三位数字。第一位数字表示合金类别（1 为铝-硅系，2 为铝-铜系，3 为铝-镁系，4 为铝-锌系）；第二位、第三位数字为合金顺序号，序号不同者，成分也不同。例如，ZL102 表示 2 号铝-硅系铸造合金。常用的铸造铝合金可分为以下四大类。

(1) 铝硅铸造合金　铝硅铸造合金又称为硅铝明。单由铝、硅两种元素组成的合金称为简单硅铝明；除硅以外尚有其他元素的铝合金称为特殊硅铝明。

ZL102 是简单硅铝明，这种合金流动性好、熔点低、热裂倾向小。在实际生产中经常采用变质处理，即在浇铸前往熔融合金中加入 2%～3% 的变质剂（常用变质剂为 2/3NaF 和 1/3NaCl 的混合物），使共晶硅由粗大针状变成细小点状，以细化组织，提高力学性能。

在简单硅铝明的基础上，常常再加入铜、镁、锌等元素，使其与铝形成强化相 Mg_2Si、$CuAl_2$（θ 相）及 $CuMgAl_2$（S 相）等，制成特殊硅铝明，如 ZL101、ZL104、ZL105 等。这类合金除了变质处理外，还可进行淬火时效处理，利用形成的强化相来进一步提高合金的强度。

铝硅铸造合金一般用来制造轻质、耐蚀、形状复杂但强度要求不高的铸件。如简单硅铝明可用于制造仪器仪表外壳、电动工具外壳等；特殊硅铝明可制作汽缸体、内燃机活塞等。

（2）铝铜铸造合金　铝铜铸造合金中其强化相为 $CuAl_2$ 相，因而时效强化效果较好，具有较高强度，耐热性好，特别是随着含铜量的增加，其高温强度提高，但也使脆性增加。其铸造性能较差，耐蚀性也较差。常用的这类合金有 ZL201、ZL202、ZL203 等，主要用于制作要求高强度或高温条件下工作的零件，如内燃机汽缸盖、活塞等。

（3）铝镁铸造合金　铝镁铸造合金的特点是强度高，耐蚀性好，且密度最小（2.55g/cm³，比纯铝低）。但流动性低，铸造性能较差，耐热性低。也可进行时效处理，但效果不大，一般常在淬火状态使用。这类合金常用的有 ZL301、ZL302 等，主要用于制作承受冲击、外形较简单的零件，如舰船配件、氨用泵体等。

（4）铝锌铸造合金　铝锌铸造合金中含锌量较高（5%～13%），密度较大，有较高的强度，铸造性能好，并能自行固溶处理，因而在铸态下可直接使用。但其耐热性差。这类合金常用的有 ZL401、ZL402 等，主要用于制造医疗器械和仪器零件，也可用于制造日用品。

6.3.2　铜及其合金

6.3.2.1　纯铜

纯铜又称紫铜，密度为 8.96g/cm³，熔点为 1083℃，无磁性。其晶格结构为面心立方晶格，无同素异晶转变。纯铜具有良好的导电性、导热性及抗大气腐蚀性，是重要的导电材料，广泛用作电工导体、防磁器械及传热体（如锅炉、制氧机中的冷凝器、散热器、热交换器等）。纯铜的强度低，塑性很好，具有良好的压力加工性能和焊接性能，易于冷、热加工成形。

工业纯铜按杂质的含量分为 T1、T2、T3 和 T4 四个牌号。"T" 为铜的汉语拼音字首，其后的数字越大，纯度越低。如 T1 的含铜量为 99.95%，而 T4 的含铜量为 99.50%，余为杂质含量。

6.3.2.2　黄铜

黄铜是以锌为主要合金元素的铜合金。通常把铜锌二元合金称为普通黄铜；若加入了某些其他元素，则称复杂黄铜或特殊黄铜。特殊黄铜可分为锡黄铜、铅黄铜、铝黄铜等。

普通黄铜的牌号用"H＋数字"来表示，"H" 为黄铜的第一个汉语拼音字母，后面数字为平均含铜量。如 H70 表示平均含铜量为 70% 的普通黄铜。特殊黄铜的牌号用"H＋主加元素符号（锌除外）＋数字-数字"来表示，前面数字表示平均含铜量，后面数字表示其他元素（锌除外）的平均含量。例如 HPb59-1，表示平均含铜量为 59%、平均含铅量为 1%（余量为锌）的铅黄铜。

如果是铸造专用黄铜，其牌号用"Z＋Cu＋主加元素符号＋数字"的方法来表示，其中数字为主加元素的平均含量，余量为铜。例如 ZCuZn38，表示平均含锌量为 38%、余量为铜的铸造普通黄铜；ZCuZn33Pb2 表示平均含锌量为 33%、平均含铅量为 2%、余量为铜的铸造铅黄铜。

6.3.2.2.1　普通黄铜

工业中应用的普通黄铜，其含锌量不超过 47%。这时因为普通黄铜的组织和力学性能受其含锌量的影响，如图 6-14 所示，当含锌量＜32% 时，锌能完全溶解于铜内，形成面心

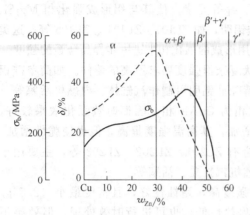

图 6-14 黄铜含锌量与力学性能的关系

立方的单相 α 固溶体（单相黄铜），塑性好，并随着含锌量的增加，其强度、塑性都提高。当含锌量在 32%～45% 之间时，合金组织中开始出现 β' 相，合金室温下的组织为 $\alpha+\beta'$（双相黄铜）。β' 相是电子化合物 CuZn 为基的固溶体，属于体心立方结构。β' 相在 470℃ 以下塑性极差，但此时 β' 相的量很少，对强度的影响不大，强度仍随着含锌量的增加而升高，但塑性已开始下降。当含锌量＞45% 时，合金组织已全部为脆性的 β' 相，其强度与塑性急剧下降，已无实用价值。

根据普通黄铜的退火组织可分为单相黄铜（α 黄铜）和双相黄铜（$\alpha+\beta'$ 黄铜）。常用的单相黄铜有 H80、H70 等，塑性好，可进行冷、热变形加工；常用的双相黄铜有 H62、H59 等，由于 β' 相很脆，故不适于冷变形加工，但当加热到 470℃ 以上后，β' 相便具有良好的塑性，因此可进行热变形加工。

普通黄铜的耐蚀性良好，超过铁、碳钢和许多合金钢，并且单相黄铜优于双相黄铜。但当含锌量为 7%（尤其是 20%）时，这种黄铜经冷变形加工后，由于有残余应力存在，在潮湿的大气或海水中，尤其在含有氨的环境中，易发生应力腐蚀开裂现象，或称为"季裂"。因此，冷加工后的黄铜应进行低温退火（250～300℃），以消除内应力，防止"季裂"。

6.3.2.2.2　特殊黄铜

在铜锌合金中加入锡、铝、铅、锰、硅等元素，即形成特殊黄铜。各种特殊黄铜的性能特点和用途如下。

（1）锡黄铜　锡的加入能显著提高黄铜对海水及海洋大气的耐蚀性，故锡黄铜又有"海军黄铜"之称。例 HSn62-1，广泛用于制造船舶零件。

（2）铝黄铜　铝能提高黄铜的强度和硬度，但使塑性降低。含铝的黄铜由于表面能形成保护性的氧化膜，使零件与腐蚀介质隔离，因而提高了在大气中的耐蚀性。例 HAl77-2，主要用于制造海船冷凝器、管道和其他耐蚀零件。

（3）锰黄铜　锰能大量溶于 α 相，因此加入适量锰时，能提高黄铜的强度而不降低塑性，同时还可以提高黄铜在海水和过热蒸气中的耐蚀性。如 HMn58-2 可用于制造海船零件及电信器材。

（4）铅黄铜　铅对黄铜的强度影响不大，但能改善切削加工性，也能提高耐磨性。常用牌号有 HPb63-3 等，主要要求表面粗糙度低及耐磨的零件（如钟表零件）。

6.3.2.3　青铜

人类最早应用的青铜是一种铜-锡合金。但现在工业上把以铝、硅、铍、锰、铅等元素为主的铜合金均称为青铜。青铜的牌号用"Q＋主加元素符号＋数字-数字"来表示，其中"Q"为青铜的第一个汉语拼音字母，前面数字表示主加元素的平均含量，后面数字表示其他元素的平均含量。例如 QSn4-3，表示含锡量为 4%、含锌量为 3%、余量为铜的锡青铜。此外，铸造专用青铜的牌号用"Z＋Cu＋主加元素符号＋数字"的方法来表示，其数字表示主加元素的平均含量。

6.3.2.3.1　锡青铜

锡青铜是以锡为主加元素的铜合金。其组织、性能与含锡量的关系如图 6-15 所示。

当含锡量<5%～6%时，合金的铸态或退火组织为单相α固溶体，属于面心立方结构，塑性好；随着含锡量的增加，合金的强度和塑性提高。当含锡量>6%时，合金组织中出现δ相。δ相是一个以电子化合物 $Cu_{31}Sn_8$ 为基的固溶体，为复杂立方结构，硬而脆，使合金的塑性急剧下降。工业用锡青铜的含锡量一般为 3%～14%。

含锡量<8%的锡青铜具有良好的冷、热变形性能，适于压力加工，也称为压力加工青铜；而含锡量>10%的锡青铜，由于塑性差，只适合铸造，称为铸造锡青铜。

锡青铜的耐蚀性优于黄铜，尤其是在大气、海水、蒸汽等环境中，但在酸类及氨水中其耐蚀性较差。此外，锡青铜还具有良好的减摩性、抗磁性和低温韧性。

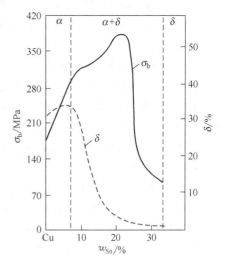

图 6-15　铸造锡青铜的含锡量与力学性能的关系

6.3.2.3.2　铝青铜

铝青铜是以铝为主加元素的铜合金。一般含铝量为 5%～11%。当含铝量<7%时，合金的塑性好而强度低，具有良好的冷、热变形性能，适于压力加工，主要用于制造仪器中要求耐蚀的零件和弹性元件。当含铝量>7%后，塑性急剧下降，难以变形加工，只适于铸造，常用来制造强度及耐磨性要求较高的摩擦零件，如齿轮、蜗轮、轴套等。

铝青铜的力学性能比锡青铜高，其耐蚀性也高于锡青铜与黄铜。此外，其铸造性能也较好，这是由于铝青铜的结晶温度范围很窄，故有良好的流动性，晶内偏析倾向小，缩孔集中，易获得致密的铸件。

6.3.2.3.3　铍青铜

铍青铜是以铍为主加元素的铜合金。含铍量约 1.7%～2.5%。铍青铜不仅强度高、疲劳抗力高、弹性好，而且耐蚀、耐热、耐磨等性能均优于其他铜合金。铍青铜的导电性和导热性优良，无磁性，还具有受冲击时无火花等特殊性能。此外，其加工工艺性良好，可进行冷、热变形加工及铸造成形。

铍青铜主要用来制作精密仪器、仪表中各种重要用途的弹性元件、耐蚀、耐磨零件（如仪表中齿轮）、航海罗盘仪中零件及防爆工具。但铍青铜价格昂贵，因而应用受到一定限制。

复　习　题

6-1　碳钢中常存杂质有哪些？对钢的力学性能有何影响？

6-2　碳钢如何根据成分、用途、质量分类？其牌号是如何表示的？

6-3　指出下列各钢种的类别、大致含碳量、质量及用途举例。

Q235A，45，Q215B，T8，T12A，ZG200-400

6-4　合金钢与碳钢相比，为什么它的力学性能好？热处理变形小？为什么合金工具钢的耐磨性、热硬性比碳钢高？

6-5　合金元素对 C 曲线及 M_s 点有何影响？对热处理、组织及性能有何实际意义？

6-6　为什么一般合金钢热处理加热温度较含碳量相同的碳钢高？保温时间要长些？

6-7　解释下列现象：

（1）大多数合金钢比含碳量相同的碳钢具有较高的回火稳定性（回火抗力）；

（2）含碳为 0.4%、含铬为 12%的铬钢属于过共析钢，而含碳为 1.5%、含铬为 12%的铬钢属于莱氏体钢；

（3）高速工具钢（如 W18Cr4V）在热锻或热轧后，经空冷可得到马氏体组织。

6-8　低合金结构钢中合金元素主要是通过什么途径起强化作用？这类钢经常用于哪些场合？

6-9　现有 40Cr 钢制造的机床主轴，心部要求良好的强韧性（200～300HBS），轴颈处要求硬而耐磨（54～58HRC），试问：

（1）应进行哪种预处理和最终热处理？

（2）热处理后各获得什么组织？

（3）热处理工序在加工工艺路线中位置如何安排？

6-10　现有 20CrMnTi 钢制造的汽车齿轮，要求齿面．硬化层 $\delta=1.0\sim1.2$mm，齿面硬度 58～62HRC，心部硬度 35～40HRC，试确定其最终热处理方法及最终获得的表层与心部组织。

6-11　为什么要求综合力学性能较高的钢含碳量均为中碳？调质钢中常含哪些合金元素？它们的主要作用是什么？

6-12　为什么弹簧钢大多是中、高碳钢？常含哪些合金元素？它们的主要作用是什么？

6-13　为什么滚动轴承钢要具有高的含碳量？滚动轴承钢常含哪些合金元素？它们起什么作用？滚动轴承钢是否可用来制造其他结构零件和工具？

6-14　高速工具钢中常含哪些合金元素？为什么它具有很高的热硬性？

6-15　高速钢经铸造后为什么要反复锻造？锻造后在切削加工前为什么必须退火？为什么高速钢退火温度较低（830℃）而淬火温度却高达 1280℃？淬火后为什么要经多次 560℃ 回火？能否改用一次较长时间回火？为什么？

6-16　合金模具钢分几类？各采用哪种最终热处理工艺？为什么？

6-17　对量具钢有何要求？量具通常采用哪种最终热处理工艺？为什么？

6-18　常用不锈钢有哪几种？为什么不锈钢中含铬量都超过 11.7%？Cr13 钢和 Cr12 钢中，含铬量都超过 11.7%，为什么 Cr13 属于不锈钢而 Cr12 钢却不能作不锈钢？

6-19　说明下列钢牌号属于何种合金钢？其数字含义如何？其主要用途是什么？

Q345，40Cr，W18Cr4V，ZGMn13-1，1Cr18Ni9Ti，Cr12，GCr15，60Si2Mn，5CrMnMo，30CrMnSi，9Mn2V

6-20　什么叫固溶处理、自然时效及人工时效？铝合金热处理与钢有什么不同？

6-21　说明下列铝合金牌号（代号）意义。

3A21，ZL104，ZA04，ZL401，2A11，2B50

6-22　下列零件采用何种铝合金来制造？

（1）火车车厢内食物桌上镶的金属框；（2）飞机用铆钉；（3）飞机大梁及起落架；（4）发动机缸体及活塞；（5）小电机壳体。

6-23　简述铜合金的分类、牌号及应用。

6-24　为什么 H62 黄铜的强度高而塑性较低，而 H68 黄铜的塑性却比 H62 好？

6-25　指出下列牌号（或代号）的具体金属或合金的名称，并说明字母和数字的含义。

T2，H68，HPb60-1，ZCu16Si4，QSn6.5-0.4，QBe2，ZChSnSb11-6，ZChPbSb16-2，ZChAl10Fe3

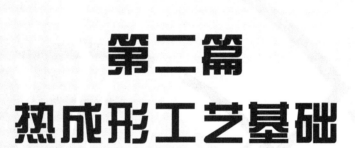

第二篇
热成形工艺基础

第二章

能源工程技术

7 铸 造 成 形

铸造是指将熔化的金属浇注到与零件的形状、尺寸相适应的铸型内，待其冷却凝固，以获得铸件的方法。

铸造生产在工业发达国家的国民经济中占有极其重要的地位。从铸件在机械产品中所占比重可看出其重要性：在机床、内燃机、重型机器中，铸件约占 70%～90%；在风机、压缩机中占 60%～80%；在拖拉机中占 50%～70%；在工业机械中占 40%～70%；在汽车中占 20%～30%。

（1）铸造生产的优点　主要有以下几点。

① 使用范围广。铸造方法几乎不受零件大小、厚薄和复杂程度的限制，适用范围广，可以铸造壁厚为 0.3～1000mm、长度从几毫米到几十米、质量从几克到几百吨的各种铸件。

② 可制造各种合金铸件。铸造的金属材料来源广，如铸铁件、铸钢件，各种铝合金、铜合金、镁合金、钛合金及锌合金等铸件。对于脆性金属（如灰铸铁）、难以锻造和切削加工的合金材料，铸造是唯一可行的加工方法。在生产中以铸铁件应用最广，约占铸件总产量的 70% 以上。

③ 既可用于单件生产，也可用于批量生产。

④ 与锻件和焊接件相比，铸件与零件的形状、尺寸很接近，因而铸件的加工余量小，可以节约金属材料和加工工时。

⑤ 成本低廉、工艺灵活性强。

（2）铸造工艺的缺点　铸造生产工艺过程复杂，工序多，一些工艺过程难以控制，易出现铸造缺陷，铸件质量不够稳定，废品率较高；铸件内部组织粗大、不均匀，使其力学性能不如同类材料的锻件高。此外，目前铸造生产还存在劳动强度大、劳动条件差等问题。

（3）铸造方法　铸造方法可分为砂型铸造和特种铸造两大类，其中应用最为广泛的是砂型铸造，大约占世界铸造总产量的 60%，中国的情况也大致如此。所以，本章节只重点介绍砂型铸造的工艺，对实型铸造、熔模铸造、金属型铸造、低压铸造、压力铸造和离心铸造等各种方法只作简单介绍。

7.1 砂 型 铸 造

砂型铸造是将熔化的金属注入砂型，凝固后获得铸件的方法，由于砂型在取出铸件后便损坏，所以砂型铸造也称为一次型铸造。

砂型铸造的工艺过程如图 7-1 所示。主要包括：制造模样和型芯盒；制备型砂和型芯砂；造型、造型芯；砂型和型芯的烘干；合箱；金属的熔炼及浇注；落砂、清理、铸造缺陷分析。

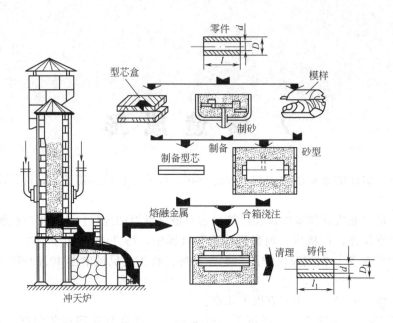

图 7-1　砂型铸造的工艺过程

7.1.1　砂型铸型的组成

铸型的砂型应有适当的分型面（砂型应从最适当的面分开，以方便取出模样并获得清晰的型腔）、合理的浇注系统与通气孔（型腔中气体逸出的通道）、足够的吃砂量（模样周围应留有足够的砂层厚度，以承受金属液流的压力）。

砂型铸造的基本组成如图 7-2 所示。

7.1.2　型砂和芯砂

砂型铸造的铸型是由型砂制成的。型砂是由原砂、黏结剂、水和附加物按一定比例配合，制成符合造型、造芯要求的混合料，如图 7-3 所示。

铸型在浇注、凝固过程中要承受高温金属液体的冲刷、静压力和高温的作用，并要排除大量气体，型芯还要承受铸件凝固时的收缩压力等，因而为获得优质铸件，型砂应满足如下的性能要求。

（1）强度型（芯）　砂抵抗外力破坏的能力称为型砂强度。型砂强度高，在搬运和浇注过程中就不易变形、掉砂和塌箱。提高型砂中黏结剂的含量、砂粒细小、形状不圆整且大小不均匀以及紧实度高［型砂紧实后的压缩程度称为紧实度，可用密度（g/cm^3）或砂型硬度来表示］等均可使型砂强度提高。但是，紧实度过高的砂型的透气性差，容易引起气孔、夹砂等缺陷。因此，砂型的紧实度应控制在一定的范围内。

（2）透气性　型砂能让气体透过的能力称为透气性。浇注过程中，型腔中的气体和砂型在高温金属液作用下产生的气体，都必须透过型砂排出型外，否则，就可能残留在铸件内而

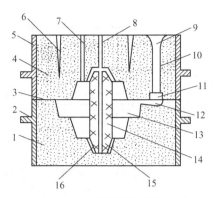

图 7-2 砂型铸造铸型的组成

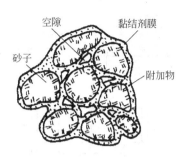

图 7-3 砂型的组成

1—下砂型；2—下砂箱；3—分型面；4—上砂型；5—上砂箱；
6—通气孔；7—出气口；8—型芯通气孔；9—浇口杯；
10—直浇道；11—横浇道；12—内浇道；13—型腔；
14—型芯；15—型芯头；16—型芯座

形成气孔。原砂颗粒越粗大、均匀，黏结剂含量越低，含水量适当（质量分数为 4%～6%），或加入易燃的附加物（如型砂中加入锯末等），均能使型砂的透气性提高。

（3）耐火性 型砂经高温金属液作用后，不被烧焦、不被熔融和软化的能力称为耐火性。耐火性低的型砂，易使铸件产生化学粘砂。型砂中 SiO_2 含量越高，砂粒粗大而圆整，黏土及碱性化合物含量越少，则型砂的耐火性越高。在湿型砂中添加少量煤粉，或在型腔表面覆盖一层耐高温的石墨涂料，可有效地防止铸件表面粘砂。

（4）可塑性 造型时，型砂在外力作用下能塑制成形，而当去除外力并取出模样（或打开型芯盒）后仍能保持清晰轮廓形状的能力称为可塑性。可塑性好，则容易变形，便于制造形状复杂的砂型，起模也容易。型砂随含水量和黏结剂含量的提高，可塑性提高；而砂粒的颗粒越粗，形状越圆整，可塑性越低。

（5）退让性 型砂不阻碍铸件收缩的性能称为退让性。退让性差的型砂，铸件易产生较大的内应力或开裂。型砂中的原砂颗粒越细小均匀，黏结剂含量越高，退让性就越差。如果向型砂中加入可燃性附加物，如生产大铸件时，在型（芯）砂中添加少量锯末或焦炭粒，能使型（芯）砂退让性提高。

7.1.3 造型和造芯的方法

7.1.3.1 造型方法

造型是砂型铸造的主要工艺之一，一般可分为手工造型和机器造型两大类。

7.1.3.1.1 手工造型

全部用手工或手动工具完成的造型工序称为手工造型。常用的手工造型方法有下列几种，生产中，根据铸件的形状、大小和生产批量的不同进行选择。

（1）整模造型 用整体模样进行造型，模样可直接从砂型中起出的造型方法称为整模造型。造型时根据铸件的技术要求，将模样放置在上箱或下箱中。

基本造型过程如图 7-4 所示。

特点是：模样是整体的，型腔全部位于一个砂型内，分型面是平面。此方法操作简便，铸型型腔形状和尺寸精度较高，故适用于形状简单而且最大截面在一端的铸件，如齿轮坯、

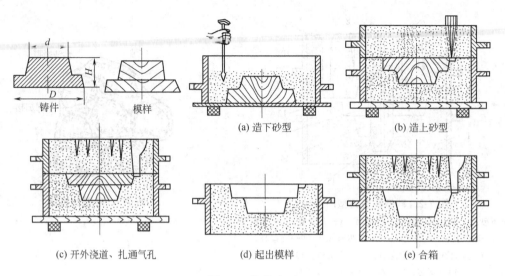

(a) 造下砂型

(b) 造上砂型

(c) 开外浇道、扎通气孔

(d) 起出模样

(e) 合箱

图 7-4　整模造型

带轮、轴承座之类的简单铸件。

（2）分模造型　对于整模造型不易取出或取不出的模样，将模样沿最大截面处分为两半，分别置于上下砂型内的造型方法称为分模造型。分模造型是应用最广泛的造型方法。

基本造型过程如图 7-5 所示。

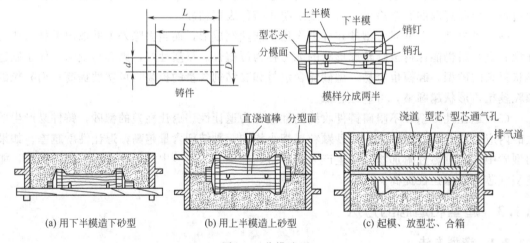

(a) 用下半模造下砂型

(b) 用上半模造上砂型

(c) 起模、放型芯、合箱

图 7-5　分模造型

特点是：模样在最大截面处分成两半，两半模样分开的平面（即分模面）常常就是造型的分型面。造型时，两半模样分别在上下两个砂箱中进行。这种造型方法操作简便，适用于最大截面在中间以及形状较复杂的铸件，如套类、管类、曲轴、立柱、阀体、箱体等零件。

（3）挖砂造型　有些铸件的模样，按造型要求，应采用分模造型，但由于某种原因（如模样分开后，某些部分太薄易变形）不允许将模样分开，必须做成整体，造型时挖出阻碍起模的型砂，这时可采用挖砂造型，基本过程如图 7-6 所示。

挖砂造型技术水平要求较高，操作时应注意以下两点：

① 挖砂时一定要挖到模样最大截面处；

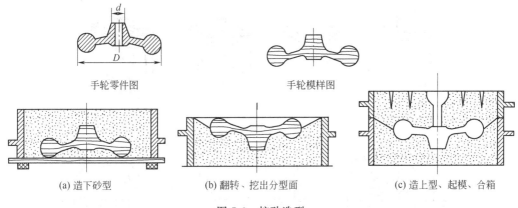

手轮零件图　　　　手轮模样图

(a) 造下砂型　　　　(b) 翻转、挖出分型面　　　　(c) 造上型、起模、合箱

图 7-6　挖砂造型

② 挖砂部位要平整光滑，坡度应尽量小，以利于开箱合型操作。

特点是：模样形状较为复杂；分型面是曲面；要求准确挖至模样的最大截面处，比较费事，要求工人的操作技术水平较高，生产率低；分型面处易产生毛刺，铸件外观及精度较差，仅使用于单件小批生产。

挖砂造型，每造一型需挖砂一次，操作麻烦，生产率低，技术水平要求较高，只适用于单件生产。

当成批生产时，可用假箱造型或成形底板造型来代替挖砂造型，可大大提高生产率，假箱造型在造型前先做一个形状与模样的分型面（或形状）一致的假箱，代替上型或下型进行造型，其过程如图 7-7 所示。

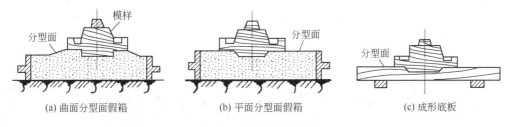

(a) 曲面分型面假箱　　　　(b) 平面分型面假箱　　　　(c) 成形底板

图 7-7　假箱和成形底板

假箱造型与挖砂造型相比，节省工时，生产率高，铸型质量好，适宜于小批量生产。

（4）活块造型　铸件的侧面上有凸起部分妨碍起模时，可将局部影响起模的凸台（或肋条）做成活块。造型时，先起出主体模样，再从侧面起出活块模，这种方法称为活块造型。

活块模与主体的连接方法有两种：活块较小时，可用销钉和模样主体相连定位；活块较大时，通常采用燕尾槽连接定位。

活块造型的基本过程如图 7-8 所示，其特点是：活块造型操作复杂，对工人技术水平要求较高，生成效率较低，铸件尺寸精度常因活块位移而受到影响，因此，仅使用于单件小批量生产。若成批生产时，可采用外型芯取代活块，使造型容易。

（5）刮板造型　在制造旋转体或等截面形状的铸件时，可以用与铸件截面形状相适应的特制刮板刮制出所需砂型，这种造型方法称为刮板造型。图 7-9 为刮板造型的基本过程。

采用刮板造型的方法，与实模造型相比，节省制模材料和加工工时，但造型操作复杂，效率低，对技术水平要求高，且铸件尺寸精度低。因此，只适宜单件或小批量生产。

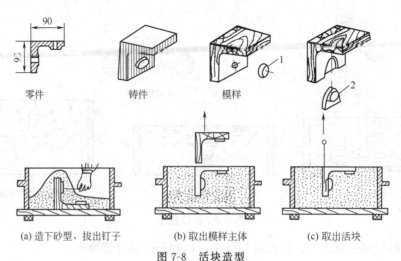

零件　　　　　铸件　　　　　模样

(a) 造下砂型、拔出钉子　　　(b) 取出模样主体　　　(c) 取出活块

图 7-8　活块造型
1—用销钉连接的活块；2—用燕尾榫连接的活块

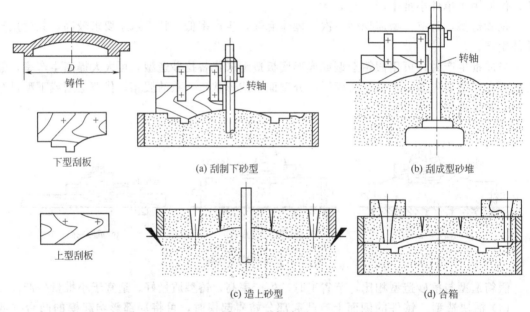

铸件

下型刮板

(a) 刮制下砂型

(b) 刮成型砂堆

转轴

上型刮板

(c) 造上砂型

(d) 合箱

图 7-9　刮板造型

（6）三箱造型　有些形状较复杂的铸件，往往具有两头截面大而中间截面小的特点，用一个分型面起不出模样，需要从小截面处分开模样，采用两个分型面和三个砂箱的造型方法称为三箱造型。基本过程如图 7-10 所示，其特点是：中箱的上下两面均为分型面，都要光滑平整，且中箱高低应与中箱中的模样高的相近，模样必须采用分模。三箱造型操作较复杂，生产率低，成本相对高，故只适用于单件小批生产。当生产批量大或采用机器造型时，也可采用外型芯法将三箱改为两箱造型，如图 7-11 所示。

手工造型使用的工具和工艺装备（模样、型芯盒、砂箱等）简单，操作灵活，可生产各种形状和尺寸的铸件。但劳动强度大，生产率低，铸件质量也不稳定，仅用于单件、小批量生产及个别大型、复杂铸件的生产。成批、大量生产时（如汽车、拖拉机和机床铸件的生产），应采用机器造型。

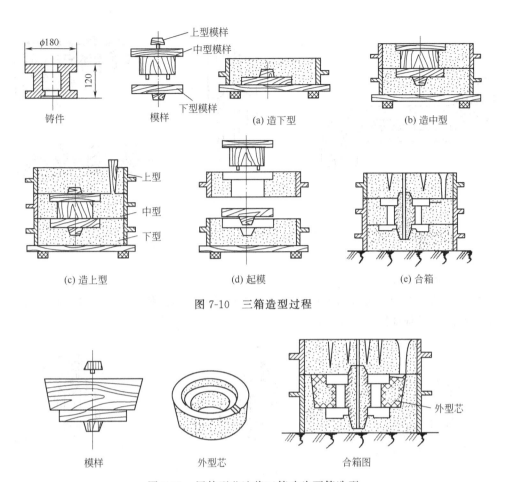

图 7-10　三箱造型过程

图 7-11　用外型芯法将三箱改为两箱造型

7.1.3.1.2　机器造型

将造型过程中的两项最主要的操作——紧砂和起模实现机械化的造型方法称为机器造型。

机器造型生产效率高，劳动条件好；铸件精度高，表面质量较好；但设备投资较大，对产品变换的适应性较差，适用于成批、大量生产。常用机器造型方法的相关内容可参考相关手册。

7.1.3.2　造芯的方法

型芯是铸型的重要组件之一，它的主要作用是形成铸件的内腔，有时也可用它形成铸件的外形。由于型芯的大部分面积处于液态金属包围之中，工作条件差，因此除对型芯要求有好的耐火度、透气性、强度和退让性外，为便于固定、通气和装配，在型芯制造时还有一些特殊要求。

7.1.3.2.1　造芯的工艺要求

（1）安放芯骨　为了提高型芯的强度，在型芯中要安置与型芯形状相适应的芯骨。芯骨可用铁丝制成，也可用铸铁浇铸而成，如图 7-12 所示。

（2）开通气道　为顺利排出型芯中的气体，制芯时要开出通气道。通气道要与铸型的出气孔贯通。对大型型芯，其内部常填以焦炭，以便排气。常用的几种通气道开出方式如图7-12 所示。

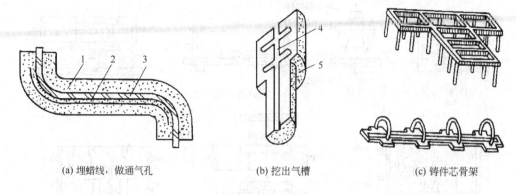

(a) 埋蜡线，做通气孔　　　　(b) 挖出气槽　　　　(c) 铸件芯骨架

图 7-12　芯骨和型芯通气道

1，5—型芯；2—芯骨；3—蜡线；4—出气槽

7.1.3.2.2　造芯方法

芯盒按其结构不同，可分为整体式芯盒，垂直对分式芯盒和可拆式芯盒三种。最常用的对分式芯盒造芯过程如图 7-13 所示。

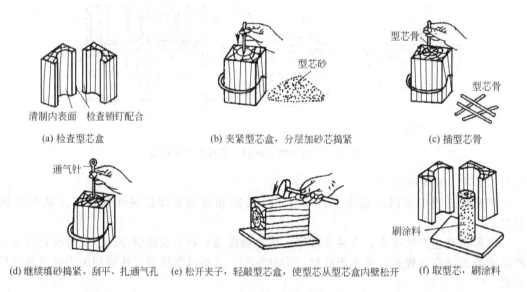

清制内表面　检查销钉配合

(a) 检查型芯盒　　　　(b) 夹紧型芯盒，分层加砂芯捣紧　　　　(c) 插型芯骨

通气针

型芯骨

型芯砂

型芯骨

刷涂料

(d) 继续填砂捣紧、刮平、扎通气孔　(e) 松开夹子，轻敲型芯盒，使型芯从型芯盒内壁松开　(f) 取型芯，刷涂料

图 7-13　对分式芯盒造芯过程

7.1.4　浇注系统和冒口

引导液态金属流入铸型型腔的通道称为浇注系统，又称浇口。浇注系统设置不合理，易产生冲砂、砂眼、渣眼、浇不足、气孔和缩孔等缺陷。

浇注系统的设置应遵循下述原则：

① 使金属液能平稳、连续、均匀地流入铸型，避免对砂型和型芯产生冲击；

② 防止熔渣、砂粒或其他杂质进入铸型；

③ 控制冷却和凝固的顺序，避免产生缩孔、缩松及裂纹。

典型的浇注系统包括四大部分：浇口杯、直浇道、横浇道、内浇道，如图 7-14 所示。

7.1.4.1　浇口杯

浇口杯的作用在于：

接纳来自浇包的金属液，避免金属液飞溅；当浇口杯贮存有足够的金属液时，可减少或消除在直浇道顶面产生的水平旋涡，防止熔渣和气体卷入型腔；缓和金属液对铸型的冲击；增加静压头高度，提高金属液的充型能力。

浇口杯主要分为漏斗形和池形两大类，见图7-15、图7-16。

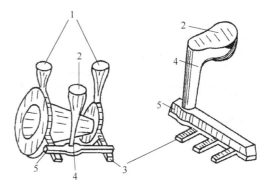

(a) 带有浇注系统和冒口的铸造件　　(b) 典型的浇注系统

图 7-14　浇注系统和冒口

1—冒口；2—浇口杯；3—内浇道；
4—直浇道；5—横浇道

7.4.1.2　直浇道

直浇道是浇注系统的垂直通道，通常带有一定的锥度。利用它的高度所产生的静压力，可以控制金属液流入铸型的速度和提高充型能力。

直浇道的形状如图7-17所示。

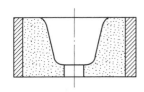

图 7-15　漏斗形浇口杯

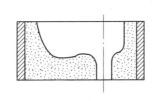

图 7-16　池形浇口杯

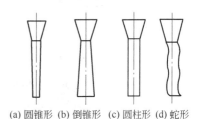

(a) 圆锥形　(b) 倒锥形　(c) 圆柱形　(d) 蛇形

图 7-17　直浇道的形状

7.4.1.3　横浇道

横浇道是一个水平通道，用以连接直浇道和内浇道，并将金属液平稳而均匀地分配给各个内浇道。

横浇道的主要作用是挡渣。金属液在横浇道内呈水平方向流动，速度减缓，熔渣及气体易于充分上浮（留在横浇道中）而不进入铸型。

横浇道的截面形状如图7-18所示。

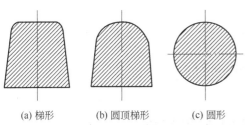

(a) 梯形　　(b) 圆顶梯形　　(c) 圆形

图 7-18　横浇道的截面形状

7.4.1.4　内浇道

内浇道设在横浇道的下部，它是把金属液直接引入型腔的通道。

利用内浇道的位置、大小和数量可以控制金属液地充型速度和方向，使之平稳地充满型腔，并调节铸型和铸件各部分的温差和凝固顺序。

内浇道的截面形状如图7-19所示。

为了使金属液始终充满横浇道，保证挡渣效果，设计时各浇道的横截面积应符合：

$S_{直浇道} > S_{横浇道} > \sum S_{内浇道}$ 的关系。

根据铸件的形状、大小和合金种类的不同，浇注系统可以设计成各种不同的形式，如图7-20所示。

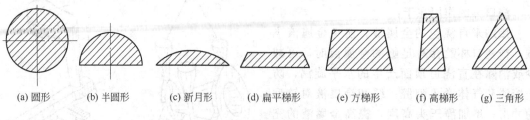

(a) 圆形　　(b) 半圆形　　(c) 新月形　　(d) 扁平梯形　　(e) 方梯形　　(f) 高梯形　　(g) 三角形

图 7-19　内浇道截面形状

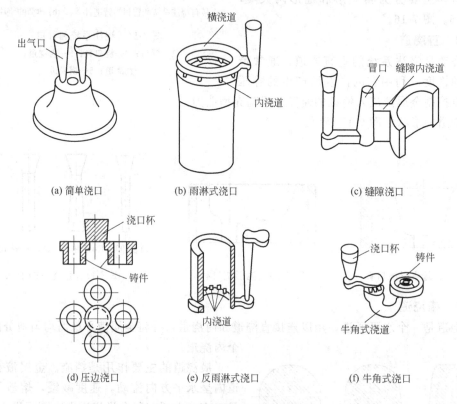

(a) 简单浇口　　　　　　　(b) 雨淋式浇口　　　　　　(c) 缝隙浇口

(d) 压边浇口　　　　　　(e) 反雨淋式浇口　　　　　(f) 牛角式浇口

图 7-20　各种形式的浇注系统

7.2　铸件成形工艺基础

7.2.1　液态合金的充型能力

　　液态合金充满铸型型腔，并获得形状完整、轮廓清楚的铸件的能力，称为合金的充型能力。合金的充型能力好，则易得到轮廓清晰、尺寸准确、薄而复杂的无缺陷铸件，否则容易产生浇不足、冷隔等缺陷。

　　充型能力首先取决于金属液本身的流动能力，同时又受铸型性质、浇注条件及铸件结构等因素的影响。

7.2.1.1 流动性

7.2.1.1.1 流动性的基本概念

流动性是指液态金属在型腔内的流动能力，是影响充型能力的主要因素。

合金流动性的大小，常用图 7-21 所示的螺旋形试样来测定，螺旋线横截面为梯形或半圆形，面积为 50～100mm²，螺旋线长度为 1500mm，每隔 50mm 一个标距（凸点），以便计量长度。

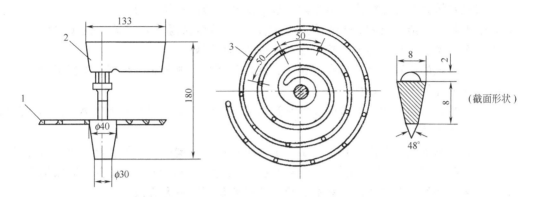

图 7-21 螺旋形试样

1—试样；2—浇口；3—试样上的凸点

螺旋形试样的铸型多采用砂型，水平浇注，且需配备一个标准的浇注系统。试验时，将金属液浇入试样铸型中。冷却后，测定浇出的螺旋形长度。螺旋形长度越长，合金的流动性越好，充型能力就越强。

实验证明：在常用的铸造合金中，灰铸铁、硅黄铜的流动性最好，铝合金次之，铸钢的流动性最差。而且对于同一种材料来讲，浇注温度越高，流动性越好。

7.2.1.1.2 影响合金流动性的因素

影响合金流动性的因素主要有以下几个。

（1）熔点 合金的熔点越高，流动性越差；熔点越高，与周围环境的温差越大，热量越容易散失，液态停留时间就越短，流动性自然就越差。

（2）结晶区间 合金的结晶温度范围越宽，固相和液相共存的两相区也越宽，枝晶也越发达，流动阻力也就越大，所以流动性不好。

（3）杂质元素 液态合金中的高熔点固态物质，增大了金属液体的黏度，降低了合金的流动性。

从 $Fe-Fe_3C$ 合金相图上可以看出，共晶成分的合金是在固定温度下凝固的，其流动性最好，主要原因如下：在相同浇注温度下，共晶成分的合金保持液态时间最长；初晶为共晶团，无树枝状结晶存在，合金流动的阻力小；结晶温度范围近于零，冷却过程由表及里逐层凝固，形成外壳后，内表面较平滑，合金在壳内流动阻力小，故结晶状态下的流动距离长，所以流动性好。

7.2.1.2 浇注条件

① 浇注温度高，合金保持液态的时间长，流动性就好。

② 浇注速度快、压力头高，能加快合金液体的流动速度，有利于提高流动性。

所以，对于薄壁铸件以及流动性差的合金，常用提高浇注温度、加快浇注速度和增加压力头高度来提高合金的流动性。

7.2.1.3 铸件结构

① 铸件壁薄或厚薄部分过渡面多、形状结构复杂，则金属液在铸型中流动时必然会遇到较大的阻力，同时温度降低得也较快。

② 铸件尺寸越大，就越不容易浇满，甚至会出现冷隔和浇不足等缺陷。

因此，在设计铸件时，应选择合适的壁厚等。

7.2.1.4 铸型性质

主要表现在铸型的导热能力、铸型阻力以及对金属液的充填压力。

（1）造型材料　造型材料的导热能力越强，金属液散热越快，流动性就越差。一般来说，砂型比金属型、干型比湿型、热型比冷型的流动性要好。

（2）浇注系统的设置　直浇道高度偏小、浇口截面积小或分布不合理，会降低对金属液的静压力，从而降低了其流动性。

（3）气体阻力　浇注后，型砂的发气量过多或透气性不良，则会因为气体的阻力，降低了金属液体的流动性。

为了改善铸型的充填条件，在造型工艺上，可采取以下措施：增加直浇道高度（加高直浇口）、扩大浇口截面积、安置出气口；铸型的型壁表面光滑，或在型腔表面涂以热导率小的涂料层；采用特种铸造中的压力铸造、离心铸造或负压铸造等方法。

7.2.2 铸件的收缩

铸造合金从液态到凝固完毕，以及继续冷却至常温的过程中产生的体积和尺寸减小的现象称为收缩。收缩是铸件产生缩孔、缩松、应力和变形等缺陷的重要原因。

合金从液态冷却到固相线的体积改变量称为体收缩。金属从固相线冷却到常温的线尺寸改变量称为线收缩。

7.2.2.1 收缩的三个阶段

铸造合金通常经历液态收缩、凝固收缩和固态收缩三个阶段，其大小以百分数表示。某二元合金的收缩过程如图 7-22 所示。

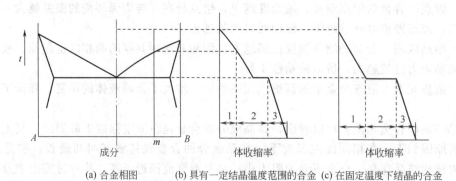

(a) 合金相图　(b) 具有一定结晶温度范围的合金 (c) 在固定温度下结晶的合金

图 7-22　某二元合金的收缩过程

1—液态收缩；2—凝固收缩；3—固态收缩

（1）液态收缩　金属在液态时（液相线以上）由于温度降低而发生的体积收缩称为液态收缩。由于此时合金全部处于液态，体积的缩小仅表现为型腔内液面的降低，其大小用液态收缩率表示为

$$\varepsilon_{V液} = \alpha_{V液}(t_浇 - t_液) \times 100\%$$

式中 $\varepsilon_{V液}$——液态合金的体收缩率，%；

$\alpha_{V液}$——液态合金的体收缩系数，℃$^{-1}$；

$t_{浇}$——合金的浇注温度，℃；

$t_{液}$——合金的液相线温度，℃。

从式中可以看出，提高合金的浇注温度，可使 $\varepsilon_{V液}$ 增加；改变合金的液态收缩系数 $\alpha_{V液}$，液态收缩率 $\varepsilon_{V液}$ 也发生相应的改变。

（2）凝固收缩 熔融金属在凝固阶段的体积收缩称为凝固收缩。纯金属及恒温结晶的合金，其凝固收缩单纯由液-固相变引起；具有一定结晶温度范围的合金，则除液-固相变引起的收缩之外，还有因凝固阶段温度下降产生的收缩。凝固收缩的大小可用体收缩率表示为

$$\varepsilon_{V凝}=\alpha_{V凝}(t_{液}-t_{固})\times100\%$$

式中 $\varepsilon_{V凝}$——合金的凝固体收缩率，%；

$\alpha_{V凝}$——合金的凝固体收缩系数，℃$^{-1}$；

$t_{液}$——合金的液相线温度，℃；

$t_{固}$——合金的固相线温度，℃。

（3）固态收缩 金属在固态由于温度降低而发生的体积收缩称为固态收缩。表现为三个方向线尺寸的缩小，即三个方向的线收缩。

固态收缩影响铸件尺寸精度和形状的准确性，因此，常用合金的线收缩率表示固态收缩率的大小，即

$$\varepsilon=\alpha(t_{固}-t_{室})\times100\%$$

式中 ε——合金的线收缩率，%；

α——合金的固态线收缩系数，℃$^{-1}$；

$t_{固}$——合金的固相线温度，℃；

$t_{室}$——室温，℃。

7.2.2.2 影响收缩性的因素

铸件收缩的大小主要取决于合金化学成分、浇注温度和铸型结构。

（1）合金化学成分 常用铸造合金中，铸钢的收缩最大，可达铸铁的三倍。灰铸铁的收缩最小。灰铸铁收缩很小是由于其中大部分碳以石墨状态存在，石墨的比体积大；在结晶过程中石墨析出所产生的体积膨胀，抵消了合金的部分收缩。因此，灰铸铁中增加碳、硅含量和减少含硫量均使收缩减小。

（2）浇注温度 合金的浇注温度越高，过热度越大，液态收缩量也越大，因而体收缩也越大。

（3）铸型结构 铸件在铸型冷却凝固时，不是自由收缩，而是受阻收缩。它要受到因铸件各部分冷却速度不同而造成的相互制约而产生的阻力以及铸型、型芯对收缩产生的机械阻力的共同作用。因此铸件的实际线收缩率比其自由线收缩率要小。

7.2.2.3 缩孔与缩松的形成与防止

铸件由于补缩不良而产生的孔洞称为缩孔。容积大而集中的孔洞称为集中缩孔，或简称缩孔；细小而分散的孔洞称为分散性缩孔，又称缩松。此类缺陷的形状不规则，内表面不光滑，可以看到树枝状结晶特征。

7.2.2.3.1 缩孔的形成

为便于分析，现以圆柱体铸件为例，假定浇注的合金在固定温度下或结晶温度范围很窄的条件下，由表面到中心逐层凝固，铸件在型内多向散热，缩孔形成过程如图 7-23

所示。

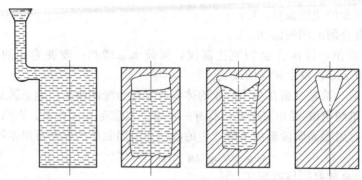

(a) 金属液充满型腔　(b) 铸件表面凝固　(c) 液面与铸件外壳脱离　(d) 缩孔形成

图 7-23　缩孔形成过程

图 7-23(a) 表示内浇口凝结前，金属液充满铸型后的情况。由于铸型吸热，金属液温度下降，型壁处首先结成固体薄壳，内部过热的金属液因散热降温而发生液态收缩，但此时的体积收缩能从浇注系统中得到合金液的补充。因此，铸型型腔保持充满状态。

图 7-23(b) 表示内浇口凝结时的情况，铸件外面已形成固体薄壳，并发生固态收缩。若外壳的体收缩大于或等于内部的液态及凝固收缩体积之和，铸件内不会产生缩孔。

图 7-23(c) 表示内浇口凝结之后，固体外壳继续增厚，壳内的液态合金因降温及凝固而发生体积收缩，铸件外壳因温度下降也发生体积减小，但由于此时多数合金的液态收缩和凝固收缩总值大于铸件外壳的体收缩，因而壳内出现真空区，合金液脱离顶部外壳，缩孔开始形成。

图 7-23(d) 表示铸件继续降温，凝固层不断增厚，内部液面下降，孔洞体积增大，直至凝固终了，于铸件上部形成倒锥形缩孔。

综合上述，铸件缩孔形成的基本原因是：内浇口凝结后，铸件外壳的固态收缩体积小于壳内的液态收缩和凝固收缩体积之和。产生集中缩孔的条件是铸件由表及里地逐层凝固。缩孔产生在铸件最后凝固的部位及金属聚集的热节处。

7.2.2.3.2　缩松的形成

铸件缓慢凝固区出现的很细小的孔洞称为缩松，其形成原因与缩孔相同，也是由于合金的液态收缩和凝固收缩引起的。缩松形成过程如图 7-24 所示。

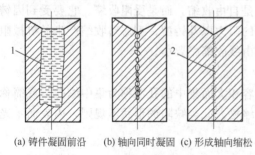

(a) 铸件凝固前沿　(b) 轴向同时凝固　(c) 形成轴向缩松

图 7-24　缩松形成过程

1—凝固前沿；2—缩松

铸件凝固过程中，液固分界面的凝固前沿实际上是十分粗糙凹凸不平的，如图 7-24(a) 所示。到凝固后期，断面内部的温度和冷却速度差不多是相同的，造成中心部分的同时凝固，由于凝固前沿粗糙及凹凸不平，因而在铸件中心就出现了许多互相隔开的小液体区，如图 7-24(b) 所示。这些小液体区在凝固收缩时，由于得不到液体金属补缩，就形成了缩松，如图 7-24(c) 所示。

此种缺陷多位于铸件轴线区域、厚大部

位、冒口根部及内浇口附近。

7.2.2.3.3 缩孔和缩松的控制

（1）合理选择铸造合金　纯铁和共晶成分的铸铁，由于在恒温下结晶，铸件易形成缩孔，而不易形成缩松。如果浇冒口设置合理，可以将缩孔转移到冒口中，从而获得致密铸件。结晶范围窄的合金与此类似。结晶范围宽的合金容易形成缩松，铸件的致密性差。因此，铸造生产中应尽量选择共晶成分附近的合金和结晶温度范围窄的合金。

（2）控制铸件的凝固顺序　在工艺上常用定向凝固原则控制缩孔和缩松的产生。

如图 7-25 所示，在铸件的厚壁处设置冒口，使铸件的凝固按薄壁→厚壁→冒口的顺序先后进行，使缩孔集中在冒口中，从而获得致密的铸件。为了保证冒口的补缩作用，冒口必须最后凝固，因此，冒口的尺寸要做得足够大。

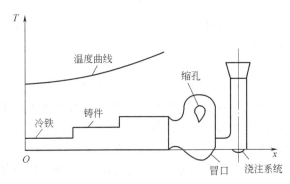

图 7-25　定向凝固方式

定向凝固原则适用于结晶温度范围宽、凝固收缩大、壁厚差别大以及对致密度、强度等性能要求较高的合金铸件，如铸钢件、高强度灰铸铁件、可锻铸铁件等。

采用定向凝固可以有效防止缩孔的发生，但缺点是铸件各部分的温差大，会引起较大的热应力。此外，由于要设冒口，增大了金属的消耗量以及切除冒口的工作量。

（3）控制浇注温度与浇注速度　合金的浇注温度越高，液态收缩越大，越易形成缩孔；浇注速度过快，过早地停止浇注，也易形成缩孔。虽然提高合金浇注温度和速度，对提高合金的充型能力有利，但对防止缩孔是不利的。因此，应在满足充型能力的前提下，尽量降低浇注温度和速度，尤其是在浇注终止前尽量采用慢的浇注速度，是防止产生缩孔的有效措施之一。

7.2.3　铸造应力、铸件变形和裂纹

7.2.3.1　铸造应力及其种类

在铸件凝固及以后继续冷却的过程中，不断发生收缩。当铸件收缩受到阻碍时，就会在铸件内产生应力，引起铸件变形或裂纹。

铸造应力按其产生的原因可分为下列三种。

（1）热应力　铸件在凝固和冷却过程中，不同部位由于不均衡的收缩而引起的应力称为热应力。

（2）相变应力　铸件由于固态相变，各部分体积发生不均衡变化而引起的应力称为相变应力。

（3）收缩应力　铸件在固态收缩时，因受到铸型、砂芯、浇冒口、箱挡等外力的阻碍而产生的应力称为收缩应力。

7.2.3.2　铸造应力的成因

（1）热应力　铸件热应力的产生过程可用厚度不同的 T 形梁铸件来说明，如图 7-26 所示。

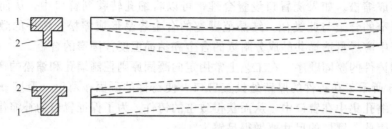

图 7-26　T 形梁铸件挠曲变形情况

T 形梁铸件由杆 1 和杆 2 两部分组成，杆 1 较厚，杆 2 较薄。开始阶段杆 1 及杆 2 具有同样温度。热应力的形成过程可分三个阶段。

第一阶段是高温阶段。铸件凝固后，细杆 2 比粗杆 1 冷却快，收缩量大。由于两杆是一个整体，因此，这时粗杆 1 因细杆 2 收缩而被压缩，或者说细杆 2 被粗杆 1 拉伸。因为两者都处在高温塑性状态下，所以各自都只产生塑性变形，铸件内部不产生应力。

第二阶段是中温阶段。杆 2 的温度下降较快，进入低温弹性状态，而杆 1 仍处在塑性状态。由于杆 2 收缩量大，压缩杆 1，杆 1 产生压缩塑性变形，但铸件内仍无应力产生。

第三阶段是低温阶段。杆 1 也进入低温弹性状态，这时杆 2 已冷却到更低温度，甚至已达到常温，不再收缩，而杆 1 还要继续冷却收缩，因此杆 1 的收缩受到杆 2 的阻碍。故杆 1 被拉伸，杆 2 被压缩。杆 1 内产生拉伸应力，杆 2 内产生压缩应力，这种应力并不因铸件整体都冷至常温而消失，所以又称残留热应力。

从上述讨论，可得出以下结论。

① 铸件各部分厚薄不同就会产生热应力，厚部断面产生拉伸应力，薄部断面产生压缩应力。

② 铸件中各部分厚薄相差越大，热应力就越大。从铸件结构来看，壁厚均匀的铸件，热应力较小。

③ 厚大断面的铸件冷却后，外层（冷却快）存在压缩的热应力，内部（冷却慢）存在拉伸的热应力。

④ 铸件材质的弹性系数和固态线收缩系数越大，则铸件中热应力也越大。

（2）相变应力　铸件在冷却过程中如发生固态相变，晶体体积就会发生变化，从而影响铸造应力的方向和数值。例如铸铁和钢的共析转变（奥氏体向珠光体的转变，或奥氏体转变为铁素体和石墨），会引起体积膨胀（有的转变也会产生体积收缩）。如果铸件各部分温度均匀一致，相变同时发生，则可能不产生宏观应力，而只有微观应力。如果铸件各部分温度不一致，相变不同时发生，则会产生相变应力。根据铸件各部分发生相变时间的不同，相变应力可以是临时应力，也可以是残留应力。

（3）收缩应力　铸件中的收缩应力是由于金属在冷却至弹性状态后因收缩受到阻碍而产生的。阻碍大致有以下几个方面：

① 铸型和砂芯有较高的强度和较低的退让性；

② 砂箱内的箱挡和砂芯内的芯骨；

③ 设置在铸件内的铸肋（又称割肋，可分拉肋和防裂肋两种）和分型面上的铸件飞边；

④ 浇冒口系统以及铸件上各部位相互影响，如一些凸起部分等。

收缩应力一般使铸件产生拉应力或切应力。由于应力是在弹性温度范围内产生的，故形成应力的原因一经消除，应力即告消失，故为临时应力。

综上所述，铸造应力是热应力、相变应力和收缩应力的矢量和。根据不同情况，三种应力有时互相抵消，有时互相加强；有的是临时性的，有的则残留下来。现综合说明于表7-1。在某一瞬间，所有应力的合力大于金属在该温度下的强度极限时，铸件就产生裂缝。

表 7-1 铸件内应力的方向

铸件部位	热 应 力	相 变 应 力		收 缩 应 力	
		由于共析转变	由于石墨化	落砂前	落砂后
薄部分或外层	$-\sigma$	$+\sigma$	$+\sigma$	$+\sigma$	0
厚部分或内层	$+\sigma$	$-\sigma$	$-\sigma$	$+\sigma$	0

注："+"表示拉应力，"-"表示压应力。

7.2.3.3 铸件的变形与防止

铸件由于铸造或热处理冷却速度不一而收缩不均或由于模样与铸型形状发生变化等原因造成的几何尺寸与图纸不符的现象称为变形。铸造应力是导致铸件变形的主要原因。防止铸件变形，在工艺上可采取下列措施。

（1）尽量减少铸件内应力

① 采用同时凝固原则。如图 7-27 所示，为使铸件各部分能够同时进行凝固，将内浇道设于薄壁处，在厚壁处设置冷铁。冷铁的作用是加速铸件冷却，浇注后不与铸件熔合，可重复使用。

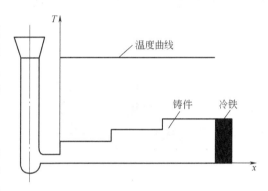

图 7-27 同时凝固原则

采用同时凝固，铸件热应力较小，有利于防止变形和裂纹，但在铸件中心容易产生缩松。同时凝固原则主要用于凝固收缩小的合金件（如一般灰铸铁件）、壁厚均匀的薄壁铸件以及致密性要求不高的铸件（如锡青铜铸件）。

定向凝固原则和同时凝固原则各有特点，应根据合金种类、铸件结构和工作条件合理选择。如收缩性大的合金，壁厚悬殊或有热节（局部厚大部分）的铸件，对气密性要求高的铸件，应采用定向凝固。反之，收缩性小的合金，壁厚均匀的薄壁铸件，可采用同时凝固。

对于结构复杂的铸件，既要避免产生缩孔和缩松，又要减少热应力，防止变形和裂纹，两种凝固原则可以综合运用。

对于气密性要求高的铸件，为防止缩松，应选用结晶区小的合金，同时避免铸件同时凝固。

② 改善铸型的退让性，及早去除浇冒口，以保证铸件正常收缩。

（2）使铸件结构对称 铸件结构对称，内应力互相平衡，则不易变形。

（3）采取反变形的工艺补偿量 预先将模样做成与铸件变形方向相反的形状，以补偿铸件变形。

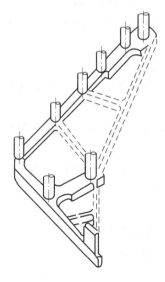

图 7-28 拉筋的使用

（4）修改铸件结构，设置拉筋　在铸件上设置拉筋，使之承受一部分应力以防止变形，待铸件经热处理消除应力后再将拉筋去掉，如图 7-28 所示（虚线部分）。

（5）及时进行退火处理　装炉时要将铸件垫平放稳，确保受力均衡，以防高温变形。

7.2.3.4　铸件裂纹与防止

当铸件的内应力超过金属的强度极限时，铸件便产生裂纹。裂纹根据其产生温度的不同，可分为热裂和冷裂两种。

（1）热裂　热裂是在高温下形成的裂纹，如图 7-29 所示。

其形状特征是：裂纹短，裂缝宽，形状曲折，缝内呈氧化色。热裂主要发生在铸件厚薄不均匀的连接处及拐角处，有些薄壁铸件因型芯退让性较差也会产生热裂。

因此，合金的收缩率高、铸件结构不合理，型砂、芯砂退让性差，合金的高温强度低，都易使铸件产生热裂，在铸钢和铸铝中较为常见。

（2）冷裂　冷裂是在较低温度下，由于热应力和收缩应力的综合作用，使铸件的内应力大于合金的强度极限而产生的，见图 7-30。

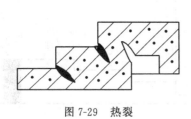

图 7-29　热裂

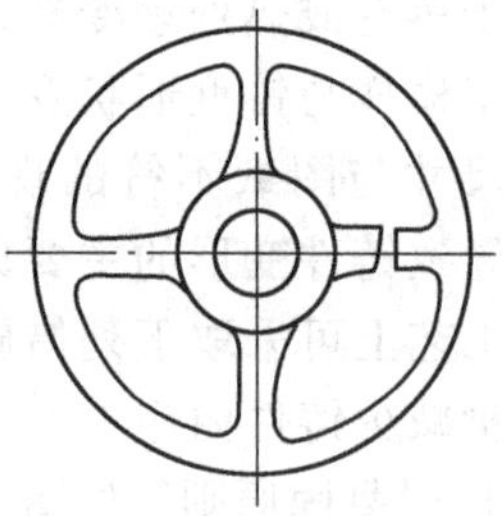

图 7-30　冷裂

冷裂的形状特征是：裂纹细小，呈连续直线状，有时缝内呈轻微氧化色。

冷裂常出现在复杂件的受拉伸部位，尤其存在应力集中处（如：尖角、缩孔、气孔、夹渣等缺陷附近）。对于壁厚差别大，形状复杂的铸件，尤其是大而薄的铸件易发生冷裂。

（3）冷裂与热裂的区别

① 微观特征方面：冷裂为穿晶断裂，裂纹呈平直折线，常贯穿整个铸件截面；热裂呈沿晶断裂，但裂纹较宽，呈曲折的粗细不均的不规则曲线，常伴有粗大树枝晶和缩松、夹杂等缺陷，多发生在铸件壁厚突变和最后凝固部位。

② 断口特征方面：冷裂一般有金属光泽；热裂氧化严重，无金属光泽。

（4）防裂措施　铸件热裂和冷裂发生的温度范围尽管不同，但其防裂措施基本是相同的，即设法减小铸造应力，增强铸件抗裂性能，其主要方法如下。

① 铸件壁厚要尽量均匀，避免突然变化；拐角处做成适当圆角；局部厚实部位，放置冷铁；易产生拉应力集中处设防裂肋。

② 提高熔炼质量，降低磷、硫等有害元素和非金属夹杂物的含量，消除脆性组织。尤其是对于铸钢和铸铁，必须控制硫的含量，以防止硫的热脆性使合金的高温强度降低。

③ 提高砂型和砂芯的退让性，减小收缩阻力。

④ 浇冒口的形状和位置不要阻碍铸件收缩，与铸件相接处应形成适当圆角。

⑤ 铸件落砂不要过早，落砂后注意保温，避免风冷及严防与水接触。

⑥ 铸件在落砂、清理和搬运中应避免碰撞。

⑦ 铸件要及时进行时效处理，减小或消除残余应力。

7.2.4 合金的偏析和吸气

（1）合金的偏析　在实际冷却过程中，铸件的凝固常常在几分钟甚至数小时内完成，固溶体成分来不及扩散至均匀。这种凝固过程称为不平衡凝固。

不平衡凝固导致了不平衡的成分、组织和性能，合金内部成分不均匀的现象称为"偏析"。其中，晶粒内部成分和组织不均匀的现象称为"晶内偏析"；树枝晶内的偏析称为"枝晶偏析"。

生产中常用缓慢冷却或孕育处理的方法防止铸件产生"晶内偏析"，如果"晶内偏析"已经产生，可采用扩散退火的方法来消除。

"枝晶偏析"产生的原因是：铸件在凝固时，与型壁接触部分（包括底部）的金属液最先凝固，于是靠近型壁部分高熔点的成分含量较多，而中心和上部容易集聚熔点较低的杂质，其结果是在铸件同一断面上，出现化学成分和性能的不一致。

"枝晶偏析"不能用扩散退火的方法消除，要以预防为主。如：采用快速冷却，使偏析来不及产生，尽量使铸件接近同时凝固；在浇注前对金属液进行搅拌等。

（2）吸气　在铸造过程中，气体被液态金属所吸收的现象称为吸气。随着温度的降低，液态金属中气体的溶解度下降，气体

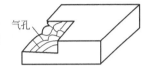

图 7-31　气孔

析出，如果析出的气体来不及排出，残留在固态金属中，便成为气孔，如图 7-31 所示。

气孔的存在不仅降低了金属材料的有效承载面积，影响合金的力学性能，而且严重影响了铸件的气密性，甚至导致铸件产生裂纹（如：铸钢件中的氢致冷裂纹）。

7.3　铸件结构的铸造工艺性

铸件结构是指铸件的外形、内腔、壁厚及壁之间的连接形式，加强肋板及凸台等。铸件结构的铸造工艺性指零件采用铸造方法制坯时，其结构设计的科学性和合理性，在具体生产条件下能否用最经济的方法制造出既符合设计要求又便于加工、检验、装配和维修的铸件来。

铸件结构工艺性是否合理，对提高铸件质量、节省原材料、降低成本、提高生产率都有很大的影响。下面着重从保证铸件质量和简化铸造工艺两方面分析铸件结构设计时考虑的问题。

7.3.1　铸造工艺对铸件结构的要求

铸件的结构包括：铸件外形、内腔、壁厚、壁与壁的连接及加强肋、凸台、法兰等。进行铸件结构设计时，不仅要保证零件使用性能的要求，还要考虑铸造工艺和合金铸造性能的要求，尽量使铸件的结构与这些性能要求相适应。

7.3.1.1　铸件的外形设计

① 设计凸台、筋条及法兰时，应便于起模，避免不必要的型芯，尽量少用活块。

铸件上的筋条和凸台妨碍起模，造型时需采用外型芯或活块，较为费工且易出现废品，故铸件上的凸台、筋条设计不应妨碍起模，避免不必要的型芯或活块。如图 7-32、图 7-33 所示。

② 应利于尽量减少和简化铸型的分型面。

在进行铸件外形设计时，应尽可能避免三箱造型，这样不仅可以简化模样制造和造型工艺，减少砂型，而且易于保证铸件精度，便于机器造型（机器造型不能采用三箱造型）。

如图 7-34 所示的端盖铸件，上、下部位均有凸缘，造型时，铸型要设两个分型面，需

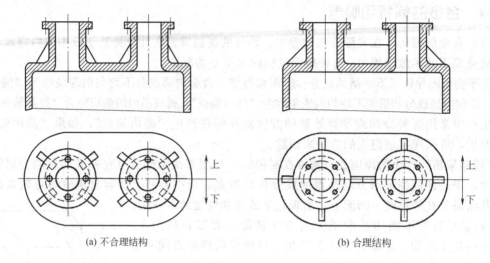

(a) 不合理结构　　　　　　　　　　　(b) 合理结构

图 7-32　筋条的设计

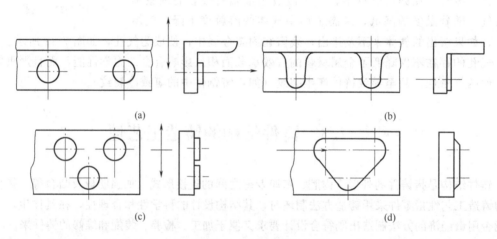

(a)　　　　　　　　　　　　　　　　(b)

(c)　　　　　　　　　　　　　　　　(d)

图 7-33　凸台的设计

要采用三箱造型，见图 7-34(a)。由于机器造型不能采用三箱造型，所以大批、大量生产中，必须增设外型芯，才能采用两箱造型。无论三箱造型或增设外型芯，工艺都很复杂。如改为图 7-34(b) 的设计，则仅用一个分型面，便可采用两箱造型。

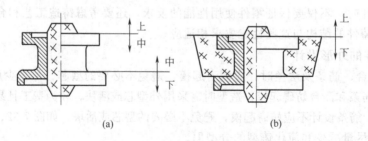

(a)　　　　　　　　　　　　　　　　(b)

图 7-34　端盖铸件分型面的选择

　　如图 7-35(a) 所示，一个铸件有两个凸缘，造型时需采用两个分型面；另一个铸件端面有圆角，不得不采用曲折的分型面，需采用挖砂或假箱造型，均使操作难度增大，故应采用

图 7-35(b) 所示的结构。

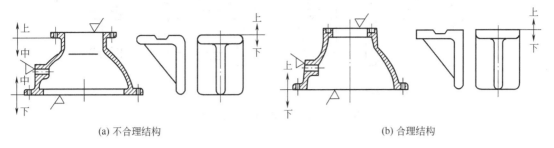

(a) 不合理结构　　　　　　　　　　　　(b) 合理结构

图 7-35　减少和简化铸件分型面

③ 合理设置结构斜度。结构斜度是零件结构所具有的斜度。铸件上与分型面垂直的非加工面应设计结构斜度，如图 7-36 所示。铸件设有结构斜度，可使起模方便，起模时型腔表面不易损坏，模样松动量减少，从而提高了铸件的尺寸精度和模样寿命。

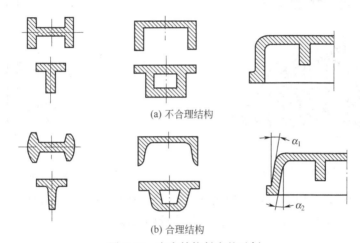

(a) 不合理结构

(b) 合理结构

图 7-36　应有结构斜度的示例

④ 应避免水平放置较大的平面，如图 7-37 所示。

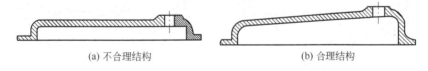

(a) 不合理结构　　　　　　　　　　　(b) 合理结构

图 7-37　避免水平放置较大的平面

7.3.1.2　铸件的内腔设计

（1）铸件的内腔结构应利于少用或不用型芯　简单的内腔形状，可简化芯盒结构、便于制芯。内腔较浅时，其形状还应利于用砂垛取代型芯。如图 7-38 所示。

如图 7-39 所示的铸件内腔，将出口处加大后即可省去型芯。对于箱形结构，还可考虑用筋板结构替代型芯，如图 7-40 所示。

（2）铸件结构应有利于型芯的固定、排气和清理　型芯在铸型中应能可靠地固定和便于排气，以避免偏芯、气孔等缺陷。型芯通常靠芯头来固定，如果仅靠芯头支承不能稳固时，需要采用芯撑辅助支承。但芯撑常因表面氧化或铸件薄而不能与浇入金属很好地熔合，影响铸件的气密性和力学性能，所以，一般情况下应尽可能避免使用。

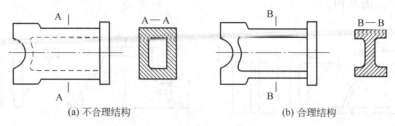

(a) 不合理结构　　　　　　　　　　　　　(b) 合理结构

图 7-38　应尽量不用或少用型芯

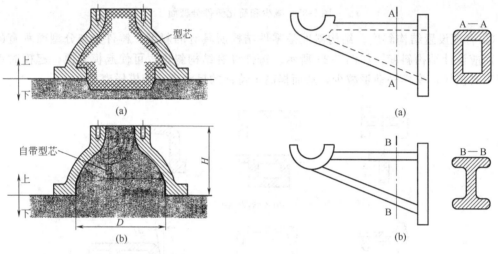

图 7-39　铸件内腔的结构设计　　　　　　图 7-40　悬臂支架的结构设计

将轴承支架的原设计图 7-41(a) 改为图 7-41(b) 的结构，型芯为具有三个芯头的整体结构，避免了原设计中型芯难以固定、排气和清理的问题。

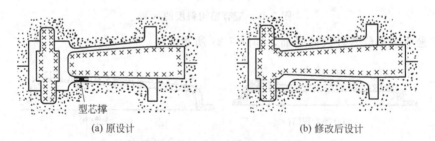

(a) 原设计　　　　　　　　　　　　　　(b) 修改后设计

图 7-41　轴承支架的结构设计

图 7-42(a) 所示铸件在结构上不需要铸出孔，型芯只能用型芯撑支承，型芯的稳定性不

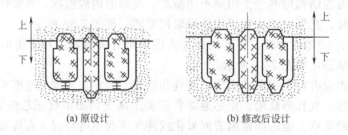

(a) 原设计　　　　　　　　　　　　　　(b) 修改后设计

图 7-42　增设工艺孔的铸件结构

够，排气性不好，且铸件清理困难。在不影响铸件使用性能的前提下，将其改为图 7-42（b）的结构，在铸件底部增设两个工艺孔，可简化铸造工艺。若零件不允许有此孔，可在机械加工时用螺钉或柱塞堵死，如为铸钢件可用钢板焊死。

另外，必须考虑到清砂便利，如图 7-43 所示。

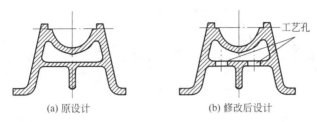

(a) 原设计   (b) 修改后设计

图 7-43 增设工艺孔以便于清砂

（3）大件和形状复杂件可采用组合结构 在不影响铸件精度、刚度和强度的前提下，大件和形状复杂件可采用组合结构，即将其分为若干件分别铸造，再通过焊接或机械连接等方法组合为一体，以简化结构设计和制造工艺。

7.3.2 合金铸造性能对铸件结构的要求

不同的铸造合金具有不同的铸造性能，因而对铸件结构也有不同的要求，设计铸件时必须对此有充分的考虑。

7.3.2.1 铸件的壁厚

（1）铸件应有合理的壁厚 由于合金流动性的限制，铸件的壁不能太薄，否则会产生浇不足、冷隔等缺陷，铸件还可能产生白口。但铸件壁亦不能太厚，因厚壁中心部分冷却速度慢，晶粒粗大，易产生缩孔和缩松，力学性能降低。所以，在同样满足铸件承载能力的前提下，可选择合理的截面代替厚壁结构（如采用工字形、槽形和箱形截面等）。如图 7-44 所示。

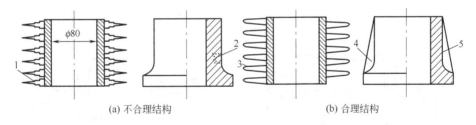

(a) 不合理结构   (b) 合理结构

图 7-44 铸件壁厚应适当

1，3—散热片；2—缩松；4，5—加强筋

铸件的最小壁厚应根据合金的性质、铸件的大小和铸造方法而定。一般砂型铸造的最小壁厚见表 7-2。

表 7-2 砂型铸造铸件的最小壁厚   mm

铸件尺寸	合金种类					
	铸钢	灰铸铁	球墨铸铁	可锻铸铁	铜合金	铝合金
<200×200	6～8	5～6	6	4～5	3～5	3
200×200～500×500	10～12	6～10	12	5～8	6～8	5
>500×500	18～25	15～20				5～7

（2）铸件壁厚应均匀　铸件的壁厚不能相差太大，否则铸造时金属液在肥厚处聚集太多，容易形成缩孔、缩松等缺陷，如图 7-45 所示。同时还会因壁厚不均匀，冷却速度不一致而产生内应力，出现裂纹。因此，设计时，应尽可能使铸件壁厚均匀，避免金属的聚集。设计中采用加强筋也是解决铸件壁厚不均的有效办法。

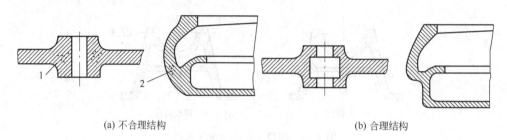

（a）不合理结构　　　　　　　　　　　　　　（b）合理结构

图 7-45　铸件壁厚应力求均匀

1，2—缩松

当壁厚不相等时，应力求平缓过渡，避免突变，以减少应力集中，防止产生裂纹，如图 7-46 所示。当 $H/h < 2$ 时，可用圆角过渡；$H/h > 2$ 时，可用楔形过渡。

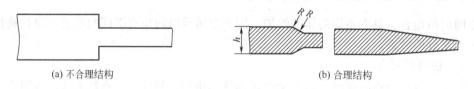

（a）不合理结构　　　　　　　　　　　　　（b）合理结构

图 7-46　厚、薄壁的连接

（3）内壁厚应小于外壁厚　铸件内部的筋、壁等，散热条件差，冷却速度较慢，故内壁应比外壁薄，以使整体均匀冷却，从而减少应力和防止裂纹产生。图 7-47 所示为内壁的示例。

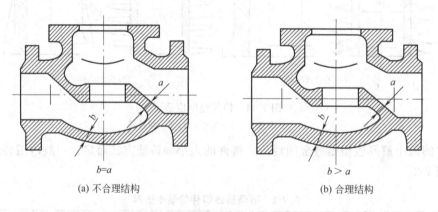

$b=a$　　　　　　　　　　　　　　　　　　$b>a$

（a）不合理结构　　　　　　　　　　　　　　（b）合理结构

图 7-47　铸件内壁应比外壁薄

7.3.2.2　铸件壁的连接

（1）壁间的连接应采用圆角过渡　铸件壁的转角处应采用圆角过渡，以利于造型和提高铸型强度，防止形成应力集中和结晶脆弱面，避免裂纹、缩孔、缩松等缺陷的产生，如图 7-48、图 7-49 所示。铸铁件的内圆角半径见表 7-3。

(a)不合理

(b) 合理

图 7-48　铸件的转角结构

表 7-3　铸铁件内圆角半径　　　　　　　　　　　　　　　mm

$\dfrac{a+b}{2}$	≤8	9～12	13～16	17～20	21～27	28～35	36～45	46～60	61～80	81～110
圆角半径	4	6	6	8	10	12	16	20	25	30

注：a、b 表示铸件相交两壁的厚度。

（2）应避免壁的交叉和锐角连接　铸件壁的连接应避免交叉和锐角，以减小热应力，避免产生裂纹、缩孔、缩松等缺陷，如图 7-50 所示。交错接头适用于中小型铸件；环形接头适用于大型铸件；若为锐角连接，可采用图 7-50（c）中的过渡形式。

7.3.2.3　防止铸件产生变形

为了防止某些细长或平板类易变形的铸件产生翘曲变形，应将其截面设计为对称结构，如图 7-51、图 7-52 所示。

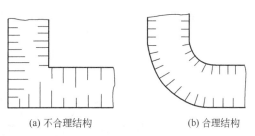

(a) 不合理结构

(b) 合理结构

图 7-49　铸件壁的转角

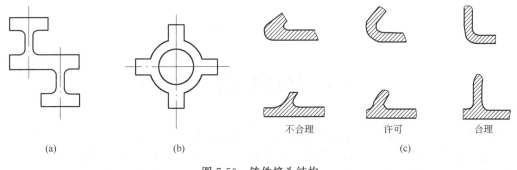

(a)　　　　　　　　(b)　　　　　　　　　　　(c)

不合理　　　　许可　　　　合理

图 7-50　铸件接头结构

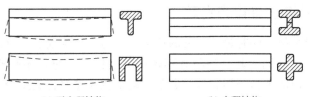

(a) 不合理结构

(b) 合理结构

图 7-51　细长铸件的设计

（1）铸件应避免有过大的水平面　铸件上过大的水平面不利于金属液的充型，不利于气体和夹杂物的排除，容易使铸件产生冷隔、浇不足、气孔、夹渣等缺陷。并且铸型内水平型

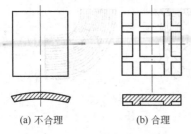

(a) 不合理　　　(b) 合理

图 7-52　平板铸件的设计

腔的上表面受高温金属液长时间烘烤，易开裂而产生夹砂、结疤等缺陷。因此，应尽量将其设计成倾斜壁，如图 7-53 所示。

(2) 铸件结构应有利于自由收缩　铸件收缩受到阻碍时将产生应力，当应力超过合金的强度极限时，将产生裂纹。因此，设计铸件时应尽量使其自由收缩。图 7-54(a) 所示轮形铸件的轮辐为偶数、直线型，很容易因应力过大而产生裂纹。如图 7-54(b)、(c) 所示改为奇数或弯曲轮辐，则可借轮辐的微量变形来减少应力，防止裂纹产生。

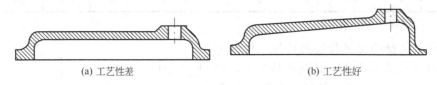

(a) 工艺性差　　　　　　　　　　(b) 工艺性好

图 7-53　过大水平面的设计

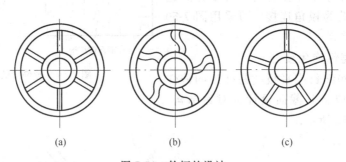

(a)　　　　　　(b)　　　　　　(c)

图 7-54　轮辐的设计

7.4　铸造工艺分析与设计

在铸造生产中，一般是根据零件结构特点、技术要求、生产批量及生产条件等进行工艺设计，确定铸造方案和工艺参数，绘制图样和标注符号以及编制工艺等。绘制图样主要是绘制铸造工艺图、铸件图和铸型装配图等。单件、小批量生产时只需绘制铸造工艺图。

7.4.1　浇注位置与分型面的确定

铸件的浇注位置是指浇注时铸件所处的位置，分为水平浇注、垂直浇注和倾斜浇注。分型面是铸型砂箱间的结合面，其合理与否不仅影响到铸件质量，还影响到能否简化铸造工艺。浇注位置与分型面的选择密切相关，通常先确定浇注位置再选定分型面，以保证铸件质量。对于质量要求不高的支架类铸件，应以简化造型工艺为主，可先选择分型面。

(1) 浇注位置的确定　具体应遵循以下原则。

① 铸件的重要加工面、主要工作面和受力面应尽量放在底部或侧面。

这是因为金属液的密度大于砂、渣，浇注时砂眼气泡和夹渣往往上浮到铸件的上表面，所以上表面的缺陷通常比下部要多。同时，由于重力的关系，下部的铸件最终比上部要致密。因此，为了保证零件的质量，重要的加工面应尽量朝下，若难以做到朝下，应尽量位于侧面。对于体积收缩大的合金铸件，为放置冒口和毛坯整修方便，重要加工面或主要工作面可以朝上。

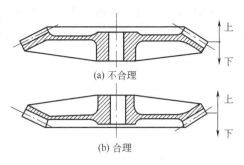

图 7-55　齿轮的浇注位置

图 7-55 所示的锥齿轮铸件，其轮齿部位是重要加工面和主要工作面，应将其朝下。

② 铸件的大平面尽可能朝下或采用倾斜浇注。

铸型的上表面除了容易产生砂眼、气孔、夹渣外，大平面还常产生夹砂缺陷。这是由于在浇注过程中高温的液态金属对型腔上表面有强烈的热辐射，型砂因急剧膨胀和强度下降而拱起或开裂，拱起处或裂口浸入金属液中形成夹砂缺陷，如图 7-56(a) 所示。因此，铸件大平面应朝下，如图 7-56(b) 所示。同时铸件的大平面朝下，也有利于排气和减小金属液对铸型的冲刷力。

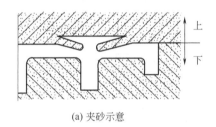

(a) 夹砂示意

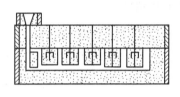

(b) 大平面铸件

图 7-56　大平面浇注位置

③ 尽量将铸件大面积的薄壁部分放在铸型的下部或垂直、倾斜，将厚壁部分朝上。

这能增加薄壁处金属液的压强，提高金属液的流动性，防止薄壁部分产生浇不足或冷隔缺陷。厚壁部分朝上便于安放冒口进行补缩，可防止产生缩孔缺陷，如图 7-57 所示。

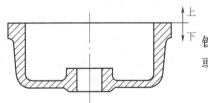

图 7-57　壳体铸件浇注位置

④ 热节处应位于分型面附近的上部或侧面。

容易形成缩孔的铸件（如铸钢、球墨铸铁、可锻铸铁、黄铜）浇注时应把厚的部位放在分型面附近的上部或侧面，以便安放冒口，实现定向凝固，进行补缩。

⑤ 便于型芯的固定和排气，能减少型芯的数量。

（2）分型面的选择　分型面是指两半铸型相互接触的表面。除了实型铸造外，都要选择分型面。

分型面的选择首先应尽量与浇注位置一致，以避免合型后再翻转砂型浇注，引起砂型、型芯错位，影响铸件精度。其次，确定分型面时还应注意以下原则。

① 分型面一般应取在铸件的最大截面上，否则难以从铸型中取出模样。

分型面应尽量选取在模样最大截面上，如图 7-58 所示。对于较高的铸件，应尽量避免使铸件在一箱内过高。过高的拔模高度，对手工砂型造型难度较高，对机器造型也会要求更高性能的型砂。

② 铸件的加工面及加工基准表面尽量放在同一砂型中，以保证铸件的加工精度。

如图 7-59 所示的铸件，当浇注位置与轴线垂直时，有Ⅰ、Ⅱ两个分型面可供选择。考虑到 φ602 外圆面是机械加工时的定位基准，为减少加工时的定位误差，采用分型面Ⅱ较合理。

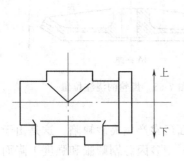

图 7-58　分型面在最大截面上

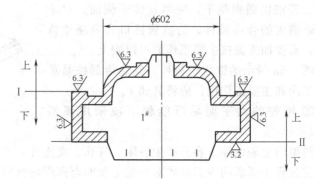

图 7-59　箱体铸件分型面

图 7-60 为管子堵头的分型面。方头的四个侧面是加工基准面，外圆是加工面，若是放在两半铸型内，稍有错型，就给机械加工带来困难，甚至造成废品，如果置于同一半铸型内，就能保证铸件精度。

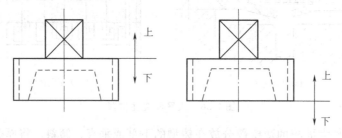

图 7-60　管子堵头分型面

③ 应使铸件有最少的分型面，并尽量做到只有一个分型面。

原因在于：多一个分型面多一份误差，使精度下降；分型面多，造型工时多，生产率下降；机器造型只能两箱造型，故分型面多时不能进行大批量生产。

图 7-61 所示为一双联齿轮毛坯，若大批生产只能采用两箱造型，但其中间为侧凹的部分，两箱造型要影响其起模，当采用了环状外型芯后解决了起模问题，很容易进行机器造型。如图 7-62 所示壳体沿轴线方向有两个大截面，需采用两个分型面。通过增加外型芯，

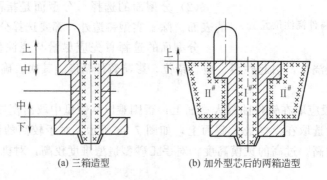

(a) 三箱造型　　　　　(b) 加外型芯后的两箱造型

图 7-61　双联齿轮毛坯的造型方案

则只需一个分型面。

④ 分型面最好是一个简单而又平直的平面。

图 7-63 所示的轴承座铸件，原结构图 7-63(a) 中的圆柱套轴线与侧壁错位，使分型面为曲面，增加了造型难度（需采用挖砂或假箱造型）。若能改成图 7-63(b) 所示结构，分型面为一平面，从而简化了造型。

⑤ 应尽量减少型芯、活块的数量。

图 7-64 所示为一侧凹铸件，图中的分型方案 1 要考虑采用活块造型或加外型芯才能铸造；采用方案 2 则省去了活块造型或加外型芯。

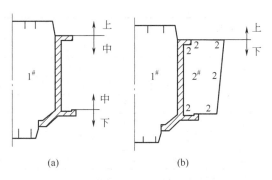

图 7-62　壳体分型面选择

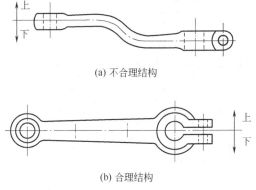

(a) 不合理结构

(b) 合理结构

图 7-63　等臂分型面的选择

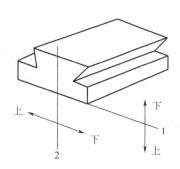

图 7-64　减少活块和型芯的分型方案
1—活块造型或加外型芯的分型方案；
2—简化铸造工艺的分型方案

7.4.2　主要工艺参数的确定

为了绘制铸造工艺图，在铸造方案确定后，还需要选定如下工艺参数。

7.4.2.1　机械加工余量

为了保证铸件加工面尺寸和零件精度，在铸件工艺设计时要预先增加的在机械加工时要切去的金属层厚度称为加工余量。加工余量的大小与铸件生产批量、铸造合金种类、铸件大小、加工面与基准面距离以及加工面在浇注时的位置等因素有关。大量生产时余量可减小；单件小批量生产时，余量应加大；铸钢表面粗糙时，余量应加大；非铁金属表面光洁且材料价格昂贵时，余量应减小；铸件尺寸越大，加工余量应越大；加工面与基准面距离越大，加工余量也应越大。

要求的机械加工余量（RMA）等级有 10 级，分别为 A、B、C、D、E、F、G、H、J 和 K 级（见表 7-4）。推荐用于各种铸造合金和铸造方法的 RMA 等级列在表 7-5 中，仅作为参考资料用。

表 7-4　要求的铸件机械加工余量（RMA）(GB/T 6414—1999)　　　　　　　mm

最大尺寸[①]		要求的机械加工余量等级									
大于	至	A[②]	B[②]	C	D	E	F	G	H	J	K
—	40	0.1	0.1	0.2	0.3	0.4	0.5	0.5	0.7	1	1.4
40	63	0.1	0.2	0.3	0.3	0.4	0.5	0.7	1	1.4	2

最大尺寸①		要求的机械加工余量等级									
63	100	0.2	0.3	0.4	0.5	0.7	1	1.4	2	2.8	4
大于	至	A②	B②	C	D	E	F	G	H	J	K
100	160	0.3	0.4	0.5	0.8	1.1	1.5	2.2	3	4	6
160	250	0.3	0.5	0.7	1	1.4	2	2.8	4	5.5	8
250	400	0.4	0.7	0.9	1.3	1.4	2.5	3.5	5	7	10
400	630	0.5	0.8	1.1	1.5	2	3	4	6	9	12
630	1 000	0.6	0.9	1.2	1.8	2.5	3.5	5	7	10	14

① 最终机械加工后铸件的最大轮廓尺寸。

② 等级 A 和 B 仅用于特殊场合。例如：在采购方与铸造厂已就夹持面和基准面或基准目标商定模样装备、铸造工艺和机械加工工艺的成批生产的情况下。

表 7-5　毛坯铸件典型的机械加工余量等级

方　　法	要求的机械加工余量等级								
	铸件材料								
	铸钢	灰铸铁	球墨铸铁	可锻铸铁	铜合金	锌合金	轻金属合金	镍基合金	钴基合金
砂型铸造手工造型	G～K	F～H	F～H	F～H	F～H	F～H	F～H	G～K	G～K
砂型铸造机器造型和壳型	E～H	E～G	E～G	E～G	E～G	E～G	E～G	F～H	F～H
金属型（重力铸造和低压铸造）	—	D～F	D～F	D～F	D～F	D～F	D～F	—	—
压力铸造	—	—	—	—	B～D	B～D	B～D	—	—
熔模铸造	E	E	E	—	E	—	E	E	E

注：本标准还适用于本表未列出的由铸造厂和采购方之间协议商定的工艺和材料。

7.4.2.2　收缩率

由于合金的线收缩，铸件冷却后的尺寸将比型腔尺寸略为缩小，为保证铸件的应有尺寸，模样尺寸必须比铸件尺寸放大一个该合金的收缩量。不同的铸造合金，其收缩率大小不同。砂型铸造时的铸件线收缩率见表 7-6。

表 7-6　砂型铸造时的铸件线收缩率

合　金　种　类		铸件线收缩率/%	
		自由收缩	受阻收缩
普通灰铸铁	中小件	1.0	0.9
	大中件	0.9	0.8
	特大件	0.8	0.7
孕育铸铁		1.0～1.5	0.8～1.0
碳素铸钢		1.6～2.0	1.3～1.7
铝硅合金		1.0～1.2	0.8～1.0
锡青铜		1.4	1.2

端盖是小型普通灰铸铁件，且结构简单，查表得线收缩率为 1%。

7.4.2.3　铸造圆角

设计制作模样时，相邻两壁之间的交角都应做成有过渡圆弧的铸造圆角，防止在尖角处产生冲砂而掉角或因应力集中产生裂纹等缺陷，一般中、小型铸件的铸造圆角半径为 R 3～5mm。端盖属小型铸件，未注铸造圆角均为 R 3～5mm。

7.4.2.4 起模斜度

起模斜度是指为使模样容易从铸型中取出或型芯自芯盒中脱出，平行于起模方向的表面在模样或芯盒壁上所设计的斜度，如图 7-65 所示。铸件外壁起模斜度一般为 $15'$～$3°$。垂直壁越高，斜度越小；机器造型比手工造型斜度小；金属模比木模斜度要小；模样内壁的斜度应比外壁大，一般为 $3°$～$10°$；形状简单、起模无困难的模样可不加起模斜度。起模斜度的形式有三种，如图 7-66

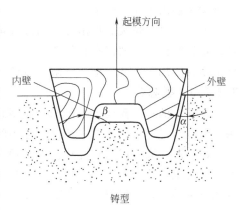

图 7-65　起模斜度

所示。图 7-66（a）为增加铸件壁厚用于与其他零件配合的需机械加工的表面；图 7-66（b）为加减铸件壁厚用于非配合的需机加工的表面；图 7-66（c）为减少铸件壁厚用于与零件配合的非加工面。

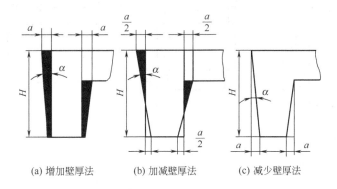

(a) 增加壁厚法　　　(b) 加减壁厚法　　　(c) 减少壁厚法

图 7-66　起模斜度的形式

JB/T 5105—91 规定了砂型铸造铸件模样外表面的起模斜度，如表 7-7 所示。

表 7-7　砂型铸造时模样外表面的起模斜度（摘自 JB/T 5105—91）

测量面高度 H/mm	起模斜度≤			
	金属模样、塑料模样		木模样	
	α	a/mm	α	a/mm
≤10	$2°20'$	0.4	$2°55'$	0.6
>10～40	$1°10'$	0.8	$1°25'$	1.0
>40～100	$30'$	1.0	$40'$	1.2
>100～160	$25'$	1.2	$30'$	1.4
>160～250	$20'$	1.6	$25'$	1.8
>250～400	$20'$	2.4	$25'$	3.0
>400～630	$20'$	3.8	$20'$	3.8
>630～1000	$15'$	4.4	$20'$	5.8

7.4.2.5　最小铸出孔、槽尺寸

零件上的孔、槽应尽量铸出，以节约金属和减少机加工量，且减少缩孔、缩松等铸件缺陷。但当孔、槽尺寸过小时，直接铸出易产生粘砂、偏芯等缺陷或增大造型难度，不如通过

机械加工制出方便、经济。

通常，批量越大，铸出孔、槽尺寸可越小；铸钢件的最小铸出孔、槽尺寸应大于灰铸铁件。灰铸铁件最小铸出孔直径单件小批生产时为 30～50mm，大量生产时为 12～15mm。零件上不要求加工的孔、槽，一般尽量铸出。

7.4.2.6 型芯头

铸件上的孔腔需要型芯铸出，而型芯又需要型芯头支撑、定位、排气和落砂，因此型芯头的形状与尺寸对于型芯在铸件装配中的工艺性与稳定性有很大影响。

（1）芯头高（或长）度和斜度 垂直型芯一般都有上、下芯头 [图 7-67(a)]，对于短而粗的型芯也可不用上芯头 [图 7-67(b)]，芯头高度主要取决于型芯头的直径 d，具体尺寸可查阅有关手册，一般取 15～150mm；芯头斜度则主要取决于它在型芯上的位置，下芯头斜度应小些，为 5°～10°，高度应大些，以便增加型芯安放的稳定性；而上芯头斜度应大些，为 6°～15°，高度应小些，以易于合型。

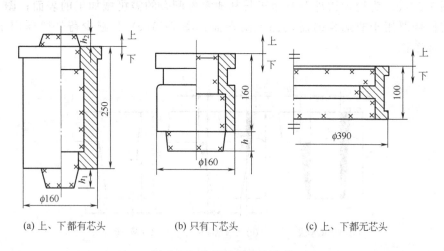

(a) 上、下都有芯头   (b) 只有下芯头   (c) 上、下都无芯头

图 7-67 垂直型芯头的形式

水平芯头的长度 L（图 7-68）主要取决于型芯头的直径 d 和型芯的长度，随型芯头直径和型芯长度增加而加大。中小型型芯的芯头长度 L 一般为 20～80mm。

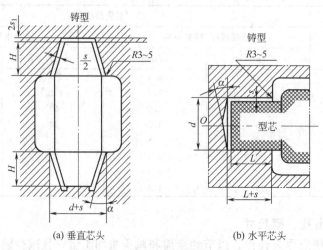

(a) 垂直芯头   (b) 水平芯头

图 7-68 型芯头的构造

（2）芯头装配间隙　为了便于下芯和合型，芯头与芯座之间应留有间隙 s，一般 s 为 $0.5\sim4mm$。如图 7-68 所示。对于垂直芯头，若为机器造湿型、大批量生产的中型件时，常取 s 为 $0.5\sim1.5mm$；若为干型、大型件，s 常为 $2.0\sim4.0mm$。对于水平芯头，无论是湿型或干型的 s 值都比较大些。

型芯和芯头通常用蓝色线，内部加符号来表示，不同型芯用不同剖面线，型芯应按下芯顺序编号。

端盖铸件内孔的直径大于铸件的高度，可以使用砂垛代替型芯，因此没有型芯头的设计问题，且降低了制造成本。

7.4.3　铸造工艺图及铸件图

（1）铸造工艺图　铸造工艺图是铸造工艺文件之一，是用文字和各种工艺符号表示铸型分型面、浇冒口系统、浇注位置、型芯结构尺寸、控制凝固措施（冷铁、保温衬板）及各种工艺参数的一种图纸。

铸造工艺图是用红、蓝两色铅笔，将各种简明的工艺符号标注在产品零件图上的图样。可从以下几方面进行分析：

① 分型面和分模面；

② 浇注位置、浇冒口的位置、形状、尺寸和数量；

③ 铸造工艺参数；

④ 型芯的形状、位置和数目，型芯头的定位方式和安装方式；

⑤ 冷铁的形状、位置、尺寸和数量。

（2）铸件图　铸件图是反映铸件实际形状、尺寸和技术要求并根据已定的铸造工艺方案和零件图绘出的图样。它是铸造生产用图，是检验部门检验铸件毛坯的标准图，也是验收的主要依据，其内容有：切削余量、工艺余量、不铸出的孔槽、铸件尺寸公差、加工基准、金属牌号、热处理规范及验收技术条件等。

铸件图是铸造过程最基本和最重要的工艺文件之一，是指利用各种工艺符号，把制造模样和铸型所需的资料直接绘在零件图上的图样。它常用彩色铅笔将浇注位置、分型面、加工余量、起模斜度、铸造圆角等绘制在零件图上，并在图旁注出收缩率。

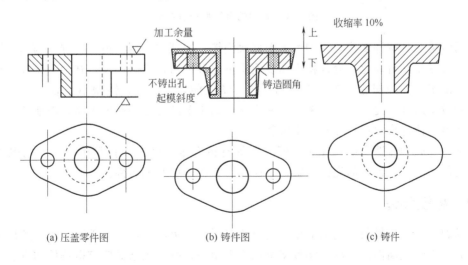

(a) 压盖零件图　　　(b) 铸件图　　　(c) 铸件

图 7-69　压盖的零件图、铸件图

图 7-69 所示为压盖零件的铸件图。

7.5 特种铸造

砂型铸造虽然具有成本低、适应性广、生产设备简单等优点，但砂型铸造生产的铸件，其尺寸精度和表面质量及内部质量在许多情况下不能满足要求。因此，人们通过改变铸型材料、浇注方法、液态合金充填铸型的形式或铸件凝固条件等因素，形成了许多不同于砂型铸造的铸造方法。例如，金属型铸造、熔模铸造、压力铸造、低压铸造、离心铸造、实型铸造、连续铸造等。每种特种铸造方法，在提高铸件精度和表面质量、改善合金性能、提高劳动生产率、改善劳动条件和降低铸造成本等方面，各有其优越之处。

7.5.1 金属型铸造

液态金属在重力作用下注入金属铸型中成形的方法称为金属型铸造，习惯上也称"硬模铸造"。常用的金属型铸造结构如图 7-70 所示。

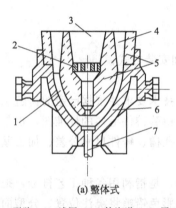

(a) 整体式

1—型腔；2—滤网；3—外浇道；4—冒口；
5—型芯；6—金属型；7—推杆

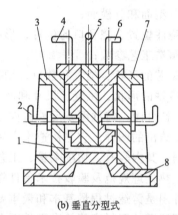

(b) 垂直分型式

1—型腔；2—销孔型芯；3—左半型；4—左侧型芯；
5—中间型芯；6—右侧型芯；7—右半型；8—底板

图 7-70 常用的金属型铸造结构

金属型铸造具有许多优点，如可承受多次浇铸，实现"一型多铸"，生产率高，成本低，便于实现机械化和自动化；铸件精度和表面质量比砂型铸造显著提高，减少了铸件的机械加工余量；由于铸件冷却速度快，晶粒细，故力学性能好。此外，铸型不用砂，节省许多工序，改善劳动条件，提高了生产率。金属型铸造的主要缺点是制造成本高，周期长，铸造工艺要求严格，铸件形状和尺寸有一定限制。

目前，金属型铸造主要用于铜、铝、镁等有色合金铸件的大批量生产。如内燃机的活塞、汽缸体、缸盖、油泵的壳体、轴瓦、衬套、盖盘等中小型铸件。

7.5.2 熔模铸造

在易熔材料（如蜡料）制成的模样上包覆若干层耐火涂料，待其干燥硬化后熔出模样而制成型壳，型壳经高温焙烧后，将液态金属浇入型壳，待凝固结晶后获得铸件的方法称为熔模铸造或失蜡铸造（图 7-71）。

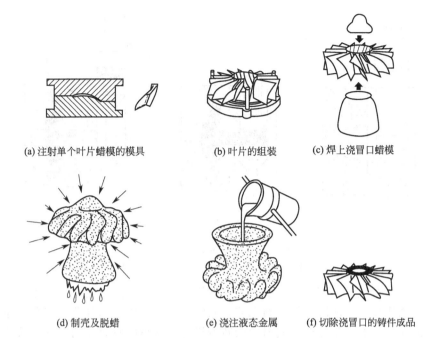

(a) 注射单个叶片蜡模的模具　　　(b) 叶片的组装　　　(c) 焊上浇冒口蜡模

(d) 制壳及脱蜡　　　(e) 浇注液态金属　　　(f) 切除浇冒口的铸件成品

图 7-71　熔模铸造工艺过程

熔模铸造的主要优点为：铸件精度高、表面质量好，是少、无切削加工工艺的重要方法。同时，铸型在热态浇注，可以生产出形状复杂的薄壁铸件。铸造合金种类不受限制，用于铸造高熔点和难切削合金时更具显著的优越性。生产批量不受限制，既可成批、大批量生产，又可单件、小批量生产。其主要缺点是材料昂贵、工序多、生产周期长，不宜生产大件等。

因此，熔模铸造是一种少、无切削的先进的精密成形工艺，它最适合 25kg 以下的高熔点、难切削加工的合金铸件的成批大量生产。目前主要用于航天、飞机、汽轮机、燃气轮机叶片、泵轮、复杂刀具，汽车、拖拉机和机床上的小型精密铸件生产。

7.5.3　压力铸造

压力铸造是在高压作用下，将液态或半液态金属快速压入金属压铸型（也可称为压铸模或压型）中，并在压力下凝固而获得铸件的方法。压铸所用的压力一般为 30～70MPa，充填速度可达 5～100m/s，冲型时间为 0.05～0.25s，所以，高压和高速充填压铸型，是压铸区别于其他铸造方法的重要特征。

压铸工艺一般由合型、压射、开型及顶出铸件四个工序组成。压铸过程由压铸机自动完成，如图 7-72 所示。

压力铸造的主要优点是：铸件的精度和表面质量较其他铸造方法均高，可以不经机械加工直接使用，互换性好。而且可以压铸出极薄件或直接铸出小孔、螺纹等，还能压铸镶嵌件。压铸件的强度和表面硬度均高，如抗拉强度比砂型铸造提高 25%～30%。压铸的生产率高，可实现半自动化及自动化生产。

压铸也存在一些缺点，因此在应用中会受到限制。如压铸机费用高，压铸型结构复杂、质量要求严格、制造周期长、制造成本高，仅适合于大批量生产。由于压铸的速度极高，型内的气体很难及时排除，因此铸件不宜进行较大余量的切削加工和热处理，否则，气孔中的空气会产生热膨胀压力，可能使铸件开裂。压铸合金的种类（如高熔点合金）常受到限制。

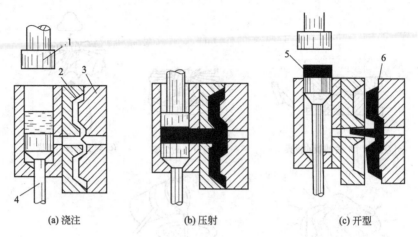

(a)浇注　　　　　　(b)压射　　　　　　(c)开型

图7-72　压力铸造工艺过程

1—压铸活塞；2,3—压型；4—下活塞；5—余料；6—铸件

目前，压铸已在汽车、拖拉机、仪表、兵器等行业得到了广泛应用。近年来，已研究出真空压铸、加氯压铸、半液态压铸等新工艺，它们可减少铸件中的气孔、缩孔、缩松等微孔缺陷，可提高压铸件的力学性能。同时由于新型压铸型材料的研制成功，钢、铁等黑色金属压铸也取得了一定程度的发展，使压铸的使用范围日益扩大。

7.5.4　低压铸造

低压铸造是介于金属型铸造和压力铸造之间的一种铸造方法，它是在 $0.02\sim0.07\mathrm{MPa}$ 的低压下将金属液注入型腔，并在压力下凝固成形以获得铸件的方法。如图7-73所示，干燥的压缩空气或惰性气体通入盛有金属液的密封坩埚9中，使金属液在低压气体作用下沿升液管8上升，经浇口进入金属型3型腔。当金属液充满型腔后，保持（或增大）压力直至铸件完全凝固，然后使坩埚与大气相通，撤销压力，使升液管和浇口中尚未凝固的金属液，在

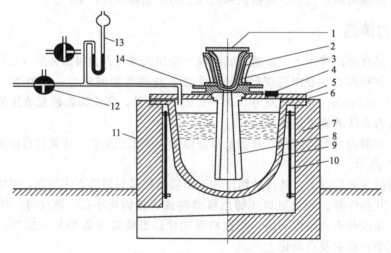

图7-73　铝合金低压铸造

1—芯（金属）；2—铸件；3—金属型；4—补加金属液开口；5—盖板；

6—密封垫；7—保温材料；8—升液管；9—坩埚；10—感应线圈；

11—炉壳；12—三通阀；13—U形水银压力计；14—基座

重力作用下流回坩埚。最后开启上型，取出铸件。

低压铸造可弥补压力铸造某些不足，利于获得优质铸件。其主要优点为：浇注压力和速度便于调节，可适应不同材料的铸型（如金属型、砂型、熔模型壳等）。同时充型平稳，对铸型的冲击力小，气体较易排除，尤其能有效地克服铝合金的针孔缺陷；便于实现定向凝固，以防止缩孔和缩松，使铸件组织致密，力学性能高；不用冒口，金属的利用率可高达80％～98％。铸件的表面质量视采用的铸型材料不同（金属或砂型、砂芯）而不同。当采用金属材料的铸型时，其表面质量高于金属型铸造，可生产出壁厚为 1.5～2mm 的薄壁铸件。此外，低压铸造设备费用较压力铸低。

低压铸造目前主要用于铝合金及镁合金铸件的大批生产，如汽缸体，缸盖、活塞、曲轴箱、壳体、粗砂绽翼等，也可用于以球墨铸铁、铜合金等浇注较大的铸件，如球铁曲轴、铜合金螺旋桨等。

低压铸造存在的主要问题是升液管寿命短，液态金属在保温过程中易产生氧化和夹渣，且生产率低于压力铸。

7.5.5　离心铸造

离心铸造是将液态金属浇入旋转着的铸型中，并在离心力的作用下凝固成形而获得铸件的铸造方法。离心铸造主要用于生产圆筒形铸件。离心铸造必须在离心铸造机上进行，根据铸型旋转轴空间位置不同，可分为立式离心铸造（图 7-74）和卧式离心铸造（图 7-75）两类。离心铸造的铸型可以是金属型，也可以是砂型。

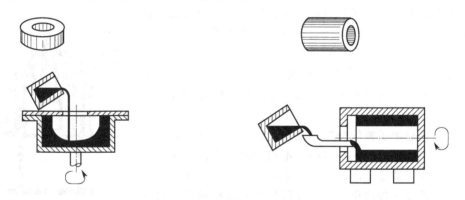

图 7-74　立式离心铸造　　　　　　　　图 7-75　卧式离心铸造

离心铸造的特点是在生产空心旋转体铸件时，可省去型芯和浇注系统，提高了金属利用率和简化了铸造工艺。在离心力作用下，密度大的金属被推往外壁，而密度小的气体、熔渣向自由表面移动，形成自外向内的定向凝固。补缩条件好，使铸件致密，力学性能好。离心铸造便于浇注"双金属"轴套和轴瓦，如在钢套内镶铸一薄层钢衬套，可节省价贵的铜料。

离心铸造也存在不足之处，铸件内孔自由表面较粗糙，尺寸误差大，需采用较大的加工余量。不适于比重偏析大的合金（如铅青铜等）及铝、镁等轻合金。

离心铸造主要用于大批生产管、筒类铸件，如铁管、铜套、缸套、双金属钢背铜套、耐热钢辊道、无缝管毛坯、造纸机干燥滚筒等；还可用于轮盘类铸件，如泵轮、电机转子等。

7.5.6　实型铸造

用聚苯乙烯发泡的模样代替木模，用干砂（或树脂砂、水玻璃砂等）代替普通型砂进行造型，并直接将高温液态金属浇到型中的消失模的模样上，使模样燃烧、汽化，消失而形成铸件的方法称为实型铸造，又称消失模铸造（图 7-76）。

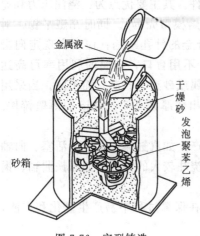

图 7-76　实型铸造

实型铸造由于采用了遇金属液即汽化的泡沫塑料制作模样，无需起模，无分型面，无型芯，因而铸件无飞边和毛刺，减少了由型芯组合而引起的铸件尺寸误差。铸件的尺寸精度和表面粗糙度接近熔模铸造，但铸件的尺寸可大于熔模铸件。为铸件结构设计提供了充分的自由度。各种形状复杂的铸件模样均可采用消失模材料黏合，成形为整体，减少了加工装配时间，铸件成本可下降 10%～30%。实型铸造的工序比砂型铸造及熔模铸造大大简化，缩短了生产周期。

但实型铸造的模样只能使用一次，且泡沫塑料的密度小，强度低，模样易变形，影响铸件尺寸精度。另外，实型铸造浇注时，模样产生的气体会污染环境。

实型铸造主要用于不易起模等复杂铸件的批量及单件生产。

7.5.7　连续铸造

连续铸造是指金属液连续地浇入水冷金属型（结晶器）中，连续凝固成形的方法。水冷金属型的结构决定了铸件的断面形状。铸铁管连续铸造的工艺过程如图 7-77 所示。水冷金属型主要由内、外结晶器组成，内、外型之间的间隙为铸件的壁厚。浇注前，升降台上升封住水冷金属型底部。浇注时，金属液经带有小孔的环形旋转浇杯均匀地进入水冷金属型空腔，当下部铸铁已凝固一定高度时，升降台下降，不断将凝固的部分拉出，而铁液按相应的充型速度不断浇入，直到结束。

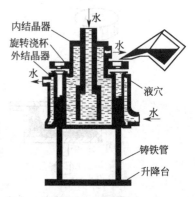

图 7-77　连续铸造

连续铸造由于铸件冷却速度快，故组织致密，力学性能好；不用浇注系统，中空铸件不用型芯，降低了金属的损耗，简化了造型工序，降低了劳动强度，减少了生产占地面积；设备比较简单，生产过程易于实现机械化、自动化；连续铸造几乎适用于各种合金，如钢、铸铁、铝合金、铜合金、镁合金等。但连续铸造不适于截面有变化、壁厚不均匀的铸件的生产，而且铸件的质量较离心铸造差。

连续铸造主要用于大批量生产具有等截面的铸锭、铸管、板坯、棒坯等长铸件，如紫铜锭、铜合金锭、铝合金锭、上下水管道、煤气管道、板材、线材等。

7.5.8　常用铸造方法比较

在常用的铸造方法中，砂型铸造工艺适应性最强，设备费用和铸件成本较低，应用最广泛。但在特定的场合下，如薄壁件、精密件铸造或大批量生产时，少、无切削的铸造（特种铸造）方法往往显示出独特的优越性。实际生产中可根据铸件的结构特点、生产批量、质量要求、制造成本等因素，选用不同的铸造方法。常用铸造方法的特点和使用范围见表 7-8。

表 7-8 常用铸造方法的特点和使用范围

项 目		砂型铸造	金属型铸造	压力铸造	低压铸造	离心铸造	熔模铸造	实型铸造	连续铸造
铸件特征	材质	各类合金	非铁合金为主	非铁合金	各类合金	各类合金	各类合金	各类合金	各类合金
	尺寸大小	各种尺寸	中、小件为主	中小件	中小件	各种尺寸	各种尺寸	各种尺寸	各种尺寸
	结构	复杂	一般	较复杂	较复杂	一般	复杂	较复杂	简单
铸件质量	尺寸精度	IT7～IT13	IT6～IT9	IT4～IT8	IT6～IT9	IT6～IT9	IT4～IT7	IT7～IT9	IT7～IT9
	内部质量	组织较松，晶粒较粗	组织致密，晶体细小	组织致密，晶粒细，有气孔	组织致密，晶粒细小	组织致密，晶粒细小	组织致密，晶粒细小	组织较松，晶粒较粗	组织致密，晶粒细小
技术经济指标	生产效率	低或一般	较高	很高	较高	较高	低或一般	一般	高
	设备费用	低或中	中	高	中	高或中	低或中	中	中或较高
	生产准备周期	短	较长	长	较长	较长	较长	较长	较长

7.6 铸造成形新工艺简介

随着科技的飞速发展，铸造加工出现了许多先进的工艺方法，而且随新材料、自动化技术、计算机技术等相关学科高新技术成果的应用，也促进了铸造技术在许多方面的快速发展。

7.6.1 悬浮铸造

悬浮铸造是在浇注过程中，将一定量的金属粉末或颗粒加到金属液流中混合，一起充填铸型。经悬浮浇注到型腔中的已不是通常的过热金属液，而是含有固态悬浮颗粒的悬浮金属液。悬浮浇注时所加入的金属颗粒，如铁粉、铁丸、钢丸、碎切屑等统称为悬浮剂。由于悬浮剂具有通常的内冷铁的作用，所以也称微型冷铁。

图 7-78 所示为悬浮浇注示意图。浇注的液体金属沿引导浇道 7 呈切线方向进入悬浮杯 8 后，绕其轴线旋转，形成一个漏斗形旋涡，造成负压将由漏斗 1 落下的悬浮剂吸入，形成悬

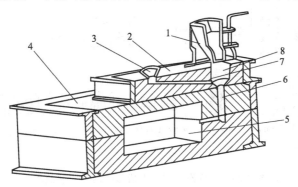

图 7-78 悬浮浇注示意图

1—悬浮剂漏斗；2—悬浮浇注系统装置；3—浇口杯；4—铸型；

5—型腔；6—直浇道；7—引导浇道；8—悬浮杯

浮的金属液，然后通过直浇道 6 注入铸型 4 的型腔 5 中。

悬浮剂有很大的活性表面，并均匀分布于金属液中，因此与金属液之间产生一系列的热物理化学作用，进而控制合金的凝固过程，起到冷却作用、孕育作用、合金化作用等。经过悬浮处理的金属，缩孔可减少 10%～20%，晶粒可以细化，力学性能可以提高。悬浮铸造已获得越来越广泛的应用，目前已用于生产船舶、冶金和矿山设备的铸件。

7.6.2　半固态金属铸造

采用既非液态又非完全固态的金属浆料加工成形的方法，称为半固态金属铸造。半固态金属铸造加工技术属于 21 世纪前沿性金属加工技术。20 世纪麻省理工学院弗莱明斯教授发现，在金属凝固过程中，进行强烈搅拌，使普通铸造易于形成的树枝晶网络被打碎，得到一种液态金属母液中均匀悬浮着一定颗粒状固相组分的固-液混合浆料。这种半固态金属具有某种流变特性，因而易于用常规加工技术如压铸、挤压、模锻等实现成形。与以往的金属成形方法相比，半固态金属铸造技术就是集铸造、塑性加工等多种成形方法于一体制造金属制品的又一独特技术，其特点主要表现在：

① 由于其具有均匀的细晶粒组织及特殊的流变特性，加之在压力下成形，使工件具有很高的综合力学性能，由于其成形温度比全液态成形温度低，不仅可以减少液态成形缺陷，提高铸件质量，还可以拓宽压铸合金的种类至高熔点合金；

② 能够减轻成形件的质量，实现金属制品的近终成形；

③ 能够制造用常规液态成形方法不可能制造的合金，如某些金属基复合材料的制备。

因此，半固态金属铸造技术以其诸多的优越性而被视为突破性的金属加工新工艺。

半固态金属铸造成形的工艺流程可分为两种：一种是将获得的半固态浆料在其半固态温度条件下直接成形的方法，被称为流变铸造；另一种是将半固态浆料制备成坯料，根据产品尺寸下料，再重新加热到半固态温度后加工成形，称为触变铸造。图 7-79 所示为半固态金属铸造成形的两种工艺流程。对触变铸造，由于半固态坯料便于输送，易于实现自动化，因而在工业中较早得到推广。对流变铸造，由于将搅拌后的半固态浆料直接成形，具有高效、节能、短流程的特点，近年来发展很快。

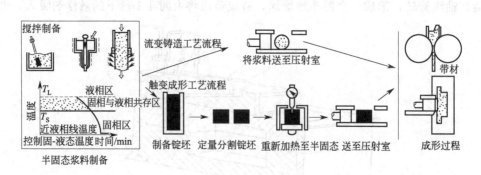

图 7-79　半固态金属铸造成形的两种工艺流程

目前半固态成形的铝和镁合金件已经大量地用于汽车工业的特殊零件上，生产的汽车零件主要有汽车轮毂、主制动缸体、反锁制动阀、盘式制动钳、动力换向壳体、离合器总泵体、发动机活塞、液压管接头、空压机本体、空压机盖等。

7.6.3 近终形状铸造

近终形状铸造技术主要包括薄板坯连铸（厚度 40～100mm）、带钢连铸（厚度小于 40mm）以及喷雾沉积等技术。其中，喷雾沉积技术为金属成形工艺开发了一条特殊的工艺路线，适用于复杂钢种的凝固成形。其工艺原理如图7-80 所示。

液态金属 3 的喷射流束从安装在中间包 2 底部的耐火材料喷嘴中喷出，金属液被强劲的气体流束雾化，形成高速运动的液滴。在雾化液滴与基体 1 接触前，其温度介于固-液相温度之间。随后液滴冲击在基体上，完全冷却和凝固后，形成致密的产品。根据基体的几何形状和运动方式，可以生产各种形状的产品，如小型材、圆盘、管子和复合材料等。当喷雾锥 4 的方向沿平滑的循环钢带移动时，便可得到扁平状的产品，多层材料可由几个雾化装置连续喷雾成形。空心的产品也可采用类似的方法制成，将液态金属直接喷雾到旋转的基体上，可制成管坯、圆坯和管子。

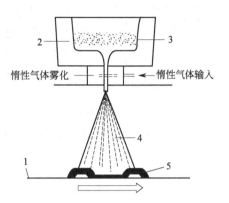

图 7-80　喷雾沉积工作原理
1—基体；2—中间包；3—液态金属；
4—喷雾；5—喷雾沉积材料

以上讨论的各种方式均可在喷雾射流中加入非金属颗粒，制成颗粒固化材料。该工艺是可代替带钢连铸或粉末冶金的一种生产工艺。

7.6.4 计算机数值模拟技术

在铸造领域应用计算机技术标志着生产经验与现代科学的进一步结合，是当前铸造科研开发和生产发展的重要内容之一。随着计算模拟、几何模拟和数据库的建立及其相互联系的扩展，数值模拟已迅速发展为铸造工艺 CAD、CAE，并将实现铸造生产的 CAM。

铸件成形过程数值模拟涉及铸造理论与实践、计算机图形学、多媒体技术、可视化技术、三维造型、传热学、流体力学、弹塑性力学等多种学科。在虚拟的计算机环境下，模拟仿真研究对象的特定过程，分析有关影响因素，预测该过程可能发展的趋势和结果。数值模拟就是在虚拟的环境下，通过交互方式，不需要现场试生产，就能制定出合理的铸造工艺，因而可以大量节省生产试验资金，而且可以进行工艺优化，大大缩短新产品的开发周期，因此其经济效益十分显著。

目前，铸造数值模拟技术尤其是三维温度场模拟、流动场模拟、流动与传热耦合计算以及弹塑性状态应力场模拟已逐步进入实用阶段，国内外一些先进软件先后投入市场，对实际铸件生产起着越来越重要的作用。

复　习　题

7-1　区别型砂、砂型、分型面、分模面的含义。

7-2　型砂应具备哪些性能？由哪些物质组成？型砂和芯砂有何区别？

7-3　型砂中加入木屑、煤粉各起什么作用？

7-4　零件、铸件、模样三者在形状和尺寸上有哪些区别？

7-5　整模造型、分模造型各适于什么形状的铸件？挖砂造型适用于何种形状的铸件？

造型时应注意什么问题？

7-6 浇注系统由哪几部分组成？各起什么作用？

7-7 何谓合金的流动性？影响流动性的因素主要有哪些？合金的流动性不足时，会产生哪些铸造缺陷？在铸件的设计和生产中如何提高合金的流动性？

7-8 在铁碳合金相图中，成分在哪些范围内可具有较好的铸造性能？并说明其理由。

7-9 为什么铸件要有铸造圆角？图7-81铸件上哪些圆角不够合理？应如何修改？

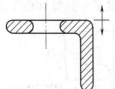

图7-81 题9图

7-10 什么是浇注位置？什么是分型面？对挖砂分型面有什么要求？

7-11 分析图7-82所示各铸件应采用何种手工造型方法，并确定它们的分型面和浇注位置。

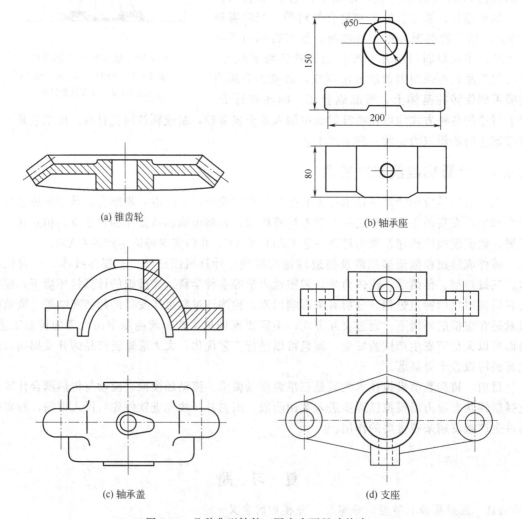

(a) 锥齿轮　　　　　　　　　　(b) 轴承座

(c) 轴承盖　　　　　　　　　　(d) 支座

图7-82 几种典型铸件（图中次要尺寸从略）

7-12 修改图7-83所示的零件结构图，并在图上画出分型面。

图（a）所示为轴承架，材料为HT150；图（b）所示为托架，材料为HT200；图（c）所示为阀盖，材料为HT150；图（d）所示为工作台，材料为HT200。

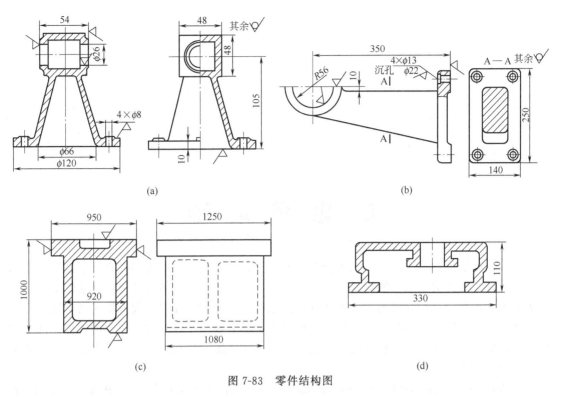

(a)   (b)

(c)   (d)

图 7-83 零件结构图

7-13 图 7-84 中所示铸件结构有什么缺点？应如何修改？

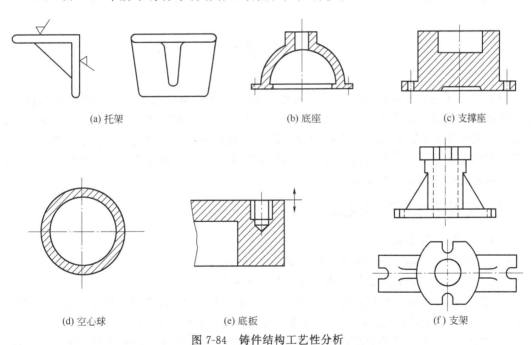

(a) 托架   (b) 底座   (c) 支撑座

(d) 空心球   (e) 底板   (f) 支架

图 7-84 铸件结构工艺性分析

7-14 金属型铸造有何优点？为什么金属型铸造未能广泛代替砂型铸造？

7-15 下列铸件在大批量生产时，最适宜采用哪一种铸造方法：铝活塞、汽轮机叶片、车床床身、汽缸套、摩托车汽缸体、缝纫机机头、齿轮铣刀、大口径污水管。

7-16 试比较传统的铸造过程与实现了 CAD、CAM 的铸造过程有何不同？

8 锻压成形

锻压包括锻造和冲压。锻造是生产毛坯的工艺方法之一。金属坯料在高温下经过压力加工形成锻件。锻件的力学性能和质量高,因此,受力复杂、重载的零件毛坯都选用锻件,如机床的主轴和齿轮,内燃机的曲轴和连杆,涡轮机的叶轮和叶片以及起重机的吊钩等。

冲压的加工对象主要是金属薄板,一般是在常温下被冲压成形的,称为冲压件。冲压件的特点是截面小、质量轻、精度高、粗糙度小、一次成形。冲压件广泛用于电器零件、生活用品以及一些金属结构件。

锻造和冲压都是利用金属的塑性,在固态下,在外力作用下成形的工艺。因此,锻压的金属材料应具有良好的塑性。又因为固态下成形较为困难,所以锻压件的形状相对较为简单。

8.1 金属的塑性变形

金属的塑性变形不仅改变了零件的外形和尺寸,同时也改善了金属的组织和性能。例如,通过锻压可以击碎铸态组织中的粗大晶粒,细化晶粒;消除铸态组织不均匀和成分偏析等缺陷,对于直径小的线材,由于拉丝成形而使强度显著提高。因此,了解金属塑性变形的实质和组织变化规律,不仅可改进金属材料的加工工艺,而且对发挥材料的性能潜力,提高产品质量都具有实际的重要意义。

8.1.1 金属塑性变形的实质

8.1.1.1 滑移的基本概念

图 8-1 所示为单晶体晶格在外力作用下的变形情况。

① 图 8-1(a) 表示尚未施加外力,晶格处于正常状态。

② 图 8-1(b) 表示在外力作用下,金属内部产生应力,并引起变形,当应力小于金属的屈服极限时,金属原子即偏离其稳定平衡位置,使晶格处于扭曲状态,产生弹性变形。

③ 图 8-1(c) 表示当外力超过金属的屈服极限时,晶格发生更大的扭曲;同时晶体内部沿着某些晶面产生了相对滑移。实验证明,原子排列最密的晶面上,变形阻力最小,最容易产生滑移。产生滑移的晶面称为滑移面。

④ 图 8-1(d) 表示外力去除,弹性变形消失。但是,由于滑移产生的晶格变形即塑性变形,将永久保留下来。

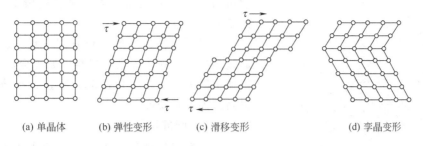

(a) 单晶体　　(b) 弹性变形　　(c) 滑移变形　　　　(d) 孪晶变形

图 8-1　单晶体的变形过程

由此可知，塑性变形必然伴随有弹性变形。而且，只有当滑移面上的切应力 τ 达到一定数值时，才会产生滑移，引起塑性变形。滑移面上的正应力 σ 只会引起一定的弹性变形，随后直接过渡到脆性断裂，不会导致晶体内滑移。

8.1.1.2　位错运动产生滑移

现代塑性理论研究表明：滑移并不是沿着整个滑移面同时进行的，而是借助于位错来逐步实现的，如图 8-2 所示。

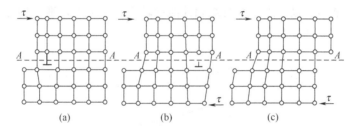

图 8-2　位错运动进行滑移的示意

① 图 8-2(a) 表示，外力尚未作用时，位错中心附近的晶格已经处于扭曲状态。外力作用后，在滑移面上的切应力并不是均匀分布在各个原子之间，而是集中在位错附近。因此，只要有不大的切应力，就能产生滑移，使位错中心向右迁移。

② 图 8-2(b) 表示位错中心逐步向右迁移。

③ 图 8-2(c) 表示完成了一个晶格的滑移。由于晶体内存在很多位错，滑移是通过这些位错的迁移来实现的。

8.1.1.3　多晶体金属的塑性变形

金属晶体是由许多晶粒组成的多晶体。在外力作用下，塑性变形首先在晶格方向有利于滑移的晶粒内开始，然后才在晶格方向较为不利的晶粒内滑移。由于各晶粒的滑移面方向不一致，导致相互阻挠，因此还会出现滑移面的转动，使各滑移面的方向趋于与外力方向一致，使滑移能继续进行，使晶粒沿着外力方向伸长。从宏观上看，金属材料被拉长了。

8.1.2　金属的冷变形强化、回复和再结晶

8.1.2.1　冷变形强化

金属在常温下经过塑性变形后，内部组织将发生变化，晶粒沿变形最大的方向伸长，晶格与晶粒均发生扭曲，产生内应力，晶粒间产生碎晶。

塑性变形后，金属的强度、硬度提高，塑性、韧性下降的现象，称为"冷变形强化"，它随着变形程度的增加而增加。原因是塑性变形过程中，滑移面上的碎晶块和附近晶格的强

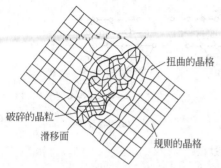

图 8-3　滑移面附近的碎晶和扭曲的晶格

烈扭曲，增大了滑移阻力，使继续滑移难于进行，如图 8-3 所示。

冷变形强化在生产中很有实用意义。某些不能通过热处理来强化的金属材料，如纯金属、低碳钢、镍铬不锈钢等，可以用冷轧、冷拔、冷挤等工艺来提高其强度和硬度。

8.1.2.2　回复和再结晶

冷变形强化现象一般是在常温下出现的。冷变形强化的结果使金属的结晶组织处于不稳定的应力状态。被扭曲的晶格中，处于高位能的金属原子力图恢复到稳定平衡的位置上去。因此，将塑性变形后的金属适当加热，不稳定的晶格结构就会发生转变，自发地通过回复和再结晶转变成新的、正常的结晶组织，冷变形强化现象也随即消失。

图 8-4 为钢锭在热轧过程中，组织和性能的变化示意图。热轧虽然是在高温下进行的，但因轧辊间钢料的变形速度极高，所以在变形过程中也会出现非常短暂的冷变形强化现象，随后通过回复和再结晶，很快进行着组织和性能的转变。实际上，锻造钢锭过程中钢料的组织和性能变化也是类似这样的。

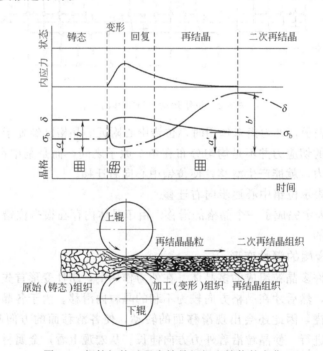

图 8-4　钢锭初轧过程中结晶组织和性能的变化

（1）回复　将塑性变形后的金属，在较低的温度加热时，点缺陷、位错等作微量的迁移，使空位和间隙原子合并，位错数量减少，晶格畸变程度降低，但是，晶粒大小和形态没有明显的变化。所以，内应力明显下降，但力学性能基本不变，这个阶段称为"回复"。纯金属的回复温度与熔点的关系为

$$T_{回} = (0.25 \sim 0.3) T_{熔}$$

式中　$T_{回}$——以绝对温度表示的金属回复温度；

$T_{熔}$——以绝对温度表示的金属熔化温度。

在工业上常利用这种回复现象将塑性变形金属在低温下加热，进行"消除内应力退火"处理，以保留金属的冷变形强化现象，而降低内应力、改善理化性能。例如，用冷拉钢丝卷成弹簧，冷卷后进行一次250～300℃退火，以消除冷变形时产生的内应力，进行定型，并避免应力腐蚀的发生。

（2）再结晶　当塑性变形的金属加热至较高温度，原子具有较大扩散能力时，会在变形最激烈的区域自发地形成新的细小等轴晶粒。这一过程，实质上也是新晶粒生核和长大的过程。但晶格类型不发生变化，只改变晶粒的外形，故称为再结晶。

塑性变形金属经过再结晶后，其变形组织、性能完全消失，所以硬度、强度显著下降，塑性、韧性明显提高，内应力基本消除，金属恢复到变形前的性能。

再结晶后的金属继续升高温度或保持高温，再结晶后的晶粒还会聚合长大，称为二次再结晶。

金属塑性变形度达到70%～80%后，在规定时间内能完成再结晶的最低温度，称为"再结晶温度"。纯金属的再结晶温度与熔点的关系为

$$T_{再} = 0.4 T_{熔}$$

式中　$T_{再}$——以绝对温度表示的金属再结晶温度。

在冷拉薄钢板、冷拉钢丝等过程中，由于冷变形强化，会使钢料进一步变形发生困难，因此要进行中间加热，使金属发生再结晶，以恢复钢料的塑性。这种工艺操作称为再结晶退火。

根据变形温度的不同，金属的塑性变形分为冷变形和热变形两种。在再结晶温度以下的变形称为冷变形。在再结晶温度以上的变形称为热变形。

8.1.3　锻造比和流线组织

8.1.3.1　锻造比

锻造比（$y_{锻}$）是锻造生产中表示金属变形程度的参数。一般指拔长时的锻造比，用下式表示

$$y_{锻} = \frac{F_0}{F}$$

式中　$y_{锻}$——拔长时的锻造比；
　　　F_0——拔长前金属坯料的横截面积；
　　　F——拔长后锻件的横截面积。

锻造比的大小对钢锭的结晶组织和力学性能的影响很大，如图8-5所示。

当$y_{锻} < 2$时，随着钢锭内部组织的细密化，使得锻件的力学性能有明显的提高；当$y_{锻} = 2～5$时，锻件的力学性能开始出现各向异性，横向的塑性δ开始出现明显的下降；当$y_{锻} > 5$时，钢锭内部组织的紧密程度和晶粒细化程度都已达到极限，锻件的力学性能不再提高，反而增加了各向异性。

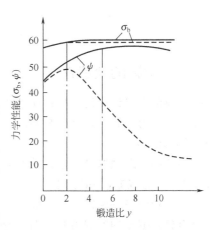

图 8-5　锻造比对力学性能的影响

由此可见，钢锭锻造时，选择适当的锻造比是十分重要的。对于碳素结构钢，应取$y_{锻} = 2～3$；应取$y_{锻} = 3～4$。锻造一些高合金工具钢和一些特殊性能的合金时，为了促进合金元素

均匀化，并使钢中碳化物细化和分散，必须采用较大的锻造比。如高速钢的锻造比 $y_锻$＝5～12；不锈钢的锻造比 $y_锻$＝4～6。

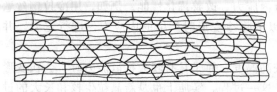

图 8-6　钢材中的流线组织

钢材在轧制过程中已经经过很大的塑性变形，内部组织和力学性能都已得到了改善。因此，用钢材锻造锻件时，一般取锻造比 $y_锻$＝1.1～1.3。

8.1.3.2　流线组织（纤维组织）

钢锭在拔长和轧制过程中，钢锭内部的杂质随着金属的变形而沿着纵向伸长。当 $y_锻$＞5 时，这些杂质就变成连续的流线状组织，一般不受金属再结晶的影响，沿着锻件或钢材的纵向，贯穿在新晶粒中，如图 8-6 所示。

流线组织的存在，使得金属材料的力学性能出现了各向异性，如表 8-1 所示。

表 8-1　45 钢力学性能的各向异性

钢坯试样的方向	σ_b/(kg/mm²)	$\sigma_{0.2}$/(kg/mm²)	δ/%	ψ/%	A_K/(kg/mm²)
纵向	71.5	47	17.5	62.8	6.2
横向	67.2	44	10.0	31.0	3.0

流线组织的稳定性很高，无法消除。只有经过锻压使金属变形，才能改变其方向和形状。因此在设计和制造零件或结构件时，必须注意避开锻造流线的不利影响。一般应遵守：流线分布与零件的轮廓相符而不被切断；使零件所受的最大拉应力与纤流线方向一致，最大切应力与流线方向垂直。图 8-7 为锻压零件中的流线组织。

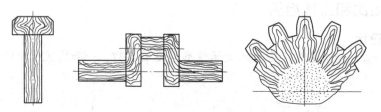

图 8-7　锻压零件中的流线组织

8.1.4　金属的锻造性

金属的锻造性是衡量材料在锻压时变形难易程度的工艺性能。金属的锻造性以金属的塑性和变形抗力来综合衡量。塑性高则金属变形不易开裂；变形抗力小，锻压省力，且不易磨损工具和模具。

金属的锻造性取决于金属的本质和变形条件。

8.1.4.1　金属本质的影响

（1）化学成分的影响　不同化学成分的金属可锻性不同。一般情况下，纯金属的可锻性比合金好；低碳钢的锻造性较好，随碳含量提高，锻造性下降；钢中含有强碳化物形成元素，如铬、钼、钨、钒等时，锻造性显著下降。

（2）金属组织的影响　金属内部的组织结构不同，锻造性有很大差别。由单一固溶体组成的合金，都有较好的锻造性；碳化物（如渗碳体）的锻造性很差；由多种性能不同的组织组成的合金，锻压时由于各组织的变形不均匀，容易导致裂纹，故锻造性差。

在冷塑性变形中，金属的晶粒大小对其锻造性也有很大影响。冷冲压的钢板如果晶粒过细，则因强度过高而容易磨损冲模；晶粒粗大，则会降低塑性而导致产生裂纹。

8.1.4.2 变形条件的影响

（1）变形温度 在高温下，金属的锻造性显著提高。因为温度升高，金属原子的活动能力提高，晶体进行大量滑移后，原子间仍能保持良好的结合。而且，这种结合力比低温时大为减弱。因此，高温金属的塑性高，变形抗力小。

此外，随着温度提高，固溶体的溶解度增加，有利于形成单一的固溶体。同时，在高温下变形发生了再结晶现象，消除了冷变形强化。

（2）变形速度 变形速度即单位时间内的变形程度。金属在再结晶温度以上变形时，冷变形强化和回复、再结晶同时进行。在一般情况下，变形速度增加，回复和再结晶速度来不及完全消除金属变形引起的冷变形强化。于是残留的冷变形强化作用逐渐积累，使金属的塑性下降，变形抗力增加，锻造性下降，如图 8-8 所示。当变形速度超过了 C 点临界值，则金属变形所产生的热效应，会明显提高金属的变形温度，使金属的塑性提高、变形抗力下降，可锻性提高。

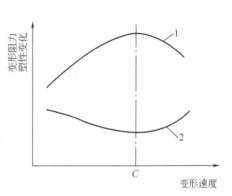

图 8-8 变形速度对金属锻造性的影响

但是，热效应现象只有在高速锤上锻造时才能实现，一般设备无法达到如此高的变形速度。因此，对于可锻性较差的金属，还是选用较低的变形速度。

（3）应力状态 金属在外力作用下，金属内部各点产生的应力性质是不同的，在三向压应力下变形，对提高金属的塑性变形最为有利；在拉应力下变形则会降低金属的塑性。因为变形过程中的压应力使滑移面紧密结合，阻止滑移面上产生裂纹。拉应力则使滑移面趋向分离，容易导致裂纹的产生。但是，压应力会增加金属变形过程中的内摩擦，使变形抗力增加。所以，拉拔加工比挤压加工省力。

因此，在选择具体加工方法时，应考虑应力状态对金属可锻性的影响。对于本质塑性较高的金属，变形时出现拉应力是有利的，可以减少变形能量的消耗。对于本质塑性较低的金属，则应尽量在三向压应力下变形，以免产生裂纹。

8.2 自 由 锻 造

自由锻造是金属在锤面和砧面之间受压变形的加工方法。金属的变形不受限制，锻件的形状和尺寸由工人的操作技术保证。

自由锻造的设备和工具都是通用的，能生产各种大小的锻件，从 1kg 到二三百吨。但是，自由锻造的生产率低，只能锻造形状简单的工件，且精度低、加工余量大、消耗材料多。因此，自由锻造主要用于单件、小批生产，特别适合生产大型锻件。

自由锻造的设备有空气锤、蒸汽-空气锤和水压机。空气锤的吨位（落下部分的质量）

一般为 65～750kg，用于生产中小锻件；蒸汽-空气锤的吨位为 1000～5000kg，用于生产质量小于 1500kg 的锻件；水压机吨位较大，可以锻造质量达 300t 的锻件。

自由锻造的工序分为基本工序、辅助工序和精整工序。基本工序包括镦粗、拔长、冲孔、弯曲、切割、扭转和错移等；辅助工序包括压钳口、压棱边、切肩等；精整工序包括清除锻件表面凸凹不平、整形等，一般在终锻温度以下进行。

8.2.1 自由锻造工艺规程的制订

自由锻造工艺规程制订包括以下几个主要内容。

8.2.1.1 绘制锻件图

锻件图是根据零件图结合自由锻造工艺特点绘制而成的。绘制锻件图时应考虑以下几个因素。

（1）敷料　因为自由锻造只能锻造形状简单的锻件，所以零件上的凹槽、台阶、小孔、锥面等都要进行简化。为简化锻件形状而增添的金属称为敷料，如图 8-9(a) 所示。

（2）加工余量　因为自由锻造的锻件精度和表面质量很差，所以零件的所有表面都需进行切削加工。因此，增加敷料后，零件尺寸上都要加放机械加工余量，称为锻件的名义尺寸。

（3）锻造公差　锻造公差是锻件名义尺寸的允许变动量。图 8-9(b) 所示为典型锻件图。在锻件图上用双点划线表示零件的轮廓形状，锻件尺寸线的下面用括弧标注出零件尺寸。

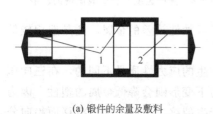

(a) 锻件的余量及敷料　　　　　　　　　　(b) 锻件图

图 8-9　典型锻件图

1—敷料；2—余量

8.2.1.2 计算坯料质量和尺寸

锻件的坯料质量可按下式计算：

$$G_{坯料} = G_{锻件} + G_{烧损} + G_{料头}$$

式中　$G_{坯料}$——坯料质量；

　　　$G_{锻件}$——锻件质量；

　　　$G_{烧损}$——加热时坯料表面氧化而烧损的质量，第一次加热取锻件质量的 2%～3%，以后各次加热取 1.5%～2.0%；

　　　$G_{料头}$——在锻造过程中冲孔、修整锻件形状和长度等被切除的金属废料。

锻件坯料尺寸的确定与锻造工序有关。拔长时坯料的截面积＝锻件最大部分的截面积×锻造比；镦粗时坯料的高度与直径之比大于 2.5，小于 2.8。坯料太高，镦粗时容易弯曲；直径较大，下料较困难。

8.2.1.3 选择锻造工序

自由锻造的工序是根据锻件形状来确定的。根据锻件的大致分类，对一般锻件的工序选择如表 8-2 所示。

表 8-2 锻件分类和锻造工序选择

类 别	图 例	锻造用工序
实心圆截面光轴及阶梯轴		拔长，压肩，打圆
实心方截面光杆及阶梯杆		拔长，压肩，整修，冲孔
单拐及多拐曲轴		拔长，分段，错移，打圆，扭转
空心光环及阶梯环		镦粗，冲孔，在心轴上扩孔，定径
空心筒		镦粗，冲孔，在心轴上拔长，打圆
弯曲件		拔长，弯曲

8.2.1.4 确定锻造温度范围和加热、冷却规范

（1）锻造温度范围 金属的锻造是在一定温度范围内进行的。开始锻造时的温度称为始锻温度，停止锻造时的温度称为终锻温度。碳素钢的锻造温度范围如图 8-10 所示。

始锻温度一般在 AE 线以下 150～200℃。如果超过这个温度，奥氏体晶粒会急剧长大，称为过热。如果加热温度接近 AE 线，炉气中的氧会渗入白热钢料的晶界，使晶界氧化，完全失去可锻性，锻造时，钢料崩裂成碎块，这种现象称为过烧。

终锻温度最好定在 GSE 线以上，使锻造在单一的奥氏体区域内进行。但是，为了扩大锻造温度范围，减少加热次数，实际的终锻温度一般为 850℃。

（2）加热、冷却规范 为了缩短加热时间，对于塑性较好的中、低碳钢坯料，采用快速加热。也就是将冷的坯料直接送进高温的加热炉中，尽快加热到始锻温度。这样，不仅可以提高生产率，而且可以减少坯料的氧化损失和表面脱碳，并防止过热。但是，快速加热会使坯料产生较大的热应力，导致裂纹产生。因此，对于导热性差、塑性较低的大型合金钢坯料，常采用两段式加热。

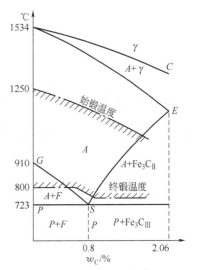

图 8-10 碳素钢的锻造温度范围

第一阶段，坯料从低温随炉升温至 800℃ 左右，并适当保温使组织均匀转变。第二阶段，急速升高炉温至始锻温度 100～150℃ 以上。这时钢料已是塑性良好的奥氏体组织，不会因为热应力而产生裂纹，并能减少氧化、脱碳、过热等缺点，最后再保温使坯料温度均匀，即可出炉锻造。

对于这类大型合金钢锻件，锻造后还应缓慢冷却，以避免内外收缩不均匀使锻件表面产生裂纹。因此，应将锻件埋入炉灰缓冷或放入适当的炉中随炉冷却。对于低碳钢锻件一般空冷。锻件是不能在水中冷却的。

8.2.2 自由锻件结构工艺性

设计自由锻件时，零件结构应符合自由锻造的工艺要求，以保证锻件质量，提高生产率。

① 锻件上具有锥体或斜面的结构，从工艺角度衡量是不合理的，如图 8-11(a) 所示。因为锻造这种结构，必须制造专用工具，操作很不方便，生产效率低，所以要尽量避免。应改进设计，如图 8-11(b) 所示。

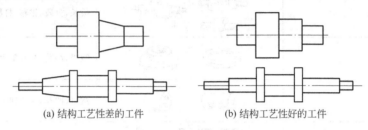

(a) 结构工艺性差的工件　　　　(b) 结构工艺性好的工件

图 8-11　轴类锻件结构

② 锻件由数个简单几何体构成时，几何体的交接处不应形成空间曲线，如图 8-12(a) 所示。这种结构锻造成形极为困难。应改成平面与圆柱、平面与平面相接，消除空间曲线结构，使锻造成形容易，如图 8-12(b) 所示。

③ 锻件上不应设计出加强筋、凸台、工字形截面或空间曲线形表面，如图 8-13(a) 所示，这种结构很难用自由锻造方法获得。将锻件结构改成图 8-13(b) 所示形式，则工艺性好。

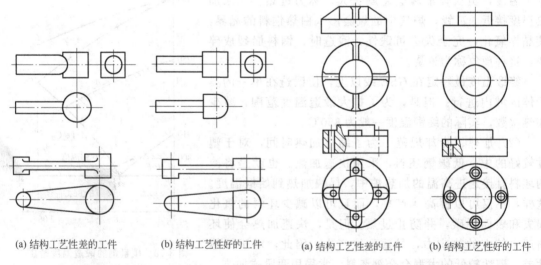

(a) 结构工艺性差的工件　　(b) 结构工艺性好的工件　　(a) 结构工艺性差的工件　　(b) 结构工艺性好的工件

图 8-12　杆类锻件结构　　　　　　　图 8-13　盘类锻件结构

④ 锻件的横截面积有急剧变化或形状较复杂时，如图 8-14(a) 所示，应设计成由几个简单件构成的组合体。每个简单件锻制成形后，再用焊接或机械连接方式构成整体零件，如图 8-14(b) 所示。

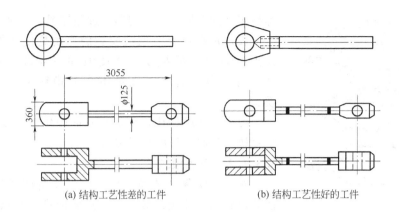

(a) 结构工艺性差的工件　　　　　(b) 结构工艺性好的工件

图 8-14　复杂锻件结构

8.3　模　锻

模锻是金属坯料在一定形状的锻模模腔内受压变形，获得与模腔形状一致的锻件。

与自由锻比较，模锻有下列优点。

① 操作技术要求不高，但生产率很高。

② 锻件形状和尺寸精确，表面粗糙度值低，加工余量和锻造公差小，并且允许零件表面留有锻造黑皮。

③ 能锻造出形状较复杂的锻件，如图 8-15 所示。一般外形都不必简化，因此，可节省材料，减少机械加工的工作量，降低零件成本。

但是，模锻生产由于受模锻设备吨位的限制，模锻件质量不能太大，一般在 150kg 以下。锻模是专用工具，造价很高，所以模锻只适用于小型锻件的大批量生产。广泛应用于飞机、坦克、汽车、拖拉机等制造工业。

模锻方法是按设备不同来分的，最常用的模锻是锤上模锻和胎模锻。

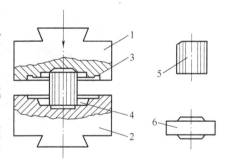

图 8-15　单模腔锻模
1—上模；2—下模；3—飞边槽；
4—模腔；5—坯料；6—锻件

8.3.1　锤上模锻

锤上模锻常用设备是蒸汽-空气锤，其吨位（落下部分的质量）为 10～160kN，模锻件质量为 0.5～150kg。

锤上模锻所用的锻模由上、下两个模块组成。上模块装在锤头上，锻造时随锤头一起做上下往复运动，下模块固定在砧座上。上下模合在一起，中部形成完整的模腔，如图 8-15所示。模腔按作用的不同，分为模锻模腔和制坯模腔。

8.3.1.1　模锻模腔

模锻模腔分为终锻模腔和预锻模腔。

（1）终锻模腔　终锻模腔的作用是使坯料最后变形到锻件所要求的形状和尺寸。终锻模腔的分模面上有一圈飞边槽，用以增加金属从模腔中流出的阻力，促使金属充满模腔，同时

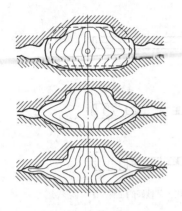

图 8-16 飞边的形成过程

容纳多余的金属。飞边的形成过程如图 8-16 所示。

（2）预锻模膛　预锻模膛的作用是使锻件基本成形，保护终锻模膛的精度，并使锻件在终锻模膛内成形良好。对于形状简单或批量不大的模锻件可不设置预锻模膛。

与终锻模膛相比，预锻模膛的圆角和斜度较大，以利于金属的流动，且没有飞边槽。

8.3.1.2　制坯模膛

对于形状复杂的模锻件，应将原始坯料先进行制坯，使其形状和尺寸接近锻件，然后才能进行预锻和终锻。如图8-17所示，制坯模膛包括拔长模膛、滚压模膛、弯曲模膛、切断模膛等。通过制坯模膛还清除了坯料表面的氧化皮。

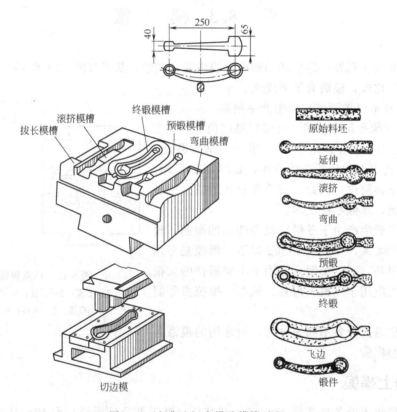

图 8-17　弯曲连杆多模膛模锻过程

8.3.2　模锻工艺规程的制订

制订锤上模锻工艺规程，包括绘制锻件图、计算坯料质量和尺寸、确定模锻工步、选择设备、安排修整工序等。

8.3.2.1　绘制模锻件图

锻件图是设计和制造锻模、计算坯料质量和尺寸、检验锻件的依据。制订模锻件图时应考虑以下具体内容。

（1）分模面位置的选择　分模面是上、下模膛的接触面，其选择应满足下列要求。

①保证模锻件能从模膛中取出，因此，分模面应选在锻件最大尺寸的截面上。

②使模膛深度最浅，保证金属容易充满模膛，并有利于锻模的机械加工。

③使上、下模沿分模面的模膛轮廓一致，以便在安装锻模时容易发现错模现象，及时调整锻模位置。

④使零件上所加的敷料最少，提高材料的利用率，减少切削加工的工作量。

⑤分模面最好为一个平面，以便于锻模机械加工。

根据上述原则，图8-18所示的齿轮坯锻件，在选择分模面时，最合理的面是$d—d$面。

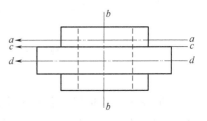

图8-18　齿轮坯锻件分模面的选择

（2）敷料、余量、公差和冲孔连皮　影响模锻件取模的一些凹槽、凸台等，应加上敷料，不直接锻出。

模锻件的余量和公差比自由锻件小得多。余量一般为1～4mm，锻造公差一般取±0.3～3mm。

孔径$d>25$mm的模锻件上的孔应锻出，锤上模锻无法冲出穿透的孔，只能压凹成盲孔，中间留有一层金属，称为冲孔连皮，如图8-19（a）所示。冲孔连皮的厚度与孔径d有关，当孔径为30～80mm时，冲孔连皮的厚度为4～8mm。

（3）模锻斜度和圆角半径　模锻件上平行于锤击方向的表面都应加放一定的斜度，如图8-19（b）所示。两面相接的转角都应以适当大小的圆角连接，如图8-19（c）所示。模膛中有了斜度和圆角，就能增加锻模的坚固性，有利于金属充满模膛，有利于取出模锻件。

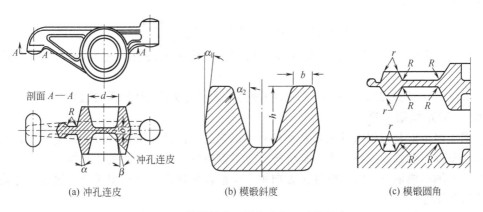

(a) 冲孔连皮　　　　(b) 模锻斜度　　　　(c) 模锻圆角

图8-19　模锻斜度、圆角半径、冲孔连皮

外壁斜度α一般取5°～7°，内壁斜度β一般取7°～10°，模膛深度与宽度的比值（h/b）取大值。外圆角半径r通常取1.5～12mm，内圆角半径R取r的2～3倍，模膛深度深，圆角半径取值大。

图8-20为齿轮坯的模锻件图。图中双点划线为零件轮廓外形，分模面选在锻件高度方向的中部。零件轮辐部分不加工，故不留加工余量。图上内孔中部的两条直线为冲孔连皮切掉后的痕迹线。

8.3.2.2　计算坯料的质量和尺寸

模锻件坯料的质量，按下式粗略估算。

$$模锻件坯料的质量＝模锻件质量＋飞边质量＋氧化损失$$

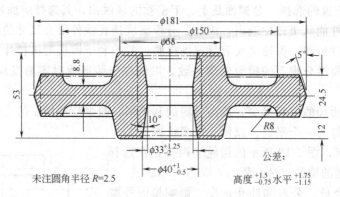

图 8-20　齿轮坯的模锻件图

模锻件的质量是根据名义尺寸计算的。飞边质量的多少与锻件的形状和大小有关，一般取锻件质量的 20%～25%。对于特别复杂的小件，飞边的质量几乎与锻件相等。氧化损失按锻件和飞边质量之和的 3%～4% 计算。

模锻件坯料的尺寸与锻件的形状和模膛种类有关。

（1）盘类锻件　金属变形主要是镦粗，分模面上的形状一般是圆形或近似圆形，坯料尺寸按下式计算。

$$1.25 < \frac{\text{坯料高度}}{\text{坯料直径}} < 2.5$$

（2）长轴类锻件　金属变形主要是拔长，并且锻件沿轴线各处的横截面积相差不多，坯料尺寸按下式计算。

$$\text{坯料截面积} = (1.05 \sim 1.3)\frac{\text{坯料体积}}{\text{锻件长度}}$$

（3）复杂锻件　对于形状复杂且各处截面相差较大的锻件，坯料的尺寸按下式粗略计算。

$$\text{坯料截面积} = (0.6 \sim 1.0)\text{锻件最大部分截面积（包括飞边）}$$

8.3.2.3　确定模锻工序

模锻工序主要是根据锻件的形状和尺寸来确定的。模锻件按形状分为两类：长轴类模锻件，如台阶轴、曲轴、连杆、弯曲摇臂等；盘类模锻件，如齿轮、法兰盘等。

（1）长轴类模锻件　锻造时锤击方向垂直于锻件的轴线，常选用拔长、滚压、弯曲、预锻和终锻等工序。

（2）盘类模锻件　锻造时锤击方向与坯料轴线相同，常选用镦粗、终锻等工序。

（3）修整工序　坯料在锻模内锻造成模锻件后，还需进行修整，以保证和提高锻件质量。修整工序包括切除飞边，冲去冲孔连皮，校正锻件变形，清理模锻件表面的氧化皮、油污和毛刺等。

模锻件在生产过程中需进行热处理，其目的是消除模锻件的过热组织或冷变形强化组织，使模锻件具有所需的机械性能，一般采用正火或退火。

模锻件经过精压后，锻件的尺寸精度偏差可达 ±0.1～0.25mm，表面粗糙度 Ra 为 0.8～0.4μm。

8.3.3　模锻零件结构工艺性

与自由锻件相比，模锻件成形条件好。因此，模锻件上允许有曲线交接、合理的凸台和工字形截面等较为细致的轮廓形状。模锻件表面质量好，所以一般非配合表面不需进行机械加工。根据模锻的工艺特点，设计模锻零件时应符合下列原则。

① 模锻零件应有合理的分模面。

② 与锤击方向一致的模锻件非加工表面，应设计有设计斜度。

③ 模锻件应力求对称，避免截面突变、薄壁、高筋、凸台等结构。图 8-21(a) 所示零件凸缘薄而高，中间凹下过深，最小截面与最大截面之比若小于 0.5，很难模锻成形。图 8-21(b) 所示零件扁而薄，薄的部分金属容易冷却，不易充满模膛。图 8-21(c) 所示零件有一个高而薄的凸缘，使锻模的制造和取出锻件都很困难。假如对零件使用没有影响，改为图 8-21(d) 的形状，锻制成形就很容易了。

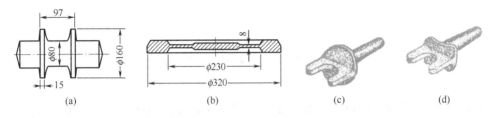

图 8-21　模锻零件形状

④ 在零件结构允许的条件下，设计时应尽量避免深孔或多孔结构。图 8-22 所示零件上四个 $\phi20$mm 的孔无法锻出，只能机械加工成形。

⑤ 在可能条件下，应采用锻-焊组合工艺，以减少敷料，简化模锻工艺，如图 8-23 所示。

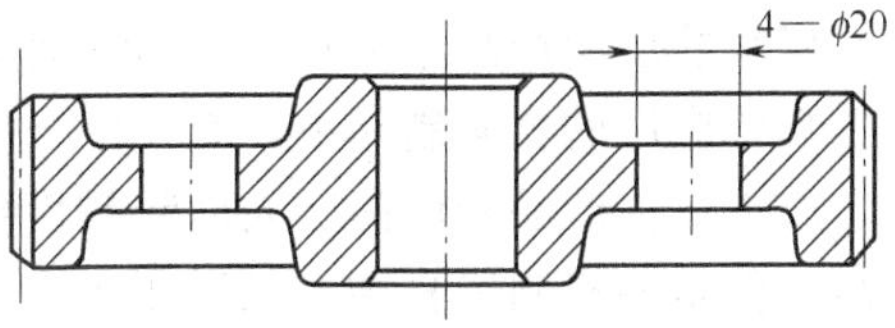

8.3.4　胎模锻造

胎锻模造是在自由锻造设备上使用胎模生产模锻件的锤上模锻工艺。锻造时胎模用工具夹持，平放在下砧块上，用锤头进行锤击。胎模锻造的制坯由自由锻造完成。

图 8-22　多孔齿轮

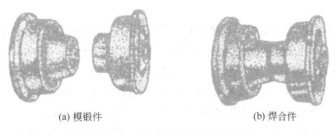

(a) 模锻件　　　　　(b) 焊合件

图 8-23　锻焊结构模锻零件

胎模结构简单，形式多样，主要有扣模、筒模和复合模三种，如图 8-24 所示。扣模是一种开式胎模，没有上模，坯料放入模膛后不转动，由锻锤的锤头直接锤击坯料，使金属充满模膛。扣模用来对坯料进行全部或局部扣形，生产长杆非回转体锻件。筒模呈圆筒形，主要用于锻造齿轮、法兰盘等回转体盘类锻件。合模由上、下模组成，并用导柱或导销定位，用于生产形状较复杂的非回转体锻件，如连杆、叉形件等锻件。

与自由锻造相比，胎膜锻造的生产率较高，锻件精度和表面质量较好，而模具和设备费较低，适用于中小批量或小型多品种的锻件。

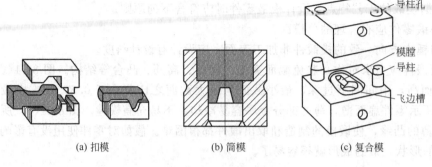

(a) 扣模   (b) 筒模   (c) 复合模

图 8-24　复合模的种类

8.4　板料冲压

　　板料冲压是利用冲模将金属板料加工成形的方法。金属板料的厚度一般在 6mm 以下。因为这样的板料加热后冷却很快，所以都是在常温下加工的，故又称冷冲压。板料冲压的金属必须具有较高的塑性，常用金属的含碳量为 0.1% 左右的低碳钢、低合金钢以及有色金属。

　　板料冲压的产品十分广泛，如汽车的罩壳、电机的硅钢片，电器、仪表、钟表的零件等。日常应用的金属制品中，有 98%～99% 都是冷冲压件。主要的原因是板料冲压生产率高、成本低；产品精度高、表面粗糙度低、互换性好；质量轻、无需切削加工、强度和刚度较高。但是冲模制造复杂，只适用于大批量生产。

　　板料冲压的基本工序有分离和变形两大工序。

8.4.1　分离工序

　　分离工序是使坯料的一部分与另一部分相互分离的工序。如落料、冲孔、切断、修整等。

　　切断是利用冲模将板料沿不封闭轮廓进行分离的工序。落料和冲孔统称冲裁，是使坯料按封闭轮廓分离的工序。落料是指冲落件为所需要的工件，留下的部分是废料；冲孔则相反。

　　冲裁用的模具是冲裁模，工作部分是精密配合的凸模和凹模，由导柱和导套导向定位，使凸模能准确地冲入凹模，金属板料在强大的剪切力作用下，被分割成两部分。冲落部分从凹模孔落下，留下部分在凸模回程时被卸料板卸下，完成一次冲裁。

　　金属板料的冲裁过程如图 8-25 所示。开始时，金属板料被凸模压弯而出现小圆角。接着金属发生大量塑性变形，使凸模和凹模侧面的金属呈光亮带。由于金属出现冷变形强化现象，以及凸模和凹模的刃口对金属造成的应力集中现象，使金属在塑性变形到一定程度时，引起裂纹，造成粗糙的剪裂带。最后，当上下裂纹扩展相连，金属板料被剪断分离。

　　为了能顺利地完成冲裁过程，要求凸模和凹模都具有锋利的刃口。同时，考虑到冲裁裂缝有一定的斜度，为了使工件的剪裂带比较整齐，凸模和凹模之间应有适当的间隙 Z。Z 值的大小一般取板料厚度的 5%～10%，冲裁件塑性较低时，Z 取值较大。Z 值对冲裁件周边质量的影响如图 8-26 所示。

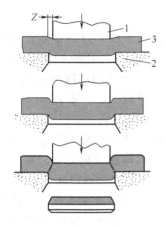

图 8-25　金属板料的冲裁过程

Z—间隙；1—凸模；2—凹模；3—坯料

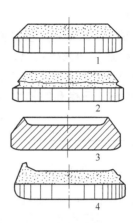

图 8-26　落料件周边质量

1—Z 正常；2—Z 太小；3—Z 太大；4—凸凹模未对准

凸、凹模刃口的尺寸由冲裁件尺寸和间隙 Z 确定。落料时，凹模刃口尺寸与落料件尺寸相同，凸模尺寸为凹模刃口尺寸减去双边间隙 Z；冲孔时，凸模刃口尺寸与冲孔件尺寸相同，凹模刃口尺寸为凸模尺寸加双边间隙 Z。

如果冲裁件的精度和表面质量要求较高时，冲裁后需将冲裁件进行修整，去除冲裁件断面上存留的剪裂带和毛刺，如图 8-27 所示。修整切除的余量很少，一般每边为 $0.05\sim$ 0.2mm，精度可达 IT6～IT7，粗糙度 Ra 值为 $0.8\sim1.6\mu\text{m}$。

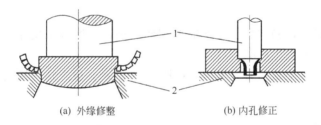

(a) 外缘修整　　　　　(b) 内孔修正

图 8-27　修正工序简图

1—凸模；2—凹模

排样是指落料件在板料上进行合理布置的工序。合理的排样，可减少废料，节省材料。排样有两种类型：无搭边排样和有搭边排样。无搭边排样材料利用率高，但落料件质量较差。

因此，一般均采用有搭边排样，如图 8-28 所示。

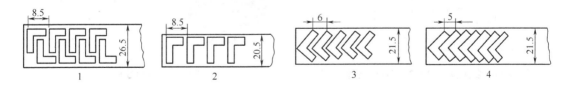

图 8-28　落料的排样工艺

1～3—有搭边排样；4—无搭边排样

8.4.2　变形工序

变形工序是使坯料的一部分相对于另一部分产生位移而不破裂的工序。如拉深、弯曲、翻边、成型等。

（1）拉深　拉深是利用模具使冲裁后得到的平板毛坯变形成开口空心零件的工序。拉深用的模具构造与冲裁模相似，主要的区别在于工作部分凸模与凹模的配合不同，拉深的凸模和凹模上没有锋利的刃口；凸模和凹模端部的边缘都有适当的圆角，$R_凹 > R_凸$，一般为 $(5\sim10)S$；凸模和凹模之间的间隙 Z 应大于板料的厚度 S，一般 $Z = (1.1\sim1.3)S$，图 8-29 所示为拉深模的工作部分。

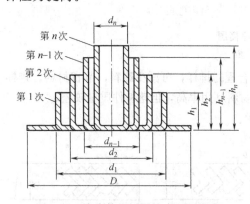

图 8-29　拉深模工作部分示意

进行拉深时，平板坯料放在凸模和凹模之间，并由压边圈适当压紧，以防止坯料厚度方向变形。在凸模的压力作用下，金属坯料被压入凹模，形成筒状工件。

由此可见，拉深件的底部未发生变形，工件的周壁金属则发生了很大的塑性变形，引起了相当大的冷变形强化，而周壁与底部之间的过渡圆角变形最严重。坯料直径 D 与工件直径 d 相差越大，金属的冷变形强化现象越严重，拉深变形阻力就越大，甚至有可能将工件底部拉穿。因此，拉深系数 $m(m = d/D)$ 应有一定的限制，一般取 $m = 0.5\sim0.8$。坯料的塑性好，m 可以取较小值。

如果拉深系数过小，不能一次拉深成形时，则可采用多次拉深（图 8-30）。经过一两次拉深后，应安排工序间的退火处理，消除冷变形强化现象，恢复金属的塑性。其次，在多次拉深中，拉深系数应一次比一次略大些，以确保拉深件的质量。总拉深系数等于每次拉深系数的乘积。

增大凸模和凹模的圆角半径、工作时使用润滑剂，都能减少拉深阻力，减少模具的磨损，降低拉深系数，提高生产率。

拉深过程中常见缺陷是拉穿和起皱，如图 8-31 所示。设置压边圈可以防止起皱，但拉深阻力提高。

（a）拉穿废品　　　　　（b）起皱废品

图 8-30　多次拉深时圆筒直径的变化

图 8-31　拉深缺陷

（2）弯曲　弯曲是金属坯料在凸模的压力作用下，按凸模和凹模的形状发生弯曲变形，如图 8-32 所示。弯曲部分的内侧被压缩，外侧被拉伸。弯曲半径 r 过小，冷变形强化将使弯曲部分外侧开裂，因此规定 r 值应大于 $(0.25\sim1)S$，S 为金属板料的厚度。材料塑性好，弯曲半径取小值。

弯曲时应注意金属板料流线组织的方向，尽可能使弯曲线与坯料流线方向垂直，如图

8-33 所示。若弯曲线与流线方向一致，则容易产生破裂。此时可用增大最小弯曲半径来避免。

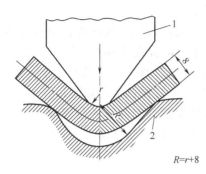

图 8-32　弯曲过程简图
1—凸模；2—凹模

$R=r+8$

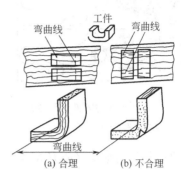

图 8-33　弯曲线与纤维方向

(a) 合理　　(b) 不合理

弯曲结束后，工件弯曲的角度由于金属弹性变形的恢复而略有增加，称为回弹现象。一般回弹角为 0°～10°。因此在设计弯曲模时必须使凸模的角度比成品件角度小一个回弹角，以便在弯曲后得到准确的弯曲角度。

（3）翻边　翻边是在带孔的平坯料上用扩孔的方法获得凸缘的工序，如图 8-34 所示。凸模圆角半径 $r_凸=(4～9)S$。进行翻边工序时，如果翻边孔的直径超过容许值，会使孔的边缘造成破裂。其容许值可用翻边系数 K_0 来衡量。

$$K_0=d_0/d$$

式中　d_0——翻边前的孔径尺寸；
　　　d——翻边后的内径尺寸。

对于镀锡铁皮，K_0 大于 0.65～0.7；对于酸洗钢，K_0 大于 0.68～0.72。

当零件所需凸缘的高度较大，用一次翻边成形计算出的翻边系数 K_0 值很小，直接成形无法实现时，则可采用先拉深、后冲孔（按 K_0 计算得到的容许孔径）、再翻边的工艺来实现。

（4）成型　成型是利用局部变形使坯料或使半成品改变形状的工序，如图 8-35 所示。主要用于制造刚性的筋条，或增大半成品的部分内径等。

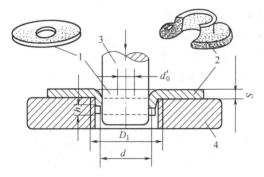

图 8-34　翻边过程简图
1—坯料；2—工件；3—凸模；4—凹模

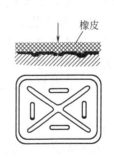

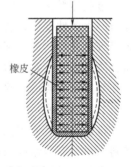

图 8-35　成型过程简图

8.4.3　冲压件的工艺性

板料冲压件一般都是大批量生产，所以金属板料的节省和模具的耐用度都很重要。因

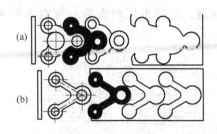

图 8-36　排样紧凑的零件设计改进
（a）合理；（b）不合理

此，冲压件的设计应注意下列要求。

① 落料件的外形应能使排样合理，减少废料，如图 8-36 所示。

② 落料和冲孔的形状、大小应使凹模和凸模的工作部分具有足够的强度和韧性。因此，工件上的孔和孔距不能太小，工件上凹凸部分不能太窄太深，所有的转角都应有一定的圆角，如图 8-37 所示。

③ 弯曲件和拉深件上冲孔的位置应在圆角的圆弧之外，如图 8-38 所示，而且应该先弯曲，后冲孔。

④ 拉深件的周壁最好能有 3°斜度，以便卸下工件。

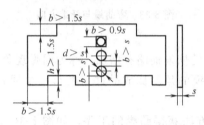

图 8-37　冲裁件上孔和凹凸部分的尺寸

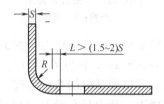

图 8-38　弯曲件和拉深件上的冲孔位置

8.5　锻压成形其他工艺

随着工业的不断发展，人们对压力成形加工生产提出了越来越高的要求，不仅要求能生产出各种毛坯，而且要求能直接生产出具有较高精度与质量的成品零件。因此，其他压力成形加工方法在生产实践中也得到了迅速发展和广泛的应用，如轧制成形、挤压、拉拔等。

8.5.1　轧制成形

金属坯料在回转轧辊的孔隙中，靠摩擦力作用，连续进入轧辊而产生塑性变形的加工方法，称为轧制。轧制除了生产板材、无缝管材和型材外，现已广泛用来生产各种零件。它具有生产率高、质量好、节约材料、成本低和力学性能好等优点。常用的零件轧制方法有辊锻、辗环轧制、齿轮轧制、斜轧等。

8.5.1.1　辊锻

辊锻是将轧制工艺应用到锻造生产中的一种新工艺。它是使坯料通过装有扇形模块的一对相对旋转的轧辊时，受辗压而产生塑性变形，从而获得所需形状的锻件或锻坯的加工方法，见图 8-39。当扇形模块分开时，将加热的坯料送至挡块处。轧辊转动时，将坯料夹紧并压制成形。

辊锻既可作为模锻前的制坯工序，也可直接辊锻锻件，主要适用于扁断面的长杆件、连杆件等，如扳手、链环、叶片等。叶片辊锻工艺和铣削工艺相比，材料利用率提高 4 倍，生产率提高

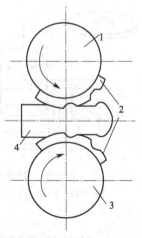

图 8-39　辊锻示意图
1—上轧辊；2—扇形模块；
3—下轧辊；4—坯料

2.5 倍，而且质量也提高了。

8.5.1.2 辗环轧制

辗环轧制是用来扩大环形坯料的内、外径，以获得各种环状零件的加工方法，见图 8-40。加热后的坯料套在芯辊上，在摩擦力作用下，驱动辊带动坯料和芯辊一起旋转。随驱动辊下压，坯料内外径不断扩大，壁厚减薄。导向辊用以保持正确运送坯料和迫使坯料保持圆形，并使其旋转平稳。信号辊用来控制坯料直径，当坯料的外圈与信号辊接触时，信号辊先发出精辗信号，然后发出停辗信号。

用不同形状的轧辊可生产不同截面形状的环形件，如火车轮箍、齿圈、轴承套圈、起重机旋转轮圈等。辗环轧制具有很高的生产率，广泛用于批量生产。

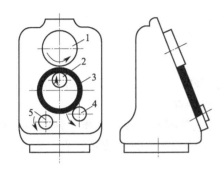

图 8-40　辗环轧制示意图

1—驱动辊；2—芯辊；3—坯料；4—导向辊；5—信号辊

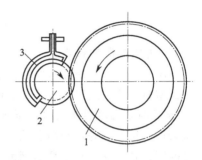

图 8-41　热轧齿轮示意图

1—轧轮；2—坯料；3—感应加热器

8.5.1.3　热轧齿轮

热轧齿轮是一种少无切削加工齿形的新工艺，见图 8-41。齿轮坯的表层由高频感应器加热至 1000～1050℃，然后将带齿的轧轮与齿轮坯对辗，并同时向齿轮坯作径向进给。在对辗过程中，轧轮逐渐压入齿轮坯料，齿轮坯的部分金属被压成齿谷，相邻部分金属被反挤而上升形成齿顶。

与锻造和切削加工相比，热轧齿轮生产率高，可节省 18%～40% 金属材料，齿部金属的流线与齿廓一致，纤维组织完整，因而强度高、寿命长，其耐磨性和疲劳强度均可提高30%～50%。热轧齿轮适于在专业化批量生产条件下。精度要求较低的齿轮，热轧后可直接使用（如割草机用齿轮）。但在多数情况下，热轧后还要进行冷精轧或切削加工，如磨齿，剃齿等。

8.5.1.4　斜轧

斜轧又称螺旋斜轧。它是采用两个带有螺旋形槽的轧辊，互相交叉成一定角度，作同向旋转，使坯料既绕自身轴线转动又向前进，与此同时受压变形获得所需产品。

图 8-42(a) 所示为螺旋斜轧钢球，是棒料在轧辊间的螺旋形槽里受轧制，并被分离成单个球。轧辊每转一周即可轧制一个钢球，轧制过程是连续的。图 8-42(b) 为轧制周期变截面型材。斜轧还可直接热轧出带有螺旋线的高速钢滚刀、麻花钻、自行车后闸壳以及冷轧丝杠等。

8.5.2　挤压成形

挤压成形是将金属坯料放在挤压筒内，用强大压力从模孔中挤出使之产生塑性变形的加工方法。

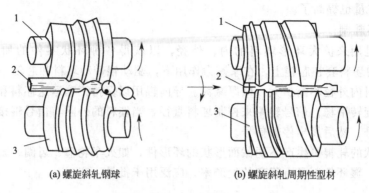

(a) 螺旋斜轧钢球　　　　　　(b) 螺旋斜轧周期性型材

图 8-42　斜轧

1—上轧辊；2—棒料；3—下轧辊

8.5.2.1　挤压成形的特点

在挤压过程中，金属坯料的截面通过减小模孔形状，增加长度，从而得到各种形状复杂的等截面型材、毛坯或零件，这种成形方法具有下列特点。

① 挤压时金属坯料在三向受压状态下变形，可显著提高塑性。本质塑性好的材料（纯铁、低碳钢、铝和铜等）和塑性低的合金结构钢、不锈钢都可挤压成形。在一定变形量下，某些高碳钢、轴承钢，甚至高速钢也可挤压。

② 挤压时金属变形量大，可挤压出深孔、薄壁、细杆和异形截面等形状复杂的零件。

③ 挤压制品精度高，一般尺寸精度为 IT8～IT9，表面粗糙度 Ra 值可达 $3.2～0.4\mu m$，可直接用于装配。

④ 由于强烈的加工硬化和纤维组织连续地沿零件外形分布而不被切断，所以提高了挤压制品的力学性能。

⑤ 挤压操作简单，易于实现机械化和自动化，生产率比其他锻压和切削加工提高几倍甚至几十倍，材料利用率可达 $70\%～90\%$，降低了成本。

8.5.2.2　挤压成形的分类

8.5.2.2.1　挤压按金属流动方向和凸模运动方向进行分类

（1）正挤压　金属从凹模底部的模孔中流出，其方向与凸模的运动方向一致，如图8-43（a）所示，可得到带有端头的杆类零件（螺钉、圆盘阀等）。如凸模前端有芯杆，则可挤压出带有法兰的管类零件。

（2）反挤压　金属流动方向与凸模运动方向相反，如图8-43（b）所示。如果金属从凸、凹模间的环形间隙中流出，可生产管类零件，如软管的套管等。

（3）复合挤压　挤压过程中坯料的一部分金属流动方向与凸模运动方向相同，而另一部分金属流动方向与凸模运动方向相反，如图 8-43（c）所示。

（4）径向挤压　金属流动方向与凸模运动方向成90°，如图8-43（d）所示。这种方法可挤压三通管、十字接头等零件。为便于取出挤压件，凹模由两个半模组成，即凹模有一个分模面。

8.5.2.2.2　按照金属坯料挤压时的温度不同进行分类

（1）热挤压　是挤压时坯料的变形温度高于金属材料的再结晶温度的挤压工艺。热挤压时温度高，变形抗力小，故每次变形程度较大。但挤压件尺寸精度低，表面粗糙。适于挤压尺寸较大的毛坯和强度高的材料，如中碳钢、高碳钢、耐热钢和其他的合金钢等。

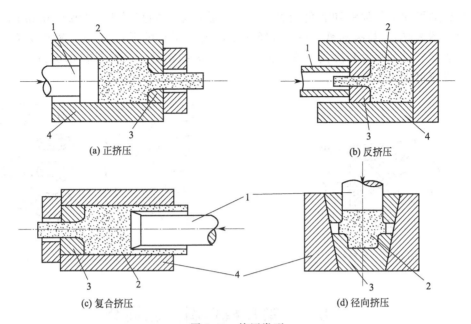

(a) 正挤压   (b) 反挤压

(c) 复合挤压   (d) 径向挤压

图 8-43 挤压类型

1—凸模；2—坯料；3—挤压模；4—挤压筒

（2）冷挤压 是挤压时坯料的变形温度低于金属材料的再结晶温度（通常是室温）的挤压工艺。冷挤压时变形抗力很大（变形金属内的压应力高达 2000～3000MPa）。但制件尺寸精度较高，可达 IT8～IT9，表面粗糙度 Ra 值为 $3.2～0.4\mu m$，且因加工硬化，提高了强度。冷挤压主要适用于挤压塑性好的有色金属和低碳钢的小型零件，广泛用于加工机械零件、半成品或毛坯。

为降低挤压力，防止模具磨损和破坏，提高制件质量，除纯铝，纯铜外，若采用一般的表层涂油润滑方式，则润滑剂很容易被挤掉而不起作用。因此，大多数材料在挤压前要进行软化退火和磷化（碳钢）或氧化（铝、铜合金）处理，使坯料表面形成一层多孔的磷酸铁或氧化物薄膜，以储存润滑剂。多次挤压的零件还要进行中间退火。

（3）温挤压 温挤压是将金属坯料加热到再结晶温度以下某个适当的温度（100～800℃）进行挤压，是介于冷、热挤压之间的一种挤压方法。与热挤压相比，坯料氧化脱碳少，表面粗糙度较小，产品尺寸精度较高；与冷挤压相比，降低了变形抗力，增加了每个工序允许的变形程度，提高了模具寿命，且不需要退火软化、磷化处理和工序间退火，便于组织连续生产。温挤压件尺寸精度和力学性能略低于冷挤压件，粗糙度 Ra 值为 $3.2～1.6\mu m$。温挤压适于挤压中、高碳钢或高强度合金钢。

挤压可在专用挤压机上进行，也可以在经适当改进后的通用曲柄压力机或摩擦压力机上进行。

8.5.3 拉拔成形

拉拔成形是将金属坯料从拉拔模的模孔中拉出而产生塑性变形的加工方法（图 8-44）。一般在冷态下进行，故又称冷拉。拉拔成形的原始坯料为轧制或挤压的棒（管）材。

拉拔模用工具钢、硬质合金或金刚石制成，金刚石拉拔模用于拉拔直径小于 0.2mm 的金属丝。

拉拔成形可加工各种钢和有色金属，拉拔产品很多，如直径为 0.002～5mm 的导线和特种型材（图 8-45）。拉拔的钢管最大直径达 200mm，最小的不到 1mm，钢棒料直径为 3～150mm。拉拔产品的尺寸精度高（直径为 1～1.6mm 的钢丝，公差只有 0.02mm），表面质量高，而且还可生产薄壁型材。

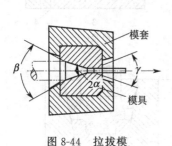

图 8-44　拉拔模

图 8-45　拉拔产品截面形状

8.6　锻压成形新工艺简介

近年来在压力加工生产方面出现了许多先进的工艺方法，并得到迅速发展与推广使用。压力加工新工艺的共同特点是：锻件形状更接近零件的形状，达到少、无切削加工的目的；获得合理的纤维组织，提高了零件的力学性能；具有更高的生产率，适应成批大量生产；采用先进的少氧或无氧化加热，提高锻件的表面质量，易于实现机械化、自动化。以下简要介绍几种工艺方法。

8.6.1　精密模锻

精密模锻是在普通模锻设备上直接锻造出形状复杂、尺寸精度高的锻件或零件的工艺方法，是提高锻件精度和表面质量的一种先进工艺，如锥齿轮、叶片等。其主要工艺特点如下。

① 使用普通的模锻设备进行锻造。一般需采用预（粗）锻和终（精）锻两套锻模，对形状简单的锻件也可用一套锻模。粗锻时应留 0.1～1.2mm 的精锻余量。

② 原始坯料尺寸和重量要精确，否则会降低锻件精度和增大尺寸公差。

③ 精细清理坯料表面，除净氧化皮、脱碳层及其他缺陷等。

④ 采用无氧化或少氧化加热法，尽量减少坯料表面的氧化皮，为提高锻件精度和减少粗糙度 Ra 值打好基础。

⑤ 模锻时要很好地润滑和冷却锻模。

⑥ 模具精度对提高锻件精度影响很大，精锻模膛的精度一般要比锻件精度高两级，精锻模要有导柱、导套结构，以保证合模准确。为排除模膛中气体，减少金属流动阻力，容易充满模膛，在凹模上应开设排气孔。

⑦ 公差、余量约为普通锻件的 1/3，Ra 值为 3.2～0.8μm，尺寸精度为 IT15～IT12。

8.6.2　精密冲裁

用普通冲裁所得到的工件，剪切断面比较粗糙，而且还会产生塌角、毛刺等缺陷并带有斜度，工件的尺寸精度较低。精密冲裁（简称精冲）是指在专用精冲压力机或普通压力机上使用带 V 形齿圈压板的精密冲裁法，它是在普通冲裁基础上发展起来的一种冲裁工艺。

精冲的工作原理如图 8-46 所示。精冲时，齿圈压板 2 将板料 3 压紧在凹模 5 表面，V 形齿压入材料，使坯料径向受到压缩，当凸模下压时，板料处于凸模板 1 的下压力、齿圈压板 2 的压边力及顶板 4 的反压力的共同作用下，此外由于凸、凹模的间隙很小，坯料处于强烈的三向压应力状态，提高了材料的塑性，抑制了剪切过程中裂纹的产生，使冲裁过程以接近于纯剪切的变形方式进行。

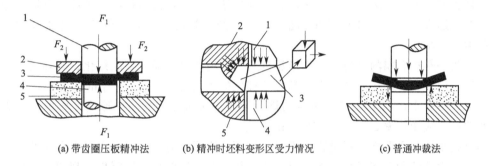

(a) 带齿圈压板精冲法　　(b) 精冲时坯料变形区受力情况　　(c) 普通冲裁法

图 8-46　精冲工作原理示意图

1—凸模板；2—齿圈压板；3—板料；4—顶板；5—凹模

精冲件断面平直、光亮、外形平整，尺寸精度可达 IT8～IT6 级，表面粗糙度 Ra 值可达 $0.8～0.4\mu m$，因此不需进行任何加工即可直接使用。

8.6.3　液态模锻

液态模锻是一种将锻造与铸造相结合的新工艺方法，它是将定量的液态金属注入金属下模中，在金属凸模的推压下，使液态金属充满模膛，在压力下凝固结晶并产生塑性变形，从而获得组织致密、性能良好的锻件，见图 8-47。

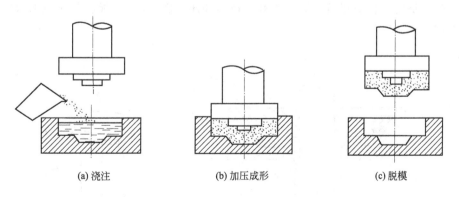

(a) 浇注　　　　　　　(b) 加压成形　　　　　　(c) 脱模

图 8-47　液态模锻示意图

液态模锻的成形过程一般分为四个阶段：

① 在凸模的推压下，使液态金属充满模膛；

② 结壳；

③ 压力下结晶与塑性变形交替进行；

④ 塑性变形。

液态模锻的锻件质量好、晶粒细、组织致密、精度高，例如，皮带轮的制造可以采用砂型铸造、金属型铸造、液态模锻。其中液态模锻的皮带轮壁薄、组织致密、表面光洁、质量最好。

液态模锻常用来生产批量大、形状复杂、强度高、致密性好的中小型零件，如油泵壳、仪表壳体衬套，柴油机活塞等。由于模具寿命的问题，目前主要用于有色金属的锻造。

8.6.4 超塑成形

指金属或合金在特定条件下，呈现异常高的塑性，变形抗力很小，延伸率可达百分之几百，甚至高达百分之二千以上，如钢超过 50%，纯钛超过 30%，锌铝合金超过 1000%，这种现象称为超塑性。

特定条件是指金属的晶粒度、变形温度及变形速度等。晶粒要超细化、等轴化，在变形期间能保持稳定，即晶粒不会长大，晶粒超细化的程度要达到 $0.2\sim5\mu m$ 的晶粒度；变形温度要一定，一般是在 $0.5\sim0.7$ 倍的绝对熔化温度下呈现超塑性；变形速度要慢，一般呈现超塑性的最佳应变速率 $\varepsilon=10^{-2}\sim10^{-5}m/s$。

具有超塑性的金属在变形过程中不产生缩颈，变形应力一般只有常态下金属的几十到几百分之一，因此该种金属极易成形。可采用多种工艺方法制出复杂零件。超塑性现象可简要归纳为：大伸长、无缩颈、小应力、易成形。

目前常用的超塑成形材料主要是锌铝合金、铝基合金、钛合金及高温合金等。

金属超塑性成形是一项新工艺，具有许多优点：

① 塑性特高，可比一般塑性成形提高 1~2 个数量级；

② 变形抗力小，通常只有常规塑性成形的 1/5 左右；

③ 尺寸稳定；

④ 可以一次成形复杂形状的零件，表面粗糙度值低，尺寸精度高。特别对难变形的钛合金等尤为有效。

但超塑成形的生产率低，需要耐高温的模具材料及专用加热装置，因而只能在一定范围内使用才是经济的，目前超塑成形方法有：板料冲压（图 8-48），板料气压成形（图 8-49），挤压和模锻（图 8-50）。

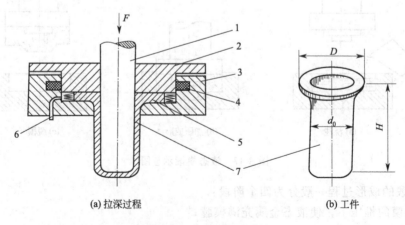

(a) 拉深过程　　　　　　　　　　(b) 工件

图 8-48　板料冲压拉深

1—冲头（凸模）；2—压板；3—凹模；4—电热元件；5—板坯；6—高压油孔；7—工件

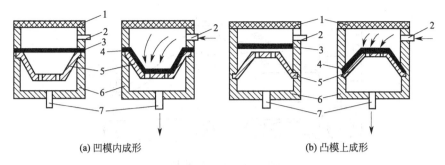

(a) 凹模内成形   (b) 凸模上成形

图 8-49　板料气压成形

1—电热元件；2—进气孔；3—板料；4—工件；5—凹（凸）模；6—模框；7—抽气孔

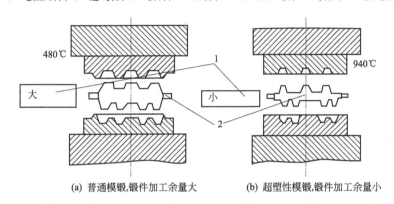

(a) 普通模锻,锻件加工余量大   (b) 超塑性模锻,锻件加工余量小

图 8-50　挤压和模锻工艺比较

1—毛坯；2—锻件

复 习 题

8-1　什么是塑性变形？塑性变形的机理是什么？

8-2　什么是回复？什么是再结晶？它们对材料的力学性能有何影响？

8-3　纤维组织是怎样形成的？它对材料的力学性能有何影响？它的存在有何利弊？锻压件的纤维是如何分布的？

8-4　碳钢在锻造温度范围内变形时，是否会有加工硬化现象？

8-5　铅在 20℃、钨在 1100℃ 时变形，各属哪种变形？为什么？（钨的熔点为 3380℃）

8-6　如何提高金属的塑性？最常用的措施是什么？

8-7　为什么重要的巨型锻件必须采用自由锻造的方法制造？

8-8　重要的轴类锻件为什么在锻造过程中安排有镦粗工序？

8-9　原始坯料长 150mm，若拔长到 450mm 时，锻造比是多少？

8-10　两个尺寸相同的带孔毛坯，分别套在两个直径不同的芯轴上扩孔时，会产生什么效果？

8-11　叙述零件在绘制自由锻件图时应考虑的因素。

8-12　确定分模面的原则是什么？为什么不能冲出通孔？

8-13　锤上模锻的模膛中，预锻模膛起什么作用？为什么终锻模膛四周要开设飞边槽？

8-14　图 8-51 零件采用锤上模锻制造，选择最合适的分模面位置。

8-15　改正图 8-52 模锻件结构的不合理处。

8-16　为什么胎模锻可以锻造出形状较为复杂的模锻件？

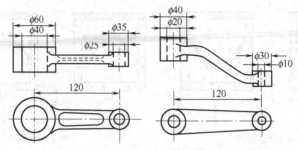

图 8-51　题 8-14 附图

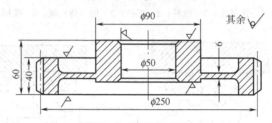

图 8-52　模锻件结构

8-17　如图 8-53 所示零件若批量分别为单件、小批、大批量生产时，可选择哪些锻造方法加工？哪种加工方法最好？并定性地画出锻件图。

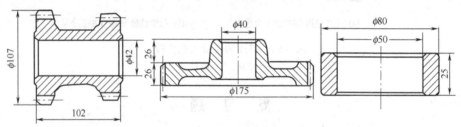

图 8-53　题 8-17 附图

8-18　板料冲压件生产有何特点？应用范围如何？

8-19　用 $\phi50$ 冲孔模具来生产 $\phi50$ 落料件能否保证冲压件的精度？为什么？

8-20　用 $\phi250 \times 1.5$ 板料能否一次拉深成直径为 $\phi50$ 的拉深件？应采取哪些措施才能保证正常生产？

8-21　翻边件的凸缘高度尺寸较大而一次翻边实现不了时，应采取什么措施？

8-22　材料的回弹现象对冲压生产有什么影响？

8-23　在成批大量生产外径为 40mm、内径为 20mm、厚度为 2mm 的垫圈时，应选用何种模具结构进行冲制才能保证孔与外圆的同轴度？

8-24　试述冲压件的生产过程。

8-25　比较落料和拉深工序的凸凹模结构及间隙有什么不同？为什么？

8-26　轧制零件的方法有哪几种？各有何特点？

8-27　挤压零件的生产特点是什么？

8-28　拉拔可以加工哪些制品？

8-29　精密模锻有何特点？有何应用？

8-30　精密冲裁的生产特点是什么？

8-31　什么是液态模锻？成形过程如何？有何特点？

8-32　根据塑性成形技术的发展趋势，你认为今后在哪些技术方面会有新的突破？

9 焊接成形

焊接是通过加热、加压，或两者并用，且可用或不用填充材料，通过适当的物理、化学过程，使两个分离的固体（同种或异种材料）表面的金属原子接近到晶格距离，形成金属键，达到结合的一种永久性连接方法。它是现代工业生产中用来制造各种金属结构和机械零件的主要工艺方法之一，在许多领域得到了广泛应用。与其他材料加工工艺相比，焊接成形技术具有如下主要特点。

（1）适应性广　不但可以焊接型材，还可以将型材、铸件、锻件拼焊成复合结构件；不但可以焊接同种金属，还可焊接异种金属；不但可以焊接简单构件，还可以拼焊大型、复杂结构件。

（2）可以生产有密封性要求的构件　可焊接锅炉、高压容器、贮油罐、船体等质量轻、密封性好、工作时不渗漏的空心构件。

（3）可节约金属　焊接件不需垫板、角铁等辅助件，因此比铆接省材料，并能节省加工工时。

焊接方法的种类很多，按照焊接过程的物理特点，可以归纳为三大类：熔焊、压焊、钎焊。随着科学技术的发展，焊接方法已有数十种之多，图 9-1 列出了其中的一部分。

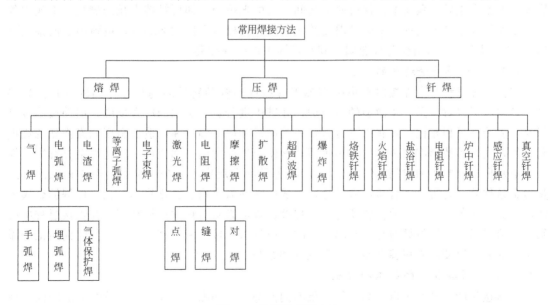

图 9-1　常用的焊接方法

9.1 熔　焊

将被焊固体局部加热到熔化状态，通常还需填充材料（如焊丝、焊条）以形成共同熔池，然后冷却结晶成一体的焊接方法称为熔焊。根据所用热源不同，熔焊又分为电弧焊、气焊、电渣焊等，其中以电弧焊应用最广。

9.1.1　电弧焊

电弧焊是利用电弧作为热源的熔焊方法。电弧焊是机械制造和工程建设中应用最为广泛的方法之一。

9.1.1.1　电弧焊的基本概念

9.1.1.1.1　焊接电弧

焊接电弧是在电极（金属丝、钨极、碳棒、焊条等）与焊接件之间的气体介质中一种强烈而持久的放电现象。产生电弧的条件是在电极与焊接件之间有一定电压，而且局部气体介质处于电离状态，如图9-2所示。引燃焊接电弧时，常是将阴、阳两极接通电源，短暂接触并迅速分离。两极相互接触发生短路，并产生很大的短路电流，两极分离时产生电子发射，阴极电子射向阳极，同时气体介质电离形成电弧。弧柱充满了大量电离气体，放出大量的热能和强烈的光，并有大量的电子流通过，使接点处电极（焊接件和焊条或金属丝）表面迅速升温并熔化，甚至汽化，这种方式称为接触引弧。电弧具有电压低、电流大、能量密度大、温度高、移动性好等特点，所以是较理想的焊接热源。电弧形成后，只要电源保持两极之间一定的电位差，即可维持电弧的燃烧。电弧中各部分温度的分布是不同的，阳极区温度约2600K，阴极区温度约2400K，电弧中心的温度可达5000K以上，可以熔化各种金属，满足不同工件的焊接要求。

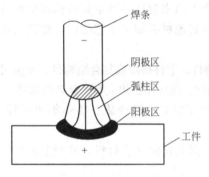

图9-2　焊接电弧示意

图中标注：焊条、阴极区、弧柱区、阳极区、工件

9.1.1.1.2　焊接冶金过程的特点

焊接冶金过程是指焊接时在电弧高温下焊接区内各种物质间的相互作用的过程。焊接时，其熔池可以看成是一座微型的冶金炉，在其中进行着一系列的冶金反应。但焊接冶金过程与普通冶金过程相比，具有以下特点：一是电弧和熔池温度高，造成金属元素强烈的烧损和蒸发，同时熔池周围又被冷的金属包围，常使焊件产生应力和变形；二是冶金过程短，焊接熔池从形成到凝固的时间很短（以秒计），各种冶金反应不充分，难以达到平衡状态；三是冶金条件差，有害气体容易进入熔池，形成脆性的氧化物、氮化物和气孔，使焊缝金属的塑性、韧性显著下降。因此，要获得优质焊缝，焊前必须对焊件进行清理，在焊接过程中必须用熔渣或保护气体将熔池与空气隔开，防止空气对焊接区域的有害影响；同时向熔池中添加合金元素，以便改善焊缝金属的化学成分和组织。

9.1.1.1.3　焊接接头的组织和性能

焊接接头的横截面可以分为三种性质不同的部分，如图9-3所示。一是由熔池凝固后在焊件之间形成的结合部分，称为焊缝；二是在焊接过程中，焊件受热影响而发生组织性能变化的区域，称为热影响区；三是从焊缝到热影响区的过渡区域，称为熔合区。上述三个区域构成了焊接头。

（1）焊缝　焊接加热时，焊缝金属区的温度在液相线上，母材金属和填充金属融化后共同形成液态熔池。冷却结晶是以熔池和母材交界处半熔化状态的母材金属晶粒为结晶核心，沿着垂直于散热面的反方向生长成柱状晶的铸态组织。由于低熔点的硫、磷杂质和氧化铁等容易形成偏析或熔渣集中在焊缝中心区，使得焊缝塑性降低，易产生热裂纹。由于焊条的渗合金等作用，焊缝的强度不一定低于母材。

（2）熔合区　温度处于固相线与液相线之间，在焊接时处于半熔化状态，组织成分极不均匀，力学性能不好，它也是焊接接头中的薄弱环节。

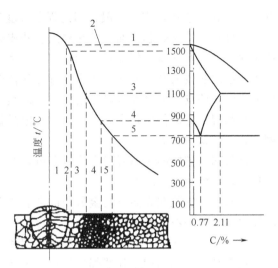

图 9-3　低碳钢焊接接头组织变化
1—焊缝区；2—熔合区；3—过热区；
4—正火区；5—部分相变区

综上所述可知，焊接接头组织性能变化的程度取决于焊接方法、焊接工艺、接头形式、冷却速度等因素。在焊接接头的横截面上，熔合区和过热区对焊接接头的组织和性能影响最为不利，应尽量减小影响区的范围。焊接一般低碳钢构件时，热影响区较窄，危害性较小；对于重要的焊件，焊后要通过热处理（一般用正火处理）来改善热影响区的组织，以改善焊接接头的性能。

（3）热影响区　热影响区按其组织特征可分为以下三个区域。

过热区　此区温度范围在固相线至 1100℃ 左右，因加热温度过高，奥氏体晶粒急剧长大，冷却后得到的组织粗大，塑性、韧性明显下降，焊接接头的薄弱环节。

正火区　此区温度范围在过热温度（约 1100℃）和 A_{c_3} 之间，空冷后，金属发生重结晶而晶粒细化，相当于正火组织，其力学性能优于母材。

部分相变区　此区温度范围在 A_{c_3} 与 A_{c_1} 之间。由于区内只有部分金属发生相变，成为细小的铁素体和珠光体，尚未熔入奥氏体的铁素体保留下来，而长成粗大的铁素体，所以该区金相组织不均匀，力学性能稍差。

9.1.1.1.4　焊接材料

焊接中使用的焊接材料，包括焊条、焊剂、焊丝和保护气体。焊条、焊丝是焊接回路中的一个电极，同时还起填充金属的作用。焊条药皮、焊剂和保护气体，是参与冶金反应和保证焊接质量所必需的重要材料。以下仅介绍焊条的有关知识。

（1）焊条的组成及作用　焊条是主要供手工电弧焊使用的焊接材料，由焊芯和药皮两部分组成。

焊条中被药皮包覆的金属芯称为焊芯。焊芯的主要作用是导电、产生电弧以形成焊接热源，并且作为焊缝的填充金属。为了保证焊缝的质量，焊芯必须按国家标准（GB/T 14957—94、GB/T 14958—94、GB/T 3429—94、GB/T 4241—84）进行专门生产的金属丝制成。这种金属丝称为焊丝。常用结构钢焊丝的牌号由"焊"字汉语拼音字首中"H"与一组数字及化学元素符号组成。数字与符号的意义与合金结构钢牌号中数字、符号的意义相同，如：H08A、H08E、H08MnA、H10Mn2、H08Mn2SiA 等。焊芯直径即为焊条直径，以 2.5～5mm 应用最广，一般常用的焊条长度为 200～450mm。

药皮是压涂在焊芯表面上的涂料层。药皮在焊接过程中的作用是：提高电弧的稳定性，产生保护熔渣及气体，使电弧空间及熔池与大气隔离，保证焊缝金属的脱氢、脱硫、脱磷；向焊缝渗加必要的合金元素，提高焊缝力学性能和抗裂性能等。根据焊条药皮所起作用与性质的不同，药皮的成分大致可归纳为如下六类。

稳弧剂　它的作用是有利于引弧和使电弧稳定燃烧，常采用在高温下容易电离的物质，例如长石、钛白粉等。

造气剂　它能够在高温时燃烧或分解，产生一定量的气体，保护焊接熔滴与熔池，常用的造气剂有淀粉、大理石等。

造渣剂　它能在高温下与金属中的杂质化合成为熔渣并对液态金属起保护作用等，常用的原材料有大理石、长石等。

脱氧剂　焊接时对熔化金属起脱氧作用和提高焊缝质量的物质，如锰铁、硅铁等。

合金剂　它的作用是补偿焊接过程中被烧损的合金元素和调整焊缝化学成分，常用的合金剂是锰铁、铬铁、镍铁、钨铁等。

胶黏剂　用来使各种药皮成分互相粘接并牢固地粘到焊芯上，常用的胶黏剂是水玻璃。

（2）焊条的分类和编号　焊条种类繁多，国家标准按化学成分将焊条分为若干大类，在实际生产中采用的统一牌号按用途将焊条分为十大类，其对应关系见表 9-1。

表 9-1　焊条的分类（型号和牌号）

国标型号（按化学成分分类）			统一牌号（按用途分类）			
国家标准编号	名　　称	代　号	类　别	名　　称	代　号	
					字母	汉字
GB/T 5117—95	碳钢焊条	E	一	结构钢焊条	J	结
GB/T 5118—95	低合金钢焊条	E	一	结构钢焊条	J	结
			二	钼和铬钼耐热钢焊条	R	热
			三	低温钢焊条	W	温
GB/T 983—95	不锈钢焊条	E	四	不锈钢焊条	G	铬
					A	奥
GB/T 984—85	堆焊焊条	ED	五	堆焊焊条	D	堆
GB/T 10044—88	铸铁焊条及焊丝	EZ	六	铸铁焊条	Z	铸
GB/T 13814—92	镍及镍合金焊条	ENi	七	镍及镍合金焊条	Ni	镍
GB/T 3670—93	铜及铜合金焊条	TCu	八	铜及铜合金焊条	T	铜
GB/T 3669—83	铝及铝合金焊条	TAl	九	铝及铝合金焊条	L	铝
GB/T 3669—83	铝及铝合金焊条	TAl	十	特殊用途焊条	TS	特

例如结构钢焊条，国家标准将结构钢焊条分为碳钢焊条（GB/T 5117—95）和低合金钢焊条（GB/T 5118—95）。据 GB/T 5117—95，碳钢焊条型号用大写字母"E"和四位数字表示，如 E4303、E5015 等。"E"表示焊条；前两位数字表示焊缝金属抗拉强度最小值，单位为 Pa，第三位数字表示焊条适用的焊接位置，"0"及"1"表示适用于全位置焊，"2"表示适用于平焊和平角焊，"3"表示适用于向下立焊；第三位和第四位的组合表示药皮类型及焊接电流种类，如"03"表示药皮是钛钙型，可用交流或直流正、反接，"15"表示药皮是

低氢钠型，必须用直流反接。

结构钢焊条的牌号用大写字母"J"或"结"和三位数字表示。"J"或"结"表示结构钢焊条，前两位数字表示焊缝金属的抗拉强度最小值，单位为 kgf/mm^2，第三位数字表示药皮类型及焊接电流种类。如 J422，属国标 E4303 型，表示结构钢焊条，焊缝金属强度不低于 $42kgf/mm^2$，药皮为钛钙型，可用交流或直流焊接；而牌号 J507 对应于型号 E5015。

根据药皮中氧化物的性质，有酸性焊条与碱性焊条之分。酸性焊条是指药皮中含有酸性氧化物（SiO_2、TiO_2、MnO 等）的焊条。E4303 焊条是典型的酸性焊条。焊接时有碳-氧反应，生成大量的 CO 气体，使熔池沸腾，有利于气体逸出，焊缝中不易形成气孔。另外，酸性焊条药皮中的稳弧剂多，电弧燃烧稳定，交流、直流电源均可使用，工艺性能好。但是酸性药皮中含氢物质多，使焊缝金属的氢含量提高，焊接接头产生裂纹的倾向性大，主要用于一般钢结构焊接。

碱性焊条是指药皮中含有碱性氧化物的焊条。E5015 是典型的碱性焊条。碱性焊条药皮中含有较多的 $CaCO_3$，焊接时分解为 CaO 和 CO_2，可形成良好的气体保护和渣保护；药皮中含有萤石（CaF_2）等去氢物质，使焊缝中氢含量低，产生裂纹的倾向小。但是，碱性焊条药皮中的稳弧剂少，萤石有阻碍气体被电离的作用，故焊条的工艺性能差。碱性焊条氧化性小，焊接时无明显碳-氧反应，对水、油、铁锈的敏感性大，焊缝中容易产生气孔。因此，使用碱性焊条焊接时，一般要求采用直流反接，并且要严格地清理焊件表面。另外，焊接时产生的有毒烟较多，使用时应注意通风，一般用于重要的焊接结构或要求焊缝具有较高的塑性和冲击韧性的场合。

（3）焊条的选用原则 焊条的种类与牌号很多，选用得合适与否，将直接影响焊接质量、生产效率和产品成本等。通常选用焊条时应考虑以下原则。

① 根据被焊的金属材料类别选择相应的焊条种类。例如，焊接碳钢和低合金结构钢时，应选用结构钢焊条。

② 结构钢焊条的力学性能应满足焊缝与焊件"等强度"的要求。即选用抗拉强度与母材抗拉强度相同的结构钢焊条。对特殊钢（耐热钢、不锈钢等），为保证接头的特殊性能，应使焊缝与焊件具有相同或相近的成分。

③ 焊接结构在较差的条件下工作（如承受冲击载荷、高温、高压）时，则应选用碱性焊条。如焊件工作条件较好，母材质量较高，则应选用较经济的酸性焊条。

④ 对几何形状复杂、厚度大、焊接时易产生较大应力和裂纹的焊件，应选用抗裂性好的碱性焊条。

⑤ 焊条工艺性能要满足施焊操作需要。如在非水平位置施焊时，应选用适于各种位置焊接的焊条。

9.1.1.2 手工电弧焊

用手工操纵焊条进行焊接的电弧焊方法，称为手工电弧焊，又称焊条电弧焊，是焊接生产中应用最广泛的一种方法。

手工电弧焊的设备为直流焊机和交流焊机。采用直流焊机电弧焊时，有两种极性接法：将工件接阳极，焊条接阴极时，称为直流正接，工件受热较大，适合于焊接厚而大的工件；工件接阴极，焊条接阳极时，称为直流反接，此时工件受热较小，适合于焊接薄而小的工件。采用交流焊机电弧焊时，两极极性不断产生交替变化，不存在正接或反接的问题。

手工电弧焊焊接时（图9-4），电弧在焊条与被焊工件之间燃烧，电弧热使焊条和工件同时熔化成为熔池。表面涂有药皮的焊条，作为电极，同时又作为填充金属，熔滴在重力和电弧气体吹力的作用下熔入熔池。电弧热使药皮熔化或燃烧后，与液态金属起物理化学反应，所形成熔渣不断地从熔池中向上浮起，覆盖在熔池之上，药皮燃烧产生的大量 CO_2 保护气体，形成气流并围绕在电弧周围，熔渣和气流可保护熔池液态金属和焊缝金属不受空气中氧和氮的侵入，起保护熔化金属的作用。当电弧向前移动时，工件和焊条金属不断变化，又汇成新的熔池，原来的熔池则不断地冷却凝固，便形成连续的焊缝，而覆盖在焊缝表面的熔渣也不断冷却，逐渐凝固成为固态渣壳，熔渣和渣壳对焊缝成型的质量以及减缓焊缝金属的冷却速度有着重要的作用。

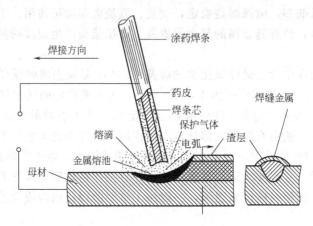

图 9-4　手工电弧焊焊接过程示意

　　手工电弧焊设备简单易维护，使用灵活方便，适用于室内、室外、高空和各种位置的焊接。但对焊工操作技术要求高，焊接质量在一定程度上取决于焊工的操作技术。此外，手工电弧焊劳动条件差，生产效率低。因此手工电弧焊适于单件或小批量生产中焊接各种碳钢、低合金钢、不锈钢及耐热钢，也适于焊接高强度钢、铸铁和有色金属，适宜焊接的厚度为 3～20mm。活泼金属（如钛、铌、锆等）和难熔金属（如钽、钼等）由于保护效果不够好，焊接质量达不到要求，不能采用手工电弧焊。

9.1.1.3　埋弧焊

　　埋弧焊是用不断送进的焊丝作电极，电弧在颗粒状焊剂层的覆盖下燃烧，在焊剂层下面燃烧的焊接方法。在焊接过程中，主要的焊接动作（引燃电弧、送进焊条、维持一定弧长、向前移动电弧）都由机械自动完成，则称为埋弧自动焊。它可以大大提高劳动生产率和焊接质量，并且可改善工人的劳动条件，现在焊接技术正向半自动化和自动化发展。

9.1.1.3.1　埋弧自动焊的焊接过程

　　埋弧自动焊在焊接时的情况如图 9-5 所示，焊接电源分别接在导电嘴和工件上以产生电弧，焊接时自动焊机的送丝机构将光焊丝自动送进，经导电嘴进入电弧区，并保证弧柱具有一定的长度，焊剂从漏斗中不断流出，均匀地撒敷在工件表面，电弧在焊剂（熔剂）层下面燃烧。焊剂漏斗、送丝机构及控制盘等通常安装在一台电动小车上，小车可以按照调节的速度沿着预定的轨道均匀地自动行走，电弧也均匀地沿着焊缝向前移动。

　　图 9-6 所示是埋弧自动焊的纵截面图，电弧在颗粒状的焊剂层（厚度约 40～60mm）下燃烧后，工件金属被熔化成较大体积的熔池，由于电弧向前移动，熔池金属被熔渣覆盖，同时被电弧气体排挤向后，堆积形成焊缝。一部分焊剂熔化后形成熔渣覆盖在熔池

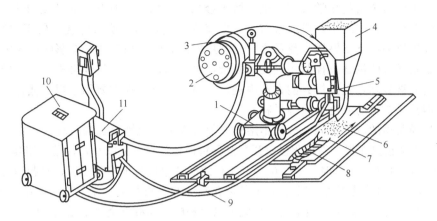

图 9-5　埋弧自动焊示意

1—焊接小车；2—控制盘；3—焊丝盘；4—焊剂漏斗；5—焊接机头；6—焊剂；
7—渣壳；8—焊缝；9—焊接电缆；10—焊接电源；11—控制箱

表面，与液体金属起有利的物理化学反应。由于电弧被熔渣包围，大部分焊剂未熔化，可收回重新使用。熔渣既阻挡了弧光对外辐射和液体金属的飞溅，又使得空气不能浸入熔池和焊缝，还可减少电弧的热能损失。

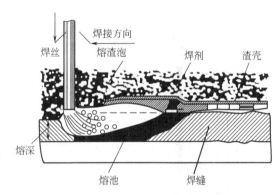

图 9-6　埋弧自动焊的纵截面示意

9.1.1.3.2　埋弧自动焊的特点

（1）焊接质量高而且稳定　埋弧自动焊焊剂供给充足，熔渣对电弧区保护严密，金属反应较为彻底，工艺参数稳定，所以焊接质量高而且焊缝表面成形美观。

（2）生产率高，省工省料　与手工电弧焊比，埋弧自动焊的生产率提高 5～10 倍。另外，因为焊丝和焊剂分别进入熔池，所以埋弧自动焊的电流常用到 1000A 以上，熔深大，对 20mm 以下的对接焊缝不需开坡口，既省料，又提高生产率。埋弧自动焊焊接时没有焊条头，也能节省大量的焊接材料。

（3）工人劳动条件好　焊接过程无须更换焊条，焊接过程看不到弧光，没有弧光的辐射，焊接烟尘也很少，也不需要焊工手工操作，所以劳动条件大为改善。

埋弧自动焊常用来焊接长的直线焊缝和较大直径的环形焊缝，特别是当焊接中厚板工件和大批量生产时，其优越性尤其显著。但是，埋弧自动焊价格较贵，且受轨道限制，不如手工电弧焊灵活，不适用于焊接短小、弯曲的焊缝及空间焊缝。目前，埋弧自动焊在造船、桥梁、锅炉与压力容器、重型机械等行业中应用十分广泛。

9.1.1.4　气体保护焊

气体保护电弧焊是利用外加气体将电弧和液态金属与周围的空气隔绝开，以防在焊接过程中空气与液态金属发生冶金反应，从而保证焊缝的焊接质量。最常用的气体保护焊是氩弧焊和二氧化碳保护焊。

9.1.1.4.1　氩弧焊

氩弧焊是以氩气作为保护气体的气体保护焊。由于氩气是惰性气体，即使在高温情况下，氩气也不会与金属起化学反应，也不熔于金属，所以几乎适用于所有金属材料的焊接；氩弧焊的电弧稳定，飞溅小，焊缝致密，成形美观；氩弧焊是明弧焊接，便于观察和操作；电弧是在气流压缩状态下燃烧，热量集中且利用率高，焊接速度快，热影响区较窄，工件变形小。但是氩弧焊的设备及控制系统比较复杂，氩气的价格高，故焊接成本高；同时，为了防止保护气流被破坏，氩弧焊只能在室内进行。目前，氩弧焊主要用于焊接低合金钢、不锈钢、耐热钢及易氧化的有色金属等材料。

按氩弧焊所用的电极不同，分为不熔化极氩弧焊和熔化极氩弧焊两种。

(1) 不熔化极氩弧焊　不熔化极氩弧焊又称钨极氩弧焊（见图 9-7），是采用高熔点的铈钨棒或钍钨棒作为电极。焊接时，通过电极和工件之间产生电弧来熔化金属，只起填充作用的焊丝从另一侧送入，电弧热将填充金属和工件熔化在一起形成焊缝。氩气通过喷嘴进入电弧区，使电弧周围形成气体保护层隔绝空气，因此可以保护电极和液态金属不受空气的有害影响。

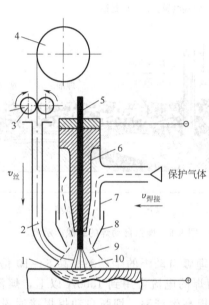

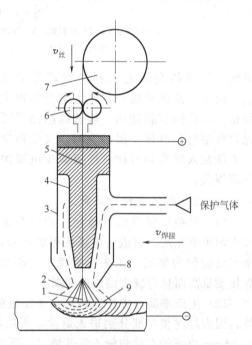

图 9-7　钨极氩弧焊（自动焊）示意
1—熔池；2—焊丝；3—送丝滚轮；4—焊丝盘；
5—钨极；6—导电嘴；7—焊距；8—喷嘴；
9—保护气体；10—电弧

图 9-8　熔化极氩弧焊（自动焊）示意
1—焊接电弧；2—保护气体；3—焊距；4—导电嘴；
5—焊丝，钨极；6—送丝滚轮；7—焊丝盘；
8—喷嘴；9—熔池

(2) 熔化极氩弧焊　熔化极氩弧焊如图 9-8 所示，是以连续送给的焊丝作电极并兼作填充金属，焊丝由送丝滚轮连续输送进入导电嘴，与工件之间产生电弧，并不断地熔化形成细小的熔滴，喷射进入熔池，与熔化的工件一起形成焊缝。熔化极氩弧焊较适宜焊接厚度大于 3mm 的焊件。

9.1.1.4.2　二氧化碳气体保护焊

二氧化碳气体保护焊（图 9-9），是以二氧化碳气体作为保护气体，以焊丝作为电极和填充金属，在电极和工件之间产生电弧熔化金属的电弧方法。CO_2 气体保护焊的焊接过程与熔化极氩弧焊相似，只是通入的保护气体不同，熔滴的形式也不同。焊丝由送丝机构通过软管经导电嘴送出，CO_2 气体从喷嘴中以一定流量喷出，电弧引燃后，焊丝末端、电弧以及熔池即被 CO_2 气体所包围，与空气机械地隔开，因而可以防止空气对液态金属的有害影响。与此同时，CO_2 是氧化性较强的气体，在电弧高温下能分解为 CO 和 O，使钢中的 C、Mn、Si 及其他合金元素烧损，故不适宜于焊接有色金属和高合金钢。同时为保证焊缝的合金元素，必须采用含锰、硅较高的低碳非合金钢丝或含有相应合金元素的合金钢丝。例如，焊接低碳非合金钢常用 H08MnSiA 焊丝，焊接低合金结构钢常用 H08Mn2SiA 焊丝。

由于所用的保护气体价廉，焊缝成形良好，抗裂性好，热影响区小及变形小，因此对低碳钢和低合金钢焊接，这是一种高效率、低成本和高质量的焊接方法，也较适用于薄板焊接，目前广泛应用于造船、汽车、机车车辆、农业机械等工业部门。但是，CO_2 气体保护焊焊缝表面成形不够美观，弧光强烈，飞溅较大，烟雾较多，需采取防风措施，且不易焊接易氧化的有色金属和高合金钢。

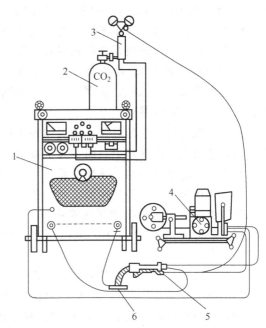

图 9-9　CO_2 气体保护半自动焊示意
1—焊接电源及控制箱；2—CO_2 钢瓶；3—加热器；
4—送丝机构；5—焊枪；6—工件

9.1.2　其他熔焊方法

熔化焊除了电弧焊之外，常用的还有电渣焊、气焊。此外，随着科学和焊接技术的发展，等离子弧焊、真空电子束焊、激光焊等近年来也发展迅速，应用也越来越广泛。

9.1.2.1　电渣焊

电渣焊是利用电流通过液体熔渣产生的电阻热作为热源，将焊丝和工件在被焊接处熔化来进行焊接的方法。电渣焊一般是在垂直立焊位置进行焊接，如图 9-10 所示。被焊接的工件 1 位于垂直位置，相距 25～35mm，焊接的起始端和结束端装有引弧板和熄弧板。工件待焊焊缝两侧装有冷却铜滑块 5，使液态熔渣及金属不会外流，冷水从其内部通过，强制熔池冷却凝固成为焊缝。焊接时，先将颗粒状焊剂装入焊缝空间至一定高度，然后焊丝在引弧板上引燃电弧，焊剂熔化后形成的渣池 3 具有较大的电阻，渣池达到一定深度时，电弧被淹没而熄灭，当电流通过时即产生大量电阻热，使渣池温度保持在 1700～2000℃。焊丝 2 与工件 1 被渣池加热熔化而形成熔池 4。焊接过程中，不断送进的焊丝和工件的被焊接处被迅速熔化，形成熔池，随着熔池液面及渣池逐渐上升，冷却铜滑块 5 也同时逐渐向上移动，渣池始终浮在熔池上面，下面的金属则逐渐凝固成焊缝 6，从而使立焊缝一次焊成。由于渣池热量多，温度高，与熔渣接触的金属都被熔化，

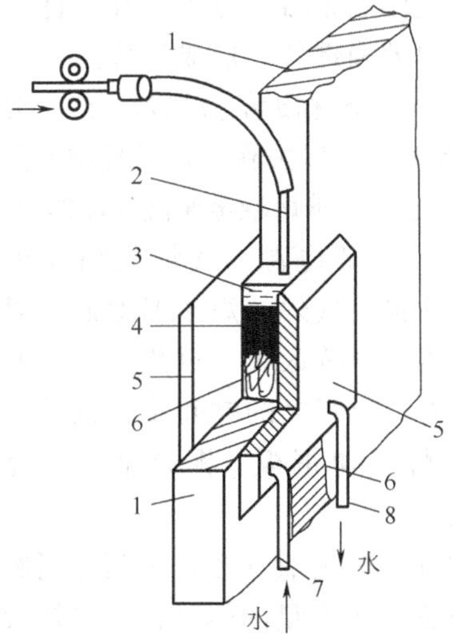

图 9-10　电渣焊示意
1—工件；2—焊丝；3—渣池；4—熔池；
5—冷却铜滑块；6—焊缝；7—冷却
水进水管；8—冷却水出水管

而且焊丝在焊接时还可以左右缓慢摆动，因此很厚的工件也可用电渣焊一次焊成。

电渣焊可以一次焊成很厚的工件，生产率高、成本低，且渣池的保护效果好。但焊接热影响区大，易产生过热组织和晶粒粗大，所以对于比较重要的构件，焊后还必须进行正火处理，以改善其力学性能。电渣焊主要用于厚度在 40mm 以上钢板的直焊缝或环焊缝的焊接，已在我国水轮机、水压机、轧钢机、重型机械等大型设备制造中得到广泛应用。

9.1.2.2 等离子弧焊接

一般电弧焊所产生的电弧，未受到外界约束，称之为自由电弧，电弧区内的气体尚未完全电离，能量也未高度集中。而等离子弧则是由等离子发生器产生的一种弧柱气体完全电离的具有较高的能量密度的"压缩电弧"。等离子弧焊就是利用高温离子弧作为热源进行焊接的，它与钨极氩弧焊电弧很相似，其主要区别在于等离子弧发生器中的钨极是缩在喷嘴内，而钨极气体保护焊的钨极则露在喷嘴外。与一般电弧焊相比，等离子弧焊接时热量高度集中，其温度可达 16000K 以上，电弧稳定，熔透能力强；焊接速度显著提高，焊接应力小，变形小，力学性能好。

等离子弧焊接又可分为微束等离子弧焊接和大电流等离子弧焊接。微束等离子弧焊接所利用的小电流（通常为 0.1～30A），故比较柔和，主要用于焊接厚度为 0.025～2.5mm 的箔材及薄板。当焊接厚度大于 2.5mm 时，则采用较大的电流（通常为 100～300A），此时温度高，可焊接厚度在 7mm 以下的非合金、钢板和 10mm 以下的不锈耐蚀钢板。

但等离子弧焊接的设备投资高，气体消耗量大，焊接成本高。目前主要用于国防工业及尖端技术中，焊接一些难熔、易氧化及热敏感性较强的材料（如铜合金、合金钢、钨、钼、钴、钛等）、不锈耐蚀钢等以及对焊接质量要求高的非合金钢和有色金属合金，如钛合金的导弹壳体、波纹管及膜盒、微型继电器、电容器的外壳封接以及飞机薄壁容器等。

9.1.2.3 气焊与气割

气焊是指利用气体火焰作为热源的焊接方法。常见的利用氧-乙炔焰作为热源的氧-乙炔焊如图 9-11 所示。焊接时，氧气与乙炔的混合气体在焊嘴中配成。混合气体点燃后加热焊丝和焊件的接边，形成熔池。移动焊嘴和焊丝，形成焊缝。

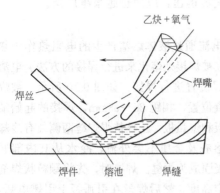

图 9-11 氧-乙炔焊示意

气焊焊丝一般选用与母材相近的金属丝，焊接时常与熔剂配合使用。气焊熔剂用以去除焊接过程中产生的氧化物，还具有保护熔池、改善熔融金属流动性的作用。

气焊设备简单，不需要电源，气焊火焰易于控制，操作简便，灵活性强。气焊的焊接温度低，对焊件的加热时间长，焊接热影响区大，过热区大。但气焊薄板时不易烧穿焊件，对焊缝的空间位置也没有特殊要求。气焊常用于焊接薄钢板、铜合金、铝合金等，也用于焊补铸铁。气焊对无电源的野外施工有特殊意义。

气割是利用预热火焰将被切割的金属预热到燃点，再向此处喷射氧气流，被预热到燃点的金属在氧气流中燃烧形成金属氧化物。同时，这一燃烧过程放出大量的热量，这些热量将金属氧化物熔化为熔渣，熔渣被氧气流吹掉，形成切口，从而实现工件的切割。气割实质上是金属在氧气中燃烧的过程。金属燃烧放出的热量在气割中具有重要的作用。气割的效率高、成本低、设备简单、操作灵活，且不受切割厚度与形状的限制，并能在各种位置进行切割。目前，气割广泛应用于纯铁、低碳非合金钢、中碳非合金钢和普通低合金钢的切割，但高碳非合金钢、铸铁、高合金钢及铜、铝等非金属及其合金，均难以进行气割。除了手工操作进行气割外，半自动、自动气割也得到了广泛应用。

9.1.2.4 真空电子束焊

利用加速和聚焦的高速电子束轰击置于真空中的焊件所产生的热能，使金属熔合的焊接方法称为真空电子束焊。它是当真空电子枪的阴极被灯丝加热到 2600K 时发出大量电子，这些电子在阴极与阳极之间的高压静电场作用下，经电磁透镜聚焦成能量高度集中的电子流束并被加速，以极大的速度穿过阳极孔射出，然后经过聚焦线圈汇聚成直径为 0.3~3.2mm 的电子束轰击工件表面，电子的动能转变为热能，使焊件金属迅速熔化甚至汽化。

真空电子束焊具有不使用填充材料、焊透能力强、热影响区小等优点。它不仅可以焊接一般材料，而且可以用来焊接其他工艺方法难以焊接的材料，如易氧化金属、高熔点金属等。由于这种工作成本高，目前主要用于其他工艺方法难以胜任的焊接。

9.1.2.5 激光焊

激光焊是 20 世纪 70 年代发展起来的焊接新技术，它以高能量密度的激光作为热源，对金属进行熔化，形成焊接接头。激光产生的基本理论是受激辐射，即使激光材料（如钕玻璃、红宝石、二氧化碳）受激产生光束，经聚焦后具有极高的能量密度，在极短的时间内光能可转变成热能，其温度可达数万度以上，足以使被焊材料达到熔化和汽化。利用激光束可进行焊接、切割和打孔等加工。激光焊的速度快，热影响区和变形极小，被焊材料不易氧化。与电子束比，激光焊不产生 X 射线，不需要真空室，适合于对结构形状复杂和精密零部件施焊。激光能反射、透射，甚至可用光导纤维传输，所以可进行远距离焊接，还可对已密封的电子管内部导线接头实现异种金属的焊接。目前激光焊主要应用于半导体、电讯器材、无线电工程、精密仪器、仪表部门小型或微型件的焊接。

9.2 压力焊和钎焊

压力焊是将焊件接头处局部加热到高温塑性状态或接近熔化状态（也可不加热），然后施加一定的压力，使接头处紧密接触并产生大量的塑性变形，促使原子间扩散，在结合面上产生共同晶粒而形成连接的焊接方法。钎焊是利用熔点比工件低的钎料金属或合金作填充金属，适当加热后，钎料熔化而母材并不熔化，利用液态钎料在固态母材之间扩散，冷凝后形成牢固接头的焊接方法。钎焊一般分为软钎焊和硬钎焊。

9.2.1 压力焊

常用的压力焊的方法有电阻焊、摩擦焊、超声波焊、爆炸焊等。这里主要介绍电阻焊。

9.2.1.1 电阻焊

电阻焊是利用电流通过接头的接触面及临近区域产生的电阻热加热，并对焊件施加压力，使金属在短时间内局部熔融而达到连接目的的焊接方法。电阻焊具有生产率高、焊接变形小、接头质量高、劳动条件好等优点，且不加填充材料，易于实现机械化、自动化，经济效益显著。但电阻焊设备复杂，耗电量大，对焊件厚度和截面形状有一定限制，一般适应于大批量生产。电阻焊根据焊缝形状的不同，又分为点焊、缝焊和对焊。

（1）点焊　点焊是把焊接工件表面清理好后置于点焊机的两柱状铜合金电极之间，先预压使工件紧密接触，然后接通电流。由于两工件之间的接触电阻较大，使焊接工件被电极夹持区域的接触处产生高热，等到材料局部熔化形成熔核，其周围呈塑性状态后再切断电流，继续保持或稍加大压力，使熔核凝固后形成焊点（见图 9-12）。

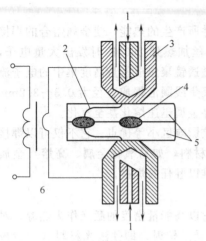

图 9-12　点焊示意
1—冷却水；2—分流；3—电极；4—焊点；5—焊件；6—电阻焊变压器

焊完一个焊点后，移动工件，再焊接下一个点时，部分电流会流经已焊好的焊点或工件其他部位，这种现象称为分流。分流使焊接处的电流减少，影响焊接质量。因此，焊点之间应有一定的点距，工件厚度越大、材料导电性能越好，分流现象越严重，点距应越大。另外，焊接电流、焊接时间、焊接压力（电极压力）、工件表面清理质量和电极头断面尺寸等也是影响点焊焊接质量的主要因素。

点焊主要用于焊接薄壁零件，不要求密封的薄板冲压结构；低碳非合金钢零件的厚度在 6～10mm 以下，有色金属零件厚度应在 3mm 以下，钢筋直径小于 25mm 以及金属网的焊接。目前，点焊已经广泛用于汽车制造、飞机等薄壁结构以及日常生活用品的生产中。

（2）缝焊　缝焊的焊接过程与点焊相似，只是用滚动的滚轮电极取代点焊时所用的柱状电极。焊接时焊件在滚轮式电极之间移动，以连续的焊点形成一条密封的焊缝。焊接时滚轮电极压紧工件并滚动，配合断续通电，边焊边滚，所以缝焊又称为滚焊（见图 9-13）。

缝焊焊缝密封性好，主要用于制造有密封性要求的薄壁结构。但因缝焊过程分流严重，焊相同板厚的工件时，焊接电流应为点焊的 1.5～2 倍，因此需要大功率的焊机。一般可焊接厚度在 3mm 以下的薄板结构，在汽车、飞机制造业中应用广泛，可焊低碳钢、合金钢、铝及其合金等。

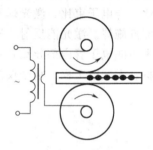

图 9-13　缝焊

（3）对焊　对焊是利用电阻热将两个工件在整个断面上焊接起来的方法，根据焊接过程的不同，对焊又分为电阻对焊和闪光对焊两种形式（见图 9-14）。

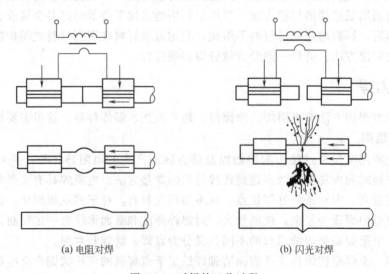

(a) 电阻对焊　　　　　　　　(b) 闪光对焊

图 9-14　对焊的工艺过程

电阻对焊将两个工件夹紧在焊接机的夹头上，使工件接头端部紧密接触，利用电阻热加热至塑性状态，然后断开电源，同时迅速施加顶锻力，从而完成焊接。电阻对焊接操作简单，接头外观光滑，但对端面的加工和清理要求较高，电阻对焊一般用于断面形状简单，截面面积小于 $250mm^2$，强度要求不高的杆件的对接，材料一般以非合金钢、铝等为主。

闪光对焊是将两个杆件夹紧在电极钳上，接通电源且使两个端面逐渐移动靠拢并接触，由于接触端面凹凸不平（开始时为点接触），通过点的电流密度很大，产生的电阻热也就很大，使工件金属迅速熔化、蒸发，并在电磁力作用下爆裂，产生闪光喷发现象，经过多次闪光将端面的氧化物全部清除，直到整个端面金属达到均匀熔化状态，并在一定范围内形成塑性层，在断电的同时施加顶锻力，挤出熔化层并产生大量塑性变形，从而完成焊接。闪光对焊的内部质量比电阻对焊要好，夹渣少、强度高，焊前焊件清理要求低，故比电阻对焊应用更广泛，但金属的损耗较大。在生产中，闪光对焊常用于对接同种或异种金属、合金的各种断面，以节省贵重金属与合金并减少机械加工的困难；被焊件工件可以是直径为 0.01mm 的金属丝，也可以是直径为 500mm 的管材、截面积为 $20000mm^2$ 的型材。

9.2.1.2 摩擦焊

摩擦焊是利用工件接触端面相互摩擦所产生的热，使端面加热到塑性状态，然后迅速加压，完成焊接的一种压力焊方法。

图 9-15 为普通摩擦焊示意图。焊接两个圆形横断面工件时，先使一工件以中心线为轴高速旋转，再移动另一工件，使之与旋转工件接触，并施加轴向压力，靠摩擦产生热量，待工件被加热到高温塑性状态时，停止转动，同时施加更大的轴向压力，使两焊件产生塑性变形，焊接起来。

摩擦焊的特点是焊接质量好且稳定，可焊接的金属范围广（同种、异种金属均可焊），操作简单，容易实现自动化，生产率高，生产成本低。主要用于圆形截面工件、棒料和管子等的对接。已广泛用于生产各种铝-铜过渡接头、铜-不锈钢水电接头等产品。

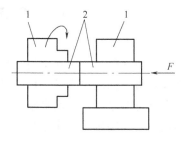

图 9-15　摩擦焊示意
1—夹头；2—焊件

9.2.1.3 超声波焊接

随着科学技术的发展和新能源的应用，焊接技术上也不断发展，出现了新的焊接技术——超声波焊接。

超声波焊接是利用超声频率的机械振动能量和静压力共同作用，来连接同质或异质零件的特殊压力焊接方法。超声波焊接与电阻焊相似，但超声波焊接时对焊件不加热、不通电。因此缝焊区和近焊区的金属组织性能变化极小，接头强度高且稳定性好。对高热导率的材料（如 Ag、Cu、Al 等）的焊接很容易。可以进行同种和异种材料焊接，特别适合于超薄件（如可焊接厚度为 0.002mm 的金箔及铝箔）、细丝以及微型器件的焊接，也可以用于焊接厚薄相差悬殊以及多层箔片等特殊焊件。由于是固态焊接，没有高温氧化、污染和损伤微电子器件，所以最适合用于半导体硅片与金属丝（Au、Ag、Al、Pt、Ta 等）的精密焊接。超声波焊接前对工件表面清洗的要求不高。

9.2.2 钎焊

钎焊的特点是焊接质量高，生产率高，接头外表美观，可焊接物理性能差别很大的金属，且设备简单，但焊接接头的强度和耐热性能差。为了焊接牢固，必须净化被焊接工件表面，清除焊接表面上的污垢及氧化物。为了防止焊接表面加热时重新氧化，还要添加钎剂。钎焊主要用于机械、电子、仪表、航天、原子能以及化工、食品等行业。根据钎料熔点的不同，钎焊分为硬钎焊和软钎焊两种。

(1) 软钎焊 软钎焊是指钎料的熔点低于 450℃ 的钎焊，其接头强度低于 70MPa。软钎料固态状态时较柔软，应用最广泛的软钎料是锡铅合金，俗称锡焊。使用的钎剂为松香、松香酒精溶液、氯化锌溶液等。这类钎料熔点低，液态钎料渗入接头间隙的能力较强，具有较好的焊接工艺性能。锡铅钎料还具有良好的导电性能。因此，软钎焊广泛用于印刷电路板、电子元件器、仪器仪表和导线等的焊接。

(2) 硬钎焊 硬钎焊是指钎料熔点高于 450℃ 的钎焊，其接头强度在 200MPa 以上。常用的钎焊有铜基、银基、铝基、镍基等合金。钎剂常用硼砂、硼酸、氯化物、氟化物等。硬钎焊的焊接接头强度高，主要用于受力较大及工作温度较高的焊件焊接，如自行车车架、工具和刀具等。

钎焊加热方法很多，几乎所有的热源都可以用作钎焊的热源。常用的加热方法有火焰加热钎焊（气炬火焰或钎焊喷灯加热）、感应加热钎焊、盐浴加热钎焊、炉内加热钎焊，其他还有采用烙铁加热、红外线加热，电子束加热、激光加热等。生产中要根据不同的技术要求和实际条件选择，其中烙铁加热的温度很低，只适用于软钎焊。

9.3 常用金属材料的焊接性能

金属材料是一种常用的工程材料，但不是所有的金属相互之间都能够实现焊接。不同的金属材料，其焊接质量、焊缝强度、密封性等性能是不同的，出现的焊接缺陷也有差异，有的金属材料之间还不能直接焊接。所以在决定金属材料是否采用焊接之前，要对金属材料的焊接性、焊接特点等问题有所了解，以保证焊接质量。

9.3.1 金属材料的焊接性

金属材料的焊接性，是指在采用一定的焊接工艺、焊接材料、工艺参数及结构形式的条件下，被焊接的金属材料获得优质焊接接头的难易程度。金属材料的焊接性主要包括两个方面：一是焊接接头产生工艺缺陷的敏感性，即工艺焊接性；二是焊接接头在使用条件下的工作可靠性，即使用焊接性。

9.3.1.1 工艺焊接性

工艺焊接性是指在某一焊接工艺条件下，能得到优质焊接接头的能力。它不是金属本身固有的性能，也不是一成不变的，如果采用不同的焊接方法及焊接材料，其焊接性可能有很大的差别。例如铸铁用普通焊条不容易保证质量，但用镍基焊条则焊接质量较好。随着新的焊接方法、焊接材料和工艺措施的不断出现而完善，某些原来不能焊接或不易焊接的金属材料，也会变成能够焊接或易于焊接的金属。例如化学活泼性极大的钛的焊接曾是极困难的问题，但自从氩弧焊技术比较成熟以后，钛及钛合金的焊接结构已在工业中大量应用。等离子焊、真空电子束焊、激光焊等新的焊接方法的出现，使 W、Mo、Ta、Nb、Zr 等难熔金属及其合金的焊接成为可能。

实际焊接结构所用的金属材料主要是钢材。影响钢材工艺焊接性的主要因素是化学成

碳钢基本相似。高碳钢焊接时，焊前应进行退火处理，焊接前必须预热，其温度一般为250～350℃。焊后最好立即加热到600～650℃，进行消除内应力热处理。高碳钢的焊接一般不用于制造焊接结构，只用于修补工件的缺陷而进行的焊接，可采用手工电弧焊或气焊。

9.3.2.3 低合金结构的焊接

焊接生产中大量应用的低合金结构钢主要是普通低合金高强度结构钢，常用手工电弧焊和埋弧焊进行焊接。虽然低合金钢的含碳量都较低（一般控制在0.20%以下），对硫、磷控制较严，但由于其他化学成分不同，所以焊接性的差别也比较显著。

强度级别低的低合金结构钢（$\sigma_s < 392MPa$），含合金元素较少，碳当量低（$C_E < 0.4\%$），具有良好的焊接性，其焊接工艺和焊接材料的选择与低碳非合金钢基本相同，一般也不需要采取特殊的工艺措施。当板较厚或环境温度较低时，才需要预热（100～150℃），重要工件焊后还应进行回火以消除内应力。

强度级别较高的低合金结构钢（$\sigma_s > 392MPa$），淬硬、冷裂倾向增加，焊接性较差，需采取严格的焊接工艺措施，才能保证焊接接头的优良性能。如焊接前要预热（预热温度150～250℃）；焊接时，严格控制热影响区的冷却速度；焊接后，应及时进行回火处理以消除内应力（回火温度600～650℃）。焊条应选用低氢型，焊接顺序要合理。

9.3.2.4 不锈耐蚀钢的焊接

不锈耐蚀钢属于高合金钢，基本合金元素是Cr，含量较高不少于12%。对奥氏体不锈耐蚀钢在焊接中的一个较为突出问题是，在使用中容易在焊接接头处发生晶间腐蚀和热裂纹。为防止和减少焊接接头处的晶间腐蚀，应严格控制焊缝金属的碳含量，应采用超低碳的焊接材料和工件材料。防止热裂纹的办法是选用碳含量很低的工件材料和焊接材料，采用含适量Mo、Si等铁元素体形成元素的焊接材料，使焊缝形成奥氏体加铁素体的双相组织，以减少偏析。

奥氏体不锈耐蚀钢一般均能用各种熔焊方法进行焊接，目前生产上常用的方法是手工电弧焊、埋弧焊、钨极氩弧焊和熔化极氩弧焊，在焊接工艺上一般不需要预热，也不需要进行焊后热处理。

9.3.3 铸铁的补焊

铸铁具有优良的铸造性能，但是铸铁件有时也会出现一些铸造缺陷。铸铁的焊接主要用于铸件铸造缺陷的补焊。铸铁零件在使用过程中发生的局部损坏或断裂，此时可以通过补焊来修复。

9.3.3.1 铸铁焊接的特点

铸铁碳含量很高，属于焊接性不好的金属材料，其焊接过程会产生以下几个问题。

（1）焊接接头易产生白口及淬硬组织　焊接过程中碳和硅等石墨化元素会大量烧损，且焊后冷却速度很快，不利于石墨化，易出现白口及淬硬组织。

（2）裂纹倾向大　由于铸铁是脆性材料，抗拉强度低、塑性差，当焊接应力超过铸铁的抗拉强度时，会在热影响区或焊缝中产生裂纹。

（3）焊缝中易产生气孔和夹渣　铸铁中含较多的碳和硅，它们在焊接时被烧损后将形成CO气体和硅酸盐熔渣，极易在焊缝中形成气孔和夹渣缺陷。

此外，铸铁流动性好，立焊时熔池金属容易流失，所以一般只适于水平位置焊接。

9.3.3.2 铸铁补焊的方法

铸铁补焊常用的方法有气焊、电弧焊、钎焊、CO_2 气体保护焊等。按焊前是否预热分为热焊法及冷焊法。

（1）热焊法　热焊法就是在焊前将铸铁工件整体或局部预热到 $600\sim700℃$ 左右，且焊接过程温度不低于 $400℃$，焊后缓慢冷却。热焊法使焊件受热均匀，冷却速度慢，使石墨充分析出，可有效防止产生白口、淬硬组织及裂纹，焊接质量好，焊后容易进行机械加工。但热焊法成本较高，生产率低，劳动条件差，一般只用于小型及焊后需要机械加工的复杂和重要铸件，如床头箱、汽缸体等。热焊法多采用铸铁芯焊条，用电弧焊或气焊施焊。

（2）冷焊法　冷焊法是在焊接前对工件不预热或只进行较低温度（低于 $400℃$）的预热即可进行焊接的方法。冷焊法主要是依靠焊条来调整焊缝的化学成分，增强焊缝的石墨化能力，以防止或减少白口和裂纹的产生。其特点是生产率较高，成本较低，焊工的劳动条件较好。但有时质量不易保证，多用于补焊要求不高的铸铁或高温预热可能引起变形的铸件。

目前常用于铸铁补焊的焊条有：钢芯铸铁焊条，适用于一般非加工面补焊；高钒铸铁焊条，可用于高强度铸铁及球墨铸铁的补焊；铸铁芯铸铁焊条，适用于较大的灰口铸铁件的补焊；铜基铸铁焊条，用于一般灰铸件非加工面补焊；镍基铸铁焊条，一般只用于重要铸件的加工面补焊。这些焊条可以避免焊缝出现白口铁组织。

对于中小型薄壁铸件补焊则常采用气焊。气焊铸铁可用铸铁焊丝，并需采用溶剂以去除铸铁焊过程中所产生的硅酸盐和氧化物。此外，对铸件加工面上的小气孔、缺陷或小裂纹等也常用钎焊补焊。

9.3.4　有色金属及其合金的焊接

有色金属及其合金的种类很多，并具有钢铁材料所没有的特殊性能，所以在工程上已经成为非常重要的金属材料。由于各种有色金属及其合金的物理性能和化学性能的差异，它们的焊接性能也就各不相同，这里主要介绍铜、铝及其合金的焊接。

9.3.4.1　铜及铜合金的焊接

铜及铜合金的焊接比低碳非合金钢要困难得多，在焊接时经常出现下列情况。

① 铜及其合金的导热性好，热容量大，母材和填充金属不能很好地熔合，产生焊不透现象。

② 铜及其合金的线膨胀系数大，凝固时收缩率大，因此其焊接变形大。如果焊件的刚度大，限制焊件的变形，则焊接应力就大，易产生裂纹。

③ 液态铜溶解氢的能力强，凝固时其溶解度急剧下降，氢来不及逸出液面，易生成气孔。

④ 铜在高温时极易氧化，生成氧化亚铜（Cu_2O），它与铜易形成低熔点的共晶体，分布在晶界上，易引起热裂纹。

⑤ 铜合金中的许多合金元素（锌、锡、铅、铝及锰等）比铜更易氧化和蒸发，从而降低焊缝的力学性能，并易产生热裂、气孔和夹渣等缺陷。

铜及铜合金的焊接方法很多，常采用的主要方法有氩弧焊、气焊、钨极气体保护焊、熔化极气体保护焊、手工电弧焊、钎焊等。紫铜及青铜工件的焊接，采用氩弧焊是保证焊接质量的有效方法，用特制紫铜焊丝，能获得质量良好的焊缝，还有利于减少焊接变形。黄铜工件常采用气焊，一是因为气焊温度低，锌不易蒸发；二是焊接时含硅的焊丝以及焊剂（用硼酸加硼砂配制）使熔池表面形成一层致密的二氧化硅（SiO_2）保护膜，保护效果好且焊接质量较为适宜；中等厚度的板件采用埋弧焊、熔化极气体保护焊和电子束焊较为合理；厚度较大的板件建议采用熔化极气体保护焊和电渣焊。

为保证铜及其合金的焊接质量，常采取如下措施：严格控制母材和填充金属中的有害成分，对重要的铜结构，必须选用脱氧铜做母材。要清除焊件、焊丝等表面上的油、锈和水分，以减少氢的来源。另外焊前需预热，以弥补热传导损失，并改善应力分布状况；焊后进行再结晶退火，以细化晶粒和破坏晶界上的低熔点共晶体。

9.3.4.2 铝及铝合金的焊接

铝及铝合金的焊接性能较其他金属还要差，主要原因如下。

① 铝及铝合金具有强的氧化能力，在焊接过程中，极易生成熔点高（约2050℃）、密度大（3.85g/cm³）的氧化铝，阻碍了金属之间的良好结合，并易造成夹渣。

② 液态铝的溶氢能力强，凝固时其溶氢能力将大大下降，易形成氢气孔。

③ 铝及铝合金的线膨胀系数约为钢的两倍，凝固时的体积收缩率达6.5%左右，因此，焊接某些铝合金时，往往由于过大的内应力而容易在脆性温度区间内产生热裂纹。

④ 铝在高温时强度和塑性很低，焊接时常由于不能支持熔池金属而引起焊缝塌陷或烧穿。

因此，焊接铝及铝合金时，选择正确的焊接方法，严格控制焊接规范及操作工艺，就显得更加重要。一般焊前要清除工件坡口和焊丝表面的氧化物，焊接过程中最好采用氩气保护。目前焊接铝及铝合金的较好方法有氩弧焊、电阻焊（点焊、缝焊）、等离子焊、真空电子束焊和钎焊。氩弧焊热量集中，焊缝质量高，是焊接铝及铝合金较完善的方法。要求不高的工件也可用气焊或手工电弧焊。在气焊时，需采用熔剂，并在焊接过程中不断用焊丝挑破熔池表面的氧化膜。焊丝一般采用与被焊工件材料化学成分相近的焊丝。

 ## 9.4 焊接件的结构工艺性

焊接件的结构工艺性的好坏对焊接质量、生产率和经济性等方面都将产生重大的影响。焊接件的结构工艺性不仅要考虑结构的使用性能、环境要求和国家的技术标准与规范，而且要充分考虑焊接结构的焊接工艺性和现场的具体条件，如焊接结构材料的选择、焊接方法的选择、焊接接头的工艺设计等，才能获得优化的设计方案，实现优质、高效、低成本的焊接件生产。

9.4.1 焊接应力与变形

焊接过程是一个极不平衡的热循环过程，焊接时对焊接接头的局部加热和冷却，其膨胀和收缩必然受周围冷金属的制约，常产生焊接应力和变形。焊接应力的存在，使焊件的实际承载能力下降，甚至产生裂纹，引起断裂。变形的存在造成结构形状和尺寸的改变，增加装配难度。所以有变形存在，往往需要矫正，这不仅增加制造成本，还会使矫正部位的性能下降。变形量过大，还可能因无法矫正而报废。为此，应充分了解焊接应力与变形产生的原因，在设计焊接结构时采取有效措施防止或减少焊接应力与变形的产生。

9.4.1.1　焊接应力与变形产生的原因

焊接对焊缝区不均匀的加热和冷却是产生焊接应力和变形的根本原因。

焊缝是靠一个移动的点热源加热，然后逐次冷却来形成的。因而应力的形成、大小分布状况较为复杂。为简化问题，假定整条焊缝同时形成。焊缝及其相邻区金属处于加热阶段时都会膨胀，但受到焊件冷金属的阻碍，不能自由伸长而受压，形成压应力。该压应力使处于塑性状态的金属产生压缩变形。随后再冷却到室温时，其收缩又受到周边冷金属的阻碍，不能缩短到自由收缩所应达到的位置，因而产生残余拉应力（焊接应力）。图9-16所示为平板对接焊缝的焊接应力分布状况。"＋"表示拉应力，"－"表示压应力。

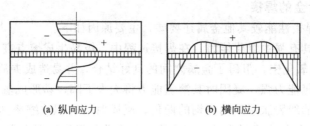

(a) 纵向应力　　　　　　　　　　(b) 横向应力

图 9-16　平板对接焊缝的焊接应力

9.4.1.2　焊接变形的基本形式

焊接变形的形式多种多样，常见的有如图9-17所示的几种基本形式。

（1）收缩变形　焊接后金属构件纵向和横向尺寸缩短，这是由于焊缝纵向收缩（沿焊缝方向）和横向收缩（垂直焊缝方向）引起的，如图9-17(a)所示。

（2）角变形　由于焊缝截面上下不对称（如Ｖ型坡口），焊缝横向收缩沿板厚方向分布不均匀，使板绕焊缝轴转一角度，如图9-17(b)所示。

（3）弯曲变形　因焊缝在结构上分布不对称（如Ｔ型梁和单边焊缝的焊接），引起焊缝的纵向收缩沿焊件高度方向分布不均匀而产生，如图9-17(c)、(d)所示。

（4）波浪形变形　薄板焊接时，因焊缝区的收缩产生较大的压应力而使薄板失稳所致，如图9-17(e)所示。

（5）扭曲变形　又称螺旋变形，是因焊缝在构件横截面上布置不对称和工艺安排不当所致，如工字梁的焊接顺序和焊接方向不合理会引起如图9-17（f）所示的变形。

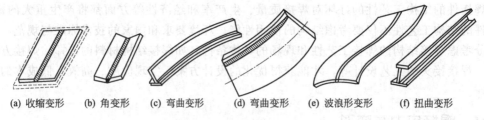

(a) 收缩变形　(b) 角变形　(c) 弯曲变形　(d) 弯曲变形　(e) 波浪形变形　(f) 扭曲变形

图 9-17　焊接变形的基本形式

对于实际的构件，变形情况往往比较复杂，也许是上述几种基本变形的综合。一般情况下，焊后工件的变形是不可避免的，也是允许的，但不能超过一定的限度。否则就会影响工件的使用性能，甚至报废。为此焊接过程中要尽量防止和减少焊接应力和变形。

9.4.1.3　防止和减小焊接应力与变形的措施

在焊接结构中，焊接应力与变形往往既同时存在，又互相制约。如刚性夹持法，可使变形减小，但焊接应力增大。反之焊接应力可能减小，但变形增大。而实际生产中，则要求焊件焊后的应力与变形都要尽可能地小。为此，通常从设计上和工艺上着手考虑。

9.4.1.3.1　合理的结构及接头设计

在设计结构时，应在保证焊接结构有足够承载能力的情况下，尽量减小焊缝的数量、长度及其横截面积；应尽可能将焊缝安排在构件中性轴附近或以中性面对称布置；应尽量避免过分密集和交叉焊缝。

9.4.1.3.2　合理的焊接工艺设计

（1）防止与减小焊接变形的措施　有以下几种方法。

方法一：反变形法，焊前将工件处于反向变形的位置，以抵消焊后所发生的变形，如图9-18所示，这种方法在生产中常用。

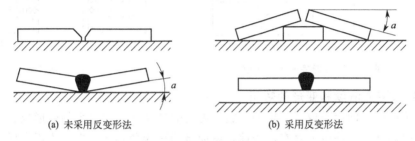

(a) 未采用反变形法　　　　　　　　　(b) 采用反变形法

图9-18　V型坡口对接反变形示意图

方法二：加余量法，在工件下料时适当放宽尺寸，通常增加焊缝尺寸的0.1%～0.2%，以弥补焊后收缩。

方法三：刚性夹持法，焊前将工件用夹具夹紧固定或临时点焊在工作台上，如图9-19所示。这种方法可大大减小焊后变形，但由于增加了刚度，使工件焊后应力增大。对塑性差的金属材料，可能引起裂纹产生，所以这种方法只适用于塑性较好的低碳钢等结构。

方法四：选择合理的焊接顺序，如构件对称的两侧都有焊缝，应按图9-20所示，选择适当的焊接顺序使两侧焊缝产生的收缩互相抵消而减小变形。长焊缝焊接时，常采用逆向分段焊法、分段跳焊法、分段逐步退焊法等，每小段150～200mm，如图9-21所示。一般对于大型构件的拼接，应从中间焊缝向四周焊缝延伸着焊且注意采用合理的焊接顺序，如图9-22所示。

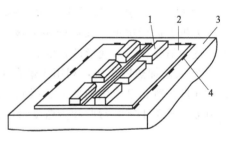

图9-19　用刚性固定法拼接薄板
1—压铁；2—焊件；3—平台；4—临时定位焊缝

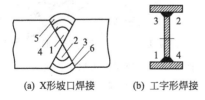

(a) X形坡口焊接　　(b) 工字形焊接

图9-20　对称焊接法数码表示焊接顺序

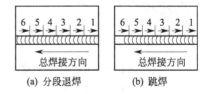

(a) 分段退焊　　　(b) 跳焊

图9-21　长焊缝的分段法数码表示分段焊接顺序

（2）防止与减小焊接应力的措施　反变形法与合理的焊接顺序能造成焊缝的自由收缩，均可有效减小焊接应力。除此以外，还有以下方法。

方法一：预热法，焊前将工件预热到一定温度（视工件厚度及工件材料而定），然后再施焊，由于预热减小了焊缝与周围基体金属的温差，因而可显著减小焊接应力。

方法二：敲击法，焊缝区金属由于在冷却收缩时受阻而产生拉应力，若在焊后冷却过程中用手锤、风锤敲击焊缝金属，使焊缝产生塑性变形，会释放一部分焊接应力。为防止敲裂，应在焊缝塑性较好的红热状态进行敲击。另外为保持焊缝美观，表层焊缝一般不敲击。

方法三：加热减应法，对焊件适当部位进行局部加热，使其伸长，在焊后冷却时，加热区和焊缝一起收缩，从而减小焊接应力。焊件被加热区域称为减应区，如图 9-23 所示。

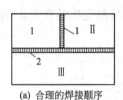 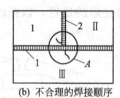

(a) 合理的焊接顺序   (b) 不合理的焊接顺序

图 9-22　焊接顺序对焊接应力的影响

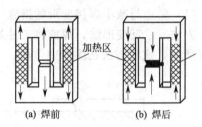

(a) 焊前   (b) 焊后

图 9-23　加热减应法

9.4.1.4　焊接应力消除和变形的矫正

在实际生产中，即使采取了一定的措施，有时焊件还会产生过大的变形或者存在一定应力，而重要的焊件不允许应力存在。为此，就应该消除残余焊接应力，矫正变形。

（1）焊后消除残余应力的方法　最常用的消除焊接残余应力的方法是低温退火，即将焊后的工件加热到 $600\sim650℃$，再保温一段时间，然后缓慢冷却。整体退火可消除 $80\%\sim90\%$ 的残余应力，不能进行整体退火的工件可用局部退火法。

（2）矫正焊接变形的方法　有机械矫正法和火焰加热矫正法。

① 机械矫正法：利用机械力矫正焊接变形。图 9-24 所示是焊后产生弯曲变形的工字梁在压力机上进行矫正。又如薄板的波浪形变形，一般采用敲击焊缝使之延伸，补偿焊接收缩，达到消除波浪形变形的目的。

② 火焰加热矫正法：利用火焰在工件适当的部位进行局部加热和冷却后的收缩所产生的新变形去矫正已产生的变形。因此，正确选择加热部位是火焰矫正的关键。图 9-25 中的三角形是矫正丁字梁弯曲和旁弯变形的火焰加热部位。

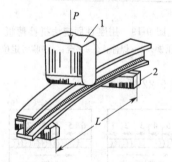

图 9-24　工字梁弯曲变形的机械矫正法

1—压头；2—支撑

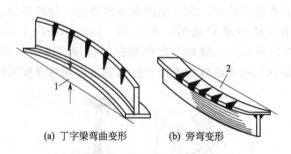

(a) 丁字梁弯曲变形   (b) 旁弯变形

图 9-25　丁字梁的火焰矫正法

1—上拱；2—旁弯

9.4.2　焊接结构材料的选择

选择焊接结构材料的总原则是：在满足使用要求的前提下，尽量选择焊接性能较好的材料。具体应遵循下列原则。

① 应优先选用焊接性好、价格便宜的材料。一般说来，含碳量小于0.25%的低碳钢和碳当量小于0.4%的低合金钢，都具有良好的焊接性，在设计焊接结构时应尽量选用。

② 采用异种材料焊接时，要特别注意材料的焊接性。通常应以焊接性差的材料确定焊接工艺。

③ 尽可能选用轧制的标准型材和异型材。因轧制的型材表面光整、质量均匀可靠，易控制焊接质量。

④ 尽量采用等厚度的材料，因厚度差异大易造成接头处的应力集中和易产生焊不透等缺陷。若必须焊接厚度差异大的材料时，需要考虑过渡结构。

9.4.3 焊接方法的选择

焊接方法的选择，应根据材料的焊接性、焊件厚度、生产率要求、各种焊接方法的适用范围和现场设备条件等综合考虑决定。例如：低碳钢的焊接性用各种焊接方法都良好；焊接中等厚度（10～20mm）焊件，可采用手工电焊弧、埋弧焊、气体保护焊等方法，但由于氩弧焊成本较高，一般不用。焊接长直焊缝或圆周焊缝，且生产批量较大时，宜选用埋弧焊；若焊件为单位生产或缝焊短而处于不同空间位置，则采用手工电弧焊最为方便；若焊接厚度较大（通常35mm以上）的重要结构，条件具备则可用电渣焊；若焊铝合金等易氧化材料或合金钢、不锈钢等重要零件，则应采用氩弧焊，以保证接头质量。总之，在选用焊接方法时，需要分析、比较各种焊接方法的特点及适用范围，结合焊件的结构和工艺特点，合理地选择。

常用焊接方法的比较见表9-3，供选用时参考。

表 9-3 常用焊接方法比较

方法 \ 项目	特 点	应 用
气焊	① 火焰温度比电弧焊低,热量较分散,变形大 ② 温度易调节,设备简单,移动方便,易操作 ③ 适合各种位置焊接,并易单面焊透 ④ 焊接质量较差 ⑤ 生产率低 ⑥ 不用电源,室外作业方便	① 可焊碳钢、低合金钢及其某些有色金属(如黄铜) ② 板厚小于3mm ③ 铸铁补焊 ④ 管子焊接 ⑤ 野外作业
手工电弧焊	与气焊比较 ① 焊接变形小 ② 生产率高 ③ 焊接质量好 与埋弧焊比较 ① 设备简单 ② 适应性强,可全位置焊接 ③ 适合于短、曲焊缝	① 多用于低碳钢、低合金结构钢、有色金属,也用于铸铁补焊 ② 单件小批量生产 ③ 可焊各种位置 ④ 板厚≥1mm,常用3～20mm,多为中厚板 ⑤ 短、曲焊缝
埋弧焊	① 在熔剂保护下焊接,成分均匀、杂质少、表面成形美观、质量稳定 ② 大电流作业,熔深大、熔速快、生产率高 ③ 劳动条件好 ④ 适应性差,一般只能平焊 ⑤ 焊接设备较复杂 ⑥ 焊接操作技术要求低	① 成批生产 ② 长直焊缝,大直径环缝最适合 ③ 适于平焊 ④ 中厚板,可焊3mm,以上,常用6～60mm ⑤ 主要焊低碳钢、低合金结构钢、不锈钢、铜合金

项目 方法	特 点	应 用
CO_2气体 保护焊	① 成本低（CO_2便宜） ② 生产率高（电流密度大） ③ 焊薄板时变形小 ④ 有氧化性。在电流较大时，飞溅较大，焊缝成形较差 ⑤ 可全位置焊接 ⑥ 设备较复杂，维修不便	① 主要用于低碳钢和低合金钢 ② 适合于焊薄板及中厚度（0.8～30mm） ③ 单件小批量或短、曲焊缝用手工 CO_2 焊。成批量生产，长直缝可用 CO_2 自动焊
电渣焊	① 厚截面可一次焊成，生产率高 ② 可铸-焊、锻-焊结合，拼小成大 ③ 材耗少，不开坡口，成本低 ④ 接头晶粒粗大，易过热，焊后需正火 ⑤ 焊缝金属纯净，能除去杂质	① 适合于焊厚板，可焊 25～1000mm 以上，常用 35～450mm ② 多用于重型、大型设备的零件或结构件制造
电阻焊	与熔焊比较 ① 焊接变形小 ② 劳动条件较好 ③ 生产率高 ④ 不需添加焊接材料 ⑤ 设备复杂 ⑥ 耗电量大	① 成批大量生产 ② 气密薄壁容器用缝焊；薄板壳体用点焊；杆状零件用对焊 ③ 可焊异种金属 ④ 适合于搭接 ⑤ 多用于薄板，点焊可焊 10mm 以下，常用 0.5～3mm；缝焊常在 3mm 以下
钎焊	① 接头强度低 ② 工作温度低，变形小，尺寸较精确 ③ 可焊异种金属、异种材料 ④ 生产率高，易机械化 ⑤ 焊前清洗、装配要求严	① 薄小零件焊接 ② 可焊仪器仪表电子元件及精密机械零件 ③ 异种金属或异种材料焊接 ④ 可焊某些复杂的特殊结构，如蜂窝结构

9.4.4 焊接件结构设计的工艺性

在焊接件结构设计时，除考虑使用性能外，还必须充分考虑焊接过程的工艺的特点及要求，使焊缝布置合理，焊接质量高，热应力及变形小，有较高的生产率和较低的成本。结构工艺性是指在一定的生产规模条件下，如何选择零件加工和装配的最佳工艺方案，因而焊接件的结构工艺性是焊接结构设计和制造过程中一个比较重要的问题，是经济原则在焊接结构制造中的具体体现。

9.4.4.1 焊缝的布置

合理地设计焊缝是焊接结构设计的关键，它对产品质量、生产率、生产成本及工人劳动条件等都有很大影响。因此，焊缝设计时在满足使用要求的前提下，应遵循如下原则。

（1）焊缝布置应便于焊接操作 焊缝布置必须保证焊缝周围有供焊工施焊和焊接设备正常运行的条件。如图 9-26（a）所示的内侧焊缝无法焊接，改为图（b）所示的设计比较合理；埋弧焊时要考虑存放焊剂，如图 9-27（b）所示；点焊与缝焊时，应方便电极伸入，如图 9-28（b）所示。

（2）焊缝布置应有利于减小焊接热应力和变形 由于焊接是局部加热，焊后不可避免地将在结构中产生热应力及变形，焊缝布置合理，将减小热应力和变形由此造成的影响。焊缝布置在保证结构承载能力的条件下，要尽量减少焊缝的数量和缩短焊缝尺寸（如图 9-29 所示）；要尽量把焊缝对称布置，尽可能接近中性轴（如图 9-30 所示）；不要在焊缝端部产生

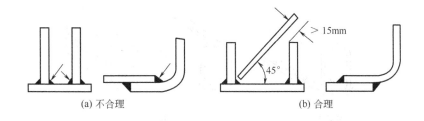

图 9-26　手工电弧焊的操作空间

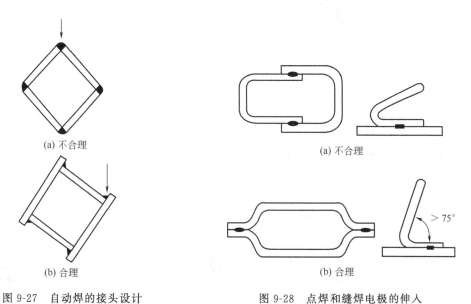

(a) 不合理

(b) 合理

图 9-27　自动焊的接头设计

(a) 不合理

(b) 合理

图 9-28　点焊和缝焊电极的伸入

锐角（如图 9-31 所示），要尽量避开最大应力和应力集中处（图 9-32）；要避免过分密集的焊缝和交叉焊缝（如图 9-33 所示）。

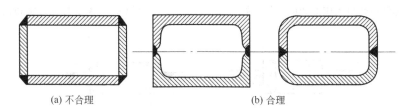

(a) 不合理

(b) 合理

图 9-29　减少焊缝数量

（3）焊缝布置应尽量避开机械加工表面　有些焊接件的某些部位需先机械加工再焊接，则焊缝位置应尽量远离已加工表面（图 9-34），以防焊接时加工表面被损坏，焊缝的残余应力也不会影响机械加工精度。如果焊接结构要求整体焊后再进行切削加工，一般在焊后加工前要求进行消除应力处理。

9.4.4.2　焊接接头及坡口形式

焊接接头是焊接结构重要的组成部分。接头形式应根据结构形状、强度要求、焊件厚度、焊后变形大小等方面的要求和特点，合理地加以选择，以达到保证质量、简化工艺和降

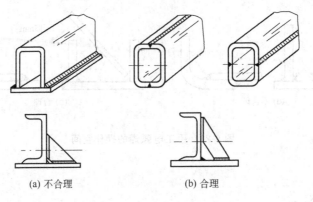

(a) 不合理　　　　　　　　(b) 合理

图 9-30　焊缝对称布置

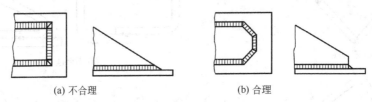

(a) 不合理　　　　　　　　(b) 合理

图 9-31　焊缝端部避免锐角

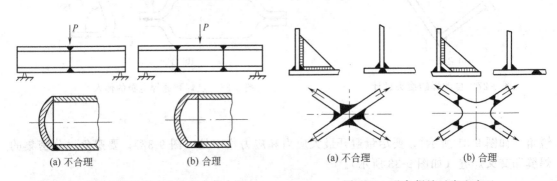

(a) 不合理　　　　　　　(b) 合理　　　　　　　(a) 不合理　　　　(b) 合理

图 9-32　焊缝避开最大应力和应力集中处　　　　　图 9-33　避免焊缝过密和交叉

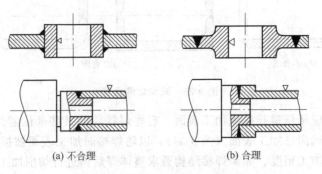

(a) 不合理　　　　　　　　(b) 合理

图 9-34　焊缝避开机械加工表面

低成本的目的。GB/T 3375—1994 规定的手工电弧焊焊接非合金钢和低合金钢的基本焊接接头有对接接头、角接接头、搭接接头和 T 形接头等。常用接头形式基本尺寸如图 9-35 所示。

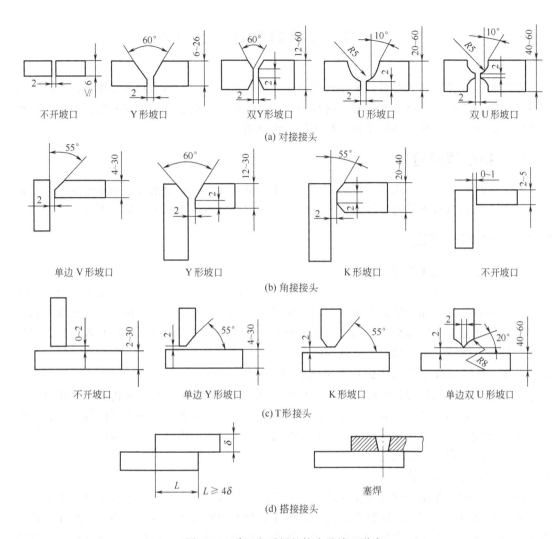

图 9-35　手工电弧焊的接头及坡口形式

对接接头应用最多，它具有应力分布均匀、焊接质量容易保证、节省材料等优点，但对焊前准备和装配质量要求较高。搭接接头因两焊件不在同一平面，受力时焊缝处易产生应力集中和附加弯曲应力，降低了接头强度，一般尽量不用。角接接头和 T 形接头受力情况比较复杂，当焊件需要成一定角度连接时只能选用此种形式。

在焊接结构中，当工件厚度较大时，为了保证焊件能够焊透，接头处应根据工件厚度预制各种坡口。开坡口的目的是保证焊缝根部焊透，便于清除熔渣，获得良好的焊缝形状，并且能起到调节母材金属与填充金属的比例，从而调整焊缝性能的作用。

根据 GB 985—1988 规定，焊条电弧焊采用的坡口形式常用 I 形坡口、Y 形坡口、双 Y 形坡口、U 形坡口、双 U 形坡口等（图 9-35）。不同的板厚选择不同的坡口形式。手弧焊板厚＜6mm 时，一般不开坡口，但重要结构件在厚度为 3mm 时就要开坡口。板厚在 6～26mm 时，开 Y 形坡口，便于加工，但焊后焊件易变形。板厚在 12～26mm 时，可采用双 Y 形坡口。在相同厚度情况下，双 Y 形坡口比 Y 形坡口能减少焊缝填充金属量一半左右，且焊件变形较小。较重要的焊接结构件可用带纯边的 U 形坡口。

现代焊接在传统技术的基础上融合了电子、计算机、激光和新材料等多学科内容。焊接技术正随着科学技术的进步而不断地向高质量、高生产率、低能耗的方向发展。目前，出现了许多新技术、新工艺，拓宽了焊接技术的应用范围。

9.5.1 新型焊接电源

好的焊接电源是获得优质焊接件和节省能耗、降低成本的重要前提。最新焊接电源是逆变式弧焊电源，其特点是可控性好，节省电能和铜、铁材料，体积小，运行可靠。

9.5.2 新焊接方法

9.5.2.1 真空电弧焊焊接技术

真空电弧焊焊接技术是可以对不锈钢、钛合金和高温合金等金属进行熔化焊及对小试件进行快速高效的局部加热钎焊的最新技术。该技术由俄罗斯发明，并迅速应用在航空发动机的焊接中。使用真空电弧焊进行涡轮叶片的修复、钛合金气瓶的焊接，可以有效地解决材料氧化、软化、热裂、抗氧化性能降低等问题。

9.5.2.2 窄间隙熔化极气体保护电弧焊技术

窄间隙熔化极气体保护电弧焊技术具有比其他窄间隙焊接工艺更多的优势，在任意位置都能得到高质量的焊缝，且具有节能、焊接成本低、生产效率高、适用范围广等特点。利用表面张力过渡技术进行熔化极气体保护电弧焊表明，该技术必将进一步促进熔化极气体保护电弧焊在窄间隙焊接中的应用。

9.5.2.3 激光填料焊接

激光填料焊接是指在焊缝中预先填入特定焊接材料后用激光照射熔化或在激光照射的同时，填入焊接材料以形成焊接接头的方法。广义的激光填料焊接应该包括两类：激光对焊与激光熔覆。其中，激光熔覆是利用激光在工件表面熔覆一层金属、陶瓷或其他材料，以改善材料表面性能的一种工艺。激光填料焊接技术主要应用于异种材料焊接、有色金属及特种材料焊接和大型结构钢件焊接等激光直接对焊不能胜任的领域。

9.5.2.4 高速焊接技术

高速焊接技术使 MIG/MAG 的焊接生产率成倍增长，包括快速电弧技术和快速熔化技术。由于采用的焊接电流大，所以熔深大，一般不会产生未焊透和熔合不良等缺陷；焊缝形成良好，焊缝金属与母材过渡平滑，有利于提高疲劳强度。

9.5.2.5 搅拌摩擦焊（FSW）

1991 年 FSW 技术由英国焊接研究所发明。作为一种固相连接手段，它克服了熔焊的诸如气孔、裂纹，变形等缺陷，更使以往通过传统熔焊手段无法实现焊接的材料可以采用 FSW 实现焊接，被誉为"继激光焊后又一革命性的焊接技术"。

FSW 主要由搅拌头的摩擦热和机械挤压的联合作用形成接头，其主要原理如图 9-36 所示。焊接时，旋转的搅拌头 1 缓缓进入焊缝 4，在与工件 2 的表面接触时，通过摩擦生热使周围的一层金属塑性化。同时，搅拌头 1 沿焊接方向移动形成焊缝。作为一种固相连接手段，FSW 除了可以焊接用普通熔焊方法难以焊接的材料外（例如可以实现用熔焊难以保证质量的裂纹敏感性强的7000、2000系列铝合金的高质量连接），还具有温度低、变形小、接头力学性能好（包括疲劳、拉伸．弯曲），不产生类似熔焊接头的铸造组织缺陷，并且其组织由于塑性流动而细化、焊接变形小、焊前及焊后处理简单、能够进行全位置的焊接、适应性好、效率高、操作简单、环境保护好等优点。

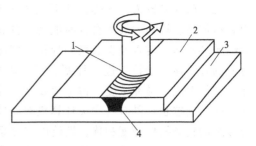

图9-36 搅拌摩擦焊工作示意图
1—搅拌头；2—被焊工件；3—垫板；4—焊缝

尤其值得指出的是，搅拌摩擦焊具有适合于自动化和机器人操作的优点。例如，不需要填丝和保护气体（对于铝合金）；可以允许有薄的氧化膜；对于批量生产，不需要进行打磨、刮擦之类的表面处理非损耗的工具头，一个典型的工具头就可以用来焊接6000系列的铝合金达1000m等。

9.5.3 焊接专家系统与机器人焊接

9.5.3.1 焊接过程数值模拟与专家系统

该技术利用计算机技术和焊接基础理论及试验，通过计算机对焊接过程的温度场、应力与变形、冶金过程、焊接质量等问题进行数值模拟，将大量信息进行收集、存储、处理和分析，使焊接技术从"技艺"走向"科学"，对减少试验次数、优化工艺、降低成本缩短试制周期具有重要的意义。目前CAD/CAM的应用正处于不断开发阶段，焊接的柔性制造系统也已出现。

9.5.3.2 机器人焊接

机器人焊接是一种机器人与现代焊接技术相结合的自动化、智能化焊接方法。用于焊接的机器人称为焊接机器人，是用以完成焊接作业任务的机电一体化产品。

（1）点焊机器人　点焊机器人主要应用于汽车、农机、摩托车等行业。点焊机器人的控制要求为：一是机器人运动的点位精度，它由机器人操作机和控制器来保证；二是点焊质量的控制精度，主要由阻焊变压器、焊钳、点焊控制器及水、电、气路等组成的机器人焊接系统来保证，如图9-37所示。

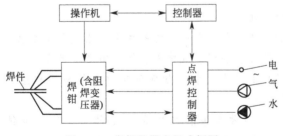

图9-37 点焊机器人组成框图

新型点焊机器人系统，可以把焊接技术与CAD/CAM技术结合起来，提高生产准备工作的效率，缩短产品设计和投产的周期，使整个系统取得更高的效益。在汽车制造行业，点焊机器人系统拥有关于汽车车身结构的信息、焊接条件计算信息和机器人机构信息等数据库，CAD系统则利用该数据库选择工艺及机器人配置方案。至于示教数据，则通过磁带或软盘以离线编程的方式输入机器人控制器，针对机器人本身不同的精度和工件之间的相对几何误差及时补偿，以保证足够的工作精度。

（2）弧焊机器人　弧焊作业采用连续路径控制（CP），其机器人具有较高的抗干扰能力和可靠性、较强的故障自诊断能力，具有防碰撞及焊枪矫正、焊缝自动跟踪、焊透控制、焊缝始端检出、定点摆弧及摆动焊接、多层焊、清枪剪丝等多种功能，能预置焊接参数并对电源的外特性、动特性进行控制，可对焊接电流波形进行控制，能获得脉冲频率、峰值电流、基值电流、脉冲宽度、占空比及脉冲前后沿斜率任意可控的脉冲电流波形，实现对电弧功率的精确控制，具有与中央计算机双向通信的能力等。弧焊机器人的焊接质量主要取决于焊接运动轨迹的精确度和优良性能的焊接系统（包括弧焊电源及传感器等）。图 9-38 所示为采用逆变式弧焊电源的弧焊机器人系统组成框图。实践证明，逆变式弧焊电源可以很好地满足机器人电弧焊接的各项要求。

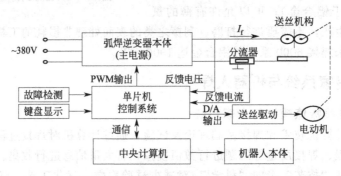

图 9-38　采用逆变式弧焊电源的弧焊机器人系统组成框图

　　弧焊机器人除应用于汽车行业外，在通用机械、金属结构、航空、航天、机车车辆及造船等行业都有应用。目前应用的弧焊机器人处于第一代向第二代过渡转型阶段，配有焊缝自动跟踪和熔池形状控制系统等，对环境的变化有一定范围的适应性调整。弧焊机器人的发展是以"满足工件空间曲线高质量的柔性焊接"为根本目标，配合多自由度变位机及相关的焊接传感控制设备、先进的弧焊电源，在计算机的综合控制下实现对空间焊缝的精确跟踪及焊接参数的在线调整，实现对熔池动态过程的智能控制。

复 习 题

9-1　焊接方法分为哪几大类？

9-2　钎焊与熔焊的实质有何区别？钎焊的主要适用范围是哪些？

9-3　手工电弧焊、埋弧自动焊、气体保护焊各有哪些特点？

9-4　试述手工电弧焊的工艺过程。如何确定电弧的极性和接法？它对焊接有无影响？如何保证手工电弧焊的质量？

9-5　E4303 和 E5015 两种焊条牌号的含义是什么？若焊接结构的母材抗拉强度为 45kgf/mm² (441MPa)，其结构复杂、焊件厚度较大，焊接时应选用什么焊条？

9-6　试分析影响金属材料焊接性的因素有哪些？

9-7　如何焊接非合金钢、低合金钢、不锈耐蚀钢、有色金属及其合金、铸铁？

9-8　试比较常用的压力焊方法的特点及应用范围。

9-9　产生焊接应力与变形的原因是什么？如何减小或消除焊接应力？焊接变形产生后应怎样矫正？

9-10　试分析图 9-39 所示（图中 1～4 为 4 个焊点）的焊接构件，焊后将产生怎样的变形？用哪些措施可防止与减小变形？

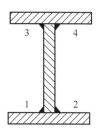

图 9-39　焊接构件

9-11　什么是焊接结构的结构工艺性？在焊接结构设计时如何考虑其结构工艺性？试举例说明焊缝布置的一般原则有哪些？

9-12　请为下列产品选择你认为最合理的焊接方法。

(1) 壁厚为 2mm 的汽车油箱的批量生产；

(2) 45 钢刀杆上焊接硬质合金刀片；

(3) 自行车钢圈的大批量生产；

(4) 铝合金板焊接容器的批量生产；

(5) 同直径圆棒间的对接；

(6) 壁厚小于 30mm 的锅炉筒体的批量生产。

9-13　分层焊时，焊工有时会用圆头小锤对红热状态的焊缝进行敲击，请解释原因。

9-14　什么是焊接机器人？它由哪些基本单元构成？焊接工艺对点焊机器人和弧焊机器人各有什么要求？

第三篇
冷成形工艺

10 金属切削的基础知识

金属材料在再结晶温度以下的切削加工，称为冷成形工艺，通常称为切削加工。切削加工是用刀具从毛坯（或型材）上切除多余的材料，以便获得形状、尺寸、精度和表面质量等都符合要求的零件的加工过程。

切削加工分为机械加工和钳工两部分，机械加工包括车削、钻削、刨削、铣削、磨削和齿轮加工等。目前，绝大部分零件都是通过切削加工的方法来保证零件的加工质量要求。因此，正确进行切削加工对保证零件质量，提高生产率，降低成本，有着重要意义。

10.1 概　　述

机器零件的外形通常由外圆面、内圆面、平面和成形面组成。切削加工应具备形成这些典型表面的基本运动。它包括主运动和进给运动，主运动是把工件上多余金属层切下来的基本运动，又称切削运动；进给运动是将新的金属层不断投入切削所需的运动。另外还有一些其他的辅助运动，如让刀运动和分度运动等。在实际生产中形成了如图 10-1 所示的典型加工方式。

主运动速度又称切削速度，用 v 表示。若主运动为旋转运动，切削运动为其最大的线速度。以车削外圆为例，切削速度可用下式表达：

$$v = \frac{\pi d_w n}{1000 \times 60} (\text{m/s})$$

式中　d_w——待加工表面直径，mm；

　　　　n——工件转速，r/min。

若主运动为往复直线运动（若刨削、插削），则切削运动为往复直线运动的平均速度，即

$$v = \frac{2L n_r}{1000 \times 60} (\text{m/s})$$

式中　L——往复运动行程长度，mm；

　　　　n_r——主运动每分钟的往复次数，str/min。

在一个工作循环内，刀具与工件沿进给运动方向的相对位移称进给量，用 f 表示。例如车削时，工件每转一转，刀具移动的距离，即为进给量 f，单位是 mm/r。对于牛头刨床

加工方式		主运动	进给运动	加工方式		主运动	进给运动
车削	(a)	工件旋转	刀具连续移动	刨削	(d)	刀具往复移动	工件间隙移动
钻削	(b)	刀具旋转	刀具连续移动	磨削	(e)	刀具旋转	工件旋转及往复移动／刀具间隙移动
铣削	(c)	刀具旋转	工件连续移动				

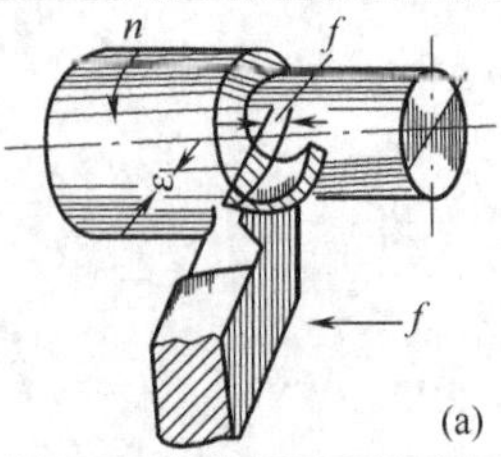

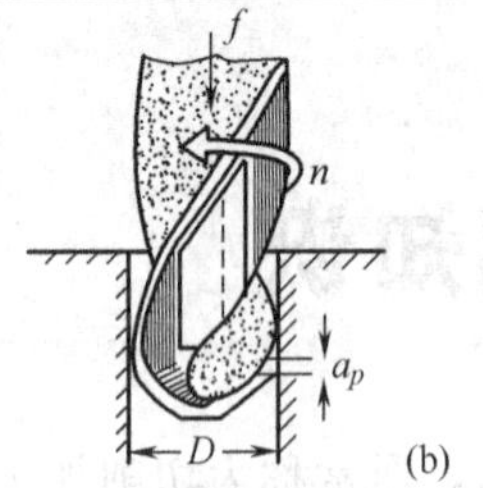

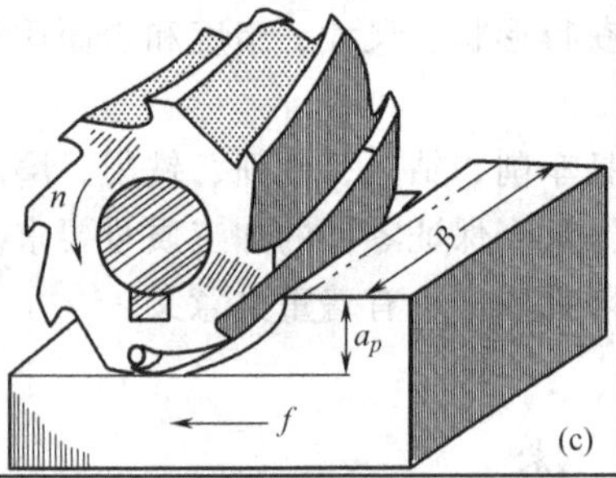

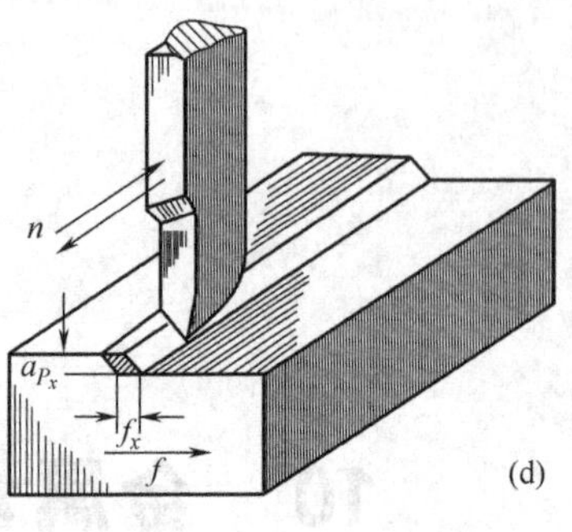

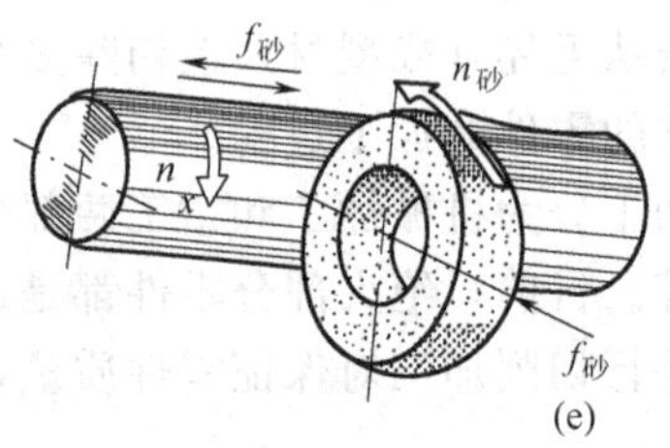

图 10-1　典型加工方式

刨平面时，刀具往复一次，工件移动的距离，即为进给量 f，单位是 mm/str（即毫米/双行程）。铣削时，由于铣刀是多齿刀具，还规定了每齿进给量，用 a_f 表示，单位是 mm/z（即毫米/齿），z 表示铣刀的齿数。

　　单位时间的进给量，称为进给速度，用 v_f 表示，单位是 mm/s。

　　每齿进给量、进给量和进给速度之间有如下关系

$$v_f = fn/60 = a_f Zn/60 \,(\text{mm/s})$$

　　待加工表面与已加工表面间的垂直距离称为背吃刀量，用 a_p 表示，单位是 mm。对于车削外圆，有

$$a_p = \frac{d_w - d_m}{2} \,(\text{mm})$$

式中　d_m——已加工表面直径，mm。

　　上述 v、f、a_p 统称切削用量三要素，是切削加工的基本参数，必须正确选定，以保证在满足加工质量的前提下，获得最佳经济效益。

10.2　金属切削过程

10.2.1　切屑的种类

　　当工件表层金属受到刀具挤压后，金属层产生变形直至断裂。由于条件不同，切除的切

屑有三种基本类型，如图 10-2 所示。

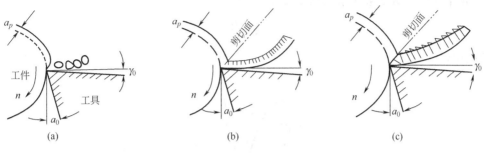

图 10-2　切屑的种类

（1）崩碎切屑　切削脆性材料如铸铁、青铜时，切屑几乎不产生弹性变形就突然崩裂，形成不规则的碎块状崩碎切屑，如图 10-2（a）所示。产生崩碎切屑时，切削热和切削力都集中于刀刃附近，刀尖易磨损，并产生冲击和振动，影响工件加工表面质量。

（2）带状切屑　切削塑性材料如钢材时，表层金属受到刀具挤压后，产生很大的塑性变形，最后沿剪切面滑移，在尚未完全剪裂之前，刀具又开始挤压下一片切屑，形成连续状的带状切屑，如图 10-2（b）所示。通常采用大前角的刀具、较高的切削速度和较小的进给量切削塑性高的工件材料时，易形成带状切屑。

（3）节状切屑　当采用中等切削速度和较大的进给量粗加工中等硬度的钢材时，易形成节状切屑，如图 10-2（c）所示。形成这种切屑时，金属材料经过弹性变形、塑性变形、挤裂和切离，是典型的切削过程。由于切削力波动较大，工件表面较粗糙。

10.2.2　积屑瘤

在形成节状切屑的过程中，切屑底层受到刀具很大的摩擦阻力，致使这层金属的流动速度降低。当摩擦阻力超过这层金属同切屑本身的结合强度时，便黏附于刀刃上，形成积屑瘤，如图 10-3 所示。积屑瘤的硬度很高，能保护刀刃，延长刀具的使用寿命。但是积屑瘤的高度随着切屑的继续进行不断增加，使实际切屑深度随之增大；当积屑瘤增加到一定高度后发生破裂，其碎片被切屑和工件带走。上述过程周而复始，极为迅速，使工件表面粗糙。因此，在粗加工时形成积屑瘤，利多弊少；但在精加工时，应避免积屑瘤的产生，因此，应采用如下措施。

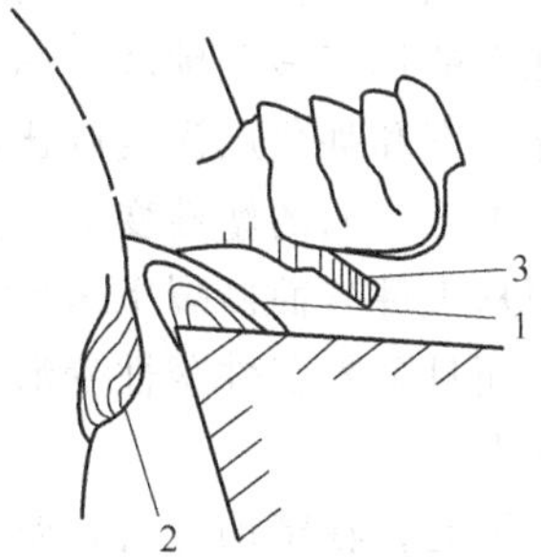

（1）降低材料的塑性　塑性是影响积屑瘤形成的最主要因素，塑性越大，越容易形成积屑瘤。

（2）采取高速切削　切屑底层的滞留金属因高温而软化，不易黏附于刀刃上。

图 10-3　积屑瘤
1—附在刀尖上的积屑瘤；2—附在工件已加工表面上的积屑瘤；3—被工件和切屑带走的积屑瘤

（3）采取极低的切削速度　温度较低，切屑内部结合力大，前刀面与切屑间的摩擦小，积屑瘤不易形成。

（4）喷注切削液　减小切屑底层与刀具间的摩擦因数，降低切削温度。

10.2.3　切屑收缩和冷变形强化

金属在切削加工过程中，经过塑性变形的切屑，其厚度 a_c 通常都大于被切金属的厚度a_{ch}，而切屑的长度l_{ch}则小于被切金属层的长度l_c，如图10-4所示。这种现象称为切屑收缩，并用变形系数ξ来表示切屑的变形程度，即

$$\xi = \frac{l_c}{l_{ch}}$$

在一般情况下，$\xi > 1$。

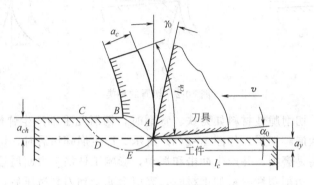

图10-4　切屑收缩

变形系数对切削力、切削温度和表面粗糙度有重要影响。在其他条件不变时，切屑变形系数越大，切削力越大，切削温度越高，工件表面越粗糙。因此，在切削加工过程中，根据具体情况采取措施以减小切屑变形程度，提高工件表面质量。

在切屑形成过程中，刀刃前的金属塑性变形区并不仅局限于切削层，往往还扩展到已加工表面的深处，如图10-4中的$ABCDE$区域。其中ADE区域处于已加工表面之下，因此在加工完毕后，形成一层深度为a_y的冷变形强化层。冷变形强化层的硬度比原来金属材料的硬度高数倍，塑性则明显下降；同时由于残余应力过大，使已加工面产生微小裂纹，导致零件承受冲击和交变载荷的能力下降。所以对于重要零件，冷变形强化层应减小到最低限度。

不同的工件材料，冷变形强化程度相差很大。材料塑性越好，冷变形强化现象越严重。例如钢的加工表面硬度可达加工前硬度的3～4倍，硬化层厚度可达数百微米以上。铸铁的强化程度和强化层深度则比钢小得多。

加工表面的塑性变形不但造成冷变形强化，而且还会使加工表面的质量下降。这是因为切屑从工件表面撕裂下来时，塑性变形毛刺将残留于加工表面，使表面的微观轮廓变得粗糙。而且随着工件塑性变形的增大，刀具后刀面同已加工面间摩擦加剧，使冷变形强化现象更加严重。

因此，在精加工时，要尽量减少冷变形强化现象。增加刀具前角、采用高速切削、加切削液以及保持刀刃的锐利状态等，都可以减轻冷变形强化现象和提高加工表面质量。

10.2.4　切削力和切削热

刀具在切削工件时，除了必须克服材料的变形抗力外，还必须克服刀具同工件、刀具同切屑之间的摩擦力，才能切下切屑。这些抗力构成了实际的切削力。

在切削过程中，切削力使机床、刀具、工件变形，影响加工精度；产生切削热，加快刀具磨损，降低已加工表面质量。所以，切削力是设计和使用机床、刀具、夹具的重要依据。

切削力是一个空间矢量，为了研究它对加工过程的影响，总是研究它在一定方向上的分力。以车削外圆为例，总切削力F可分解为三个相互垂直的分力，如图10-5所示。

（1）切削力（切向力）F_c　总切削力F在速度v方向上的分力，大小约占总切削力的

80%～90%，功率消耗约占总功率的90%以上，是计算切削功率和设计主传动系统零件强度和刚度的主要依据。

（2）进给抗力（轴向力）F_f 总切削力 F 在进给方向上的分力，是设计和验算进给机构所必需的数据。F_f 也做功，但只占总功率的1%～5%。

（3）背向力（径向力）F_p 总切削力 F 在切削深度方向上的分力。因为切削时这个方向的运动速度为零，所以 F_p 不做功。但是它易使工件产生变形，影响加工精度，所以应设法减少或消除 F_p 的影响。如车细长轴时，常用90°偏刀，就是为了减小 F_p。

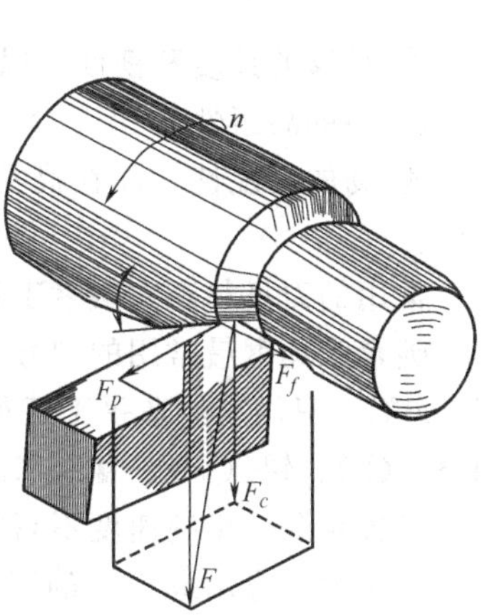

三个切削力互相垂直，与总切削力 F 的关系为

$$F = \sqrt{F_c^2 + F_f^2 + F_p^2}$$

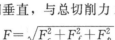

图 10-5 切削力的分解

切削加工时喷注切削液，可以减小摩擦力，使总切削力降低。

在一般情况下，F_f 和 F_p 所消耗的功率可以忽略不计，因此切削功率可用下式计算。

$$P_m = \frac{F_c v_c}{1000} \text{kW}（F_c \text{的单位是 N；} v_c \text{的单位是 m/s}）$$

切削过程中的变形和摩擦所消耗的功，绝大多数转变为切削热，它的主要来源有：

① 切屑变形产生的热，是切屑热的主要来源。

② 切屑与刀具前刀面之间的摩擦产生的热量。

③ 工件与刀具后刀面之间摩擦产生的热量。

切削热产生后，由切屑、工件、刀具及周围介质（如空气、切削液）传出，其中切削热的50%～86%由切屑传出。传入刀具的热量（约占总热量的3%～9%）使刀具温度升高，耐磨性能下降，磨损加快；传入工件的热量（约占总热量的10%～40%）使工件温度升高，产生热变形，以致产生形状和尺寸误差，影响加工精度。

在切削过程中，降低切削温度最有效的措施是喷注切削液，以减小摩擦和改善散热条件，常用的切削液有以下两种。

水类：这类切削液的比热容大，可大量吸收热量，一般用于粗加工。常用的水类切削液有苏打水和乳化液等。

油类：这类切削液的比热容小，润滑性好，冷却作用较小，但是可有效地提高加工表面质量。一般用于精加工和成形面加工，如车螺纹、铣齿轮等。常用的油类切削液有矿物油和植物油等。

 # 10.3 刀具材料和刀具构造

刀具由切削部分和夹持部分组成。切削部分应具备良好的力学性能和合理的几何形状；夹持部分应保证刀具正确的工作位置、传递所需的运动和动力、夹固可靠以及装卸方便。

10.3.1 刀具材料

刀具切削部分的材料应具备下列性能要求：

① 硬度必须高于工件材料的硬度，一般要在60HRC以上。

② 足够的强度和韧性，以承受切削力和冲击。

③ 高的耐磨性。

④ 高的红硬性，即在高温时仍能保持高硬度的特性。这是刀具材料必须具备的关键条件。

常用的刀具材料有碳素工具钢、高速钢和硬质合金。

碳素工具钢最常用的牌号有 T10 钢、T10A 钢、T12。它的红硬性很差，工作温度小于 200℃，只用来制造手工工具，如锉刀、凿子及手锯锯条等。在碳素工具钢中加入一定量的铬（Cr）、钨（W）、锰（Mn）等元素，可适当提高红硬性，减少热处理变形，常用来制造形状较复杂、切削速度不高的刀具，如铰刀、拉刀等。

高速钢是应用最广泛的刀具材料，如 W18Cr4V、W6MoCr4V2。它的红硬性比碳素工具钢大大提高，工作温度小于 600℃，用于制造形状复杂、中等切削速度的刀具，如车刀、刨刀、铣刀、钻头和齿轮加工刀具等。高速钢刀具一般都是整体式的，只有当刀具尺寸很大时，才做成镶片式结构，如镶片铣刀，刀体用碳素结构钢制造，切削部分用高速钢制成。

硬质合金是由碳化钨、碳化钛和钴用粉末冶金方法制成，钴用做胶黏剂。硬质合金具有很高的红硬性，工作温度在 1000℃ 以上，允许切削速度比高速钢高数倍，但强度和冲击韧性比高速钢差。硬质合金分为两类：钨钴类（YG）硬质合金和钨钛钴类（YT）硬质合金。前者韧性较好，但耐磨性较差，适用于加工铸铁、青铜等脆性材料以及有冲击性的工作环境；后者红硬性较高，但韧性较差，适用于加工钢材等韧性材料。钴含量越多，则韧性越好，适用于粗加工或冲击较大的加工场合；碳化物含量增多，同时钴含量减少，其韧性下降，红硬性提高，适用于精加工。

硬质合金通常制成各种形状的小刀片，用机械夹紧或用硬钎焊安装在刀具切削部位，刀杆用碳素结构钢制成。硬质合金的价格远较高速钢昂贵，但相对成本并不高，在高速切削下可获得较大的经济效益。

其他刀具材料，如陶瓷材料、人造金刚石及立方氮化硼等，它们的硬度和耐磨性很高，但脆性大、强度低，一般场合不使用。

10.3.2　刀具的构造

刀具的主要角度有四个，即主偏角 κ_r、副偏角 κ_r'、前角 γ_0 和后角 α_0。现以车削为例将各角对切削加工的影响及其选用原则归纳如下。

(1) 主偏角　主偏角 κ_r 是主切削刃与进给方向的夹角，如图 10-6 所示。其他条件不变，减小主偏角，则：

① 切屑断面变得薄而宽，刀具的切削韧性提高，切削速度提高；但切削力增大；

② 由图 10-5 可知，$F_p = F\cos\kappa_r$，所以径向分力 F_p 将因 κ_r 的减小而增大，从而使工件的弹性变形增加，切削振动加剧，影响加工精度和工件表面质量。

主偏角一般在 30°～90°之间选用，对于刚性好的工件，选用较小值，反之取较大值。

(2) 副偏角　副偏角 κ_r' 是副切削刃和进给反方向的夹角，如图 10-6 所示。副偏角增大，将使：

① 刀具副后面同已加工面之间的摩擦减小，有利于提高被加工表面的质量；

② 工件已加工面的残留金属面积增加，导致加工表面质量下降；

③ 径向切削分力 F_p 减小，切削振动减轻。

副偏角一般在 5°～20°之间选用，精加工时或工件刚性好时宜选用较小值，反之取较大值。

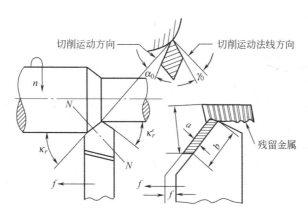

图 10-6　车刀的主要几何角度

（3）前角　前角 γ_0 应在垂直于主切削刃的截面中度量，它是切削运动法线方向同前刀面之间的夹角，如图 10-6 所示。根据分析可知，增大前角，将使：

① 切屑变形减小，导致切削力降低；

② 切削热减少，导致刀具的切削温度降低，从而可延长刀具的使用寿命，但是过大的前角，则因刀头的导热截面减小而使刀尖温度提高，使刀具加剧磨损；

③ 刀头的强度下降。

前角一般在 $-5°\sim35°$ 之间选用。精加工或加工低强度材料时，宜选用较大值，反之取较小值。硬质合金刀具的强度和韧性较差，所以一般都采用较小的前角。

（4）后角　后角 α_0 应在垂直于主切削刃的截面中度量，它是切削运动方向同主后面之间的夹角。增大后角可减小刀具主后面同工件的摩擦，但使刀头强度削弱。所以后角一般在 $2°\sim12°$ 之间选用。精加工时取大值，反之取小值。

刀具在机床上的安装位置和方向，会直接改变刀具的实际角度或称工作角度。例如外圆车刀切削刃安装得高于工件中心，则前角增大而后角减小；车刀刀杆不垂直于工件轴线，则主偏角和副偏角将作相应变化。

10.4　切削加工的经济性

机械加工的最优方案，应该能在最低成本下获得所需的工件表面质量和精度。切削用量的合理选择、工件材料的可切削性将直接决定切削加工的经济性。

10.4.1　刀具寿命和切削速度

刀具切削时会产生磨损，按其发生的部位不同可分为三种形式，即前刀面磨损、后刀面磨损、前刀面与后刀面同时磨损，如图 10-7(a) 中的 $h_后$ 和 $h_前$。

刀具的磨损过程如图 10-7(b) 所示，分为三个阶段：第一阶段（OA 段）称为初期磨损阶段。第二阶段（AB 段）称为正常磨损阶段。第三阶段（BC 段）称为急剧磨损阶段。经验表明，在刀具正常磨损阶段的后期，急剧磨损阶段之前，换刀重磨最好。这样既可保证加工质量又能充分利用刀具材料。

刀具从开始切削到磨钝为止的切削总时间，称为刀具的寿命。粗加工时，以切削时间

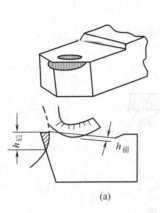

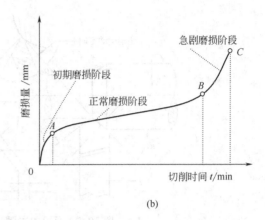

(a)   (b)

图 10-7　刀具磨损形式和过程

（min）表示刀具寿命。例如，硬质合金焊接车刀的寿命大约为 60min，高速钢钻头的寿命约为 80～120min，齿轮刀具的寿命约为 200～300min。精加工时，以走刀次数或加工零件个数表示刀具的耐用度。

切削速度对刀具寿命的影响最大。切削速度提高，单位时间内的金属变形量增加，刀具同工件的摩擦热增加，导致刀具温度上升，磨损加剧。

当切削刃磨钝无法使用后，经过重新刃磨，切削刃恢复锋利，仍可继续使用。这样经过使用—磨钝—刃磨锋利若干个循环以后，刀具的切削部分便无法继续使用，完全报废了。

10.4.2　进给量和背吃刀量

为提高刀具寿命，切削用量的选择应满足下列基本原则。

粗加工时，在保证最低加工成本的前提下，单位时间内应切除尽量多的切屑。故根据加工余量选用尽量大的背吃刀量 a_p，然后再根据机床进给机构的结构强度选择适当的进给量 f，再选定合理的切削速度 v。

精加工时，应首先保证工件加工面的尺寸精度和表面质量，采用专门的精加工刀具，选用微小的进给量和背吃刀量。

粗加工时进给量 f 一般选为 0.45～1.5mm/r；半精加工时进给量 f 一般选为 0.13～0.38mm/r；精加工时进给量 f 一般选为 0.025～0.075mm/r。背吃刀量 a_p 一般选为 3 倍进给量。

10.4.3　材料的切削加工性

切削加工性是指材料被切削加工的难易程度。它具有一定的相对性。某种材料切削加工性的好坏往往是相对另一种材料而言的。具体的加工条件和要求不同，加工的难易程度也有很大的差异。因此，在不同的情况下，要用不同的指标来衡量材料的切削加工性，常用的指标主要有：

① 一定刀具寿命下的切削速度 ω_T 即当刀具寿命为 T（min）时，切削某种材料所允许的切削速度 ω_T 越高，材料的切削加工性越好。若取 $T=60$min，则 ω_T 可写作 ω_{60}。

② 相对加工性 K_r 是指各种材料的 ω_{60} 与 45 钢（正火）的 ω_{60} 之比值，由于把后者的 ω_{60} 作为比较的基础，故写作 $(\omega_{60})_\varphi$，于是

$$K_r = \frac{\omega_{60}}{(\omega_{60})_\varphi}$$

常用材料的相对加工性可分为八级，见下表所示。凡 $K_r > 1$ 的材料，其切削加工性比45钢（正火）好，反之较差。

表　材料切削加工性等级

加工性等级	名称及种类		相对加工性 K_r	代表性材料
1	很容易切削材料	一般有色金属	>3.0	铝镁合金、铝铜合金、铜铅合金
2	容易切削材料	易切削钢	2.5～3.0	15Cr 退火 $\sigma_b = 380～450\text{MPa}$
3		较易切削钢	1.6～2.5	30 钢正火 $\sigma_b = 450～560\text{MPa}$
4	普通材料	一般钢和铸铁	1.0～1.6	45 钢、灰铸铁
5		稍难切削材料	0.65～1.0	2Cr 13 调质 $\sigma_b = 850\text{MPa}$
6	难切削材料	较难切削材料	0.5～0.65	45 钢调质 $\sigma_b = 1050\text{MPa}$
7				65Mn 调质 $\sigma_b = 950～1000\text{MPa}$
8		难切削材料	0.15～0.5	50CrV 调质, 1Cr18Ni9Ti, 某些钛合金
		很难切削材料	≤0.15	某些钛合金, 铸造镍基高温合金

材料的相对加工性并非一成不变的，在实际生产中，可采用某些措施来改善其切削加工性，来提高零件的加工精度和表面质量，降低切削加工成本。为此有必要了解影响材料切削加工性的基本因素。

（1）化学元素的影响　在大批、大量生产中，对零件材料切削加工性的要求比对零件强度要求更重要。例如碳素钢比相同硬度的合金钢具有更好的切削加工性，所以即使碳素钢的某些力学性能略逊于合金钢，但往往为了改善加工经济性而选用碳素钢。

低碳钢塑性很好，金属切屑易黏附在刀刃上，使工件加工表面质量下降。因此，在低碳钢中适当提高磷或硫的含量，可以提高切屑的脆性，便于断屑，使切削加工性得到改善。在黄铜、青铜中添加少量铅；在铝合金中添加少量锌和镁，都能改善其切削加工性。

（2）显微组织的影响　铸铁的切削加工性主要取决于它的显微组织，铁素体基体较珠光体基体的铸铁切削加工性好。另外，铸铁的切削加工性还受到石墨尺寸和形态的影响，石墨越粗大，切削加工性越好。但是，细小的片状石墨能提高铸铁的加工表面质量。

钢的切削加工性与其碳含量密切相关，碳含量越高，则珠光体越多，铁素体越少，而珠光体的切削加工性较铁素体差，所以高碳钢的切削加工性远低于低碳钢。若将高碳钢进行球化退火处理，使片状珠光体转变为球状后，可显著提高其切削加工性。因此，在实际生产中，先将高碳钢进行球化退火处理，以获得切削加工性良好的显微组织。机械加工完毕后，再进行提高力学性能的热处理。这种工艺过程往往是经济的。

韧性和硬度是影响切削加工性的两个重要因素。白口铸铁的硬度极高，韧性几乎为零，切削性能很差。但它经过热处理而变成可锻铸铁后，韧性有所提高而硬度显著下降，切削加工性明显改善。因此，在零件材料的选择、热处理方案的确定以及切削加工性的改善之间选择一个合理的方案。

（3）原子结构的影响　金属的不同晶格结构对切削加工性有不同的影响。面心立方晶格（如纯铝、紫铜）或体心立方晶格（如 α-Fe），塑性、韧性很高，但工件加工表面质量很差。如果添加少量特殊元素后，使结晶组织发生改变，使硬度提高，韧性降低，工件加工表面质量提高。密排六方晶格只有一个滑移面，所以，具有密排六方晶格的金属（如锌、镉、镁、铍和钛等）切削加工性差，很难用常规加工方法加工成形。

综上所述，在机械加工过程中，通过热处理来改善切削加工性，是最常用的方法。例如对高碳钢进行球化退火处理、对低碳钢进行正火处理、对白口铸铁热处理成可锻铸铁以及对不锈钢进行调质处理等，都是为了降低加工成本，改善切削加工性，提高工件加工表面质量而采取的有效措施。

复 习 题

10-1 试说明下列加工方法的主运动和进给运动：

（1）车端面；

（2）在车床上钻孔；

（3）在车床上镗孔；

（4）在钻床上钻孔；

（5）在镗床上镗孔；

（6）在牛头刨床上刨平面；

（7）在龙门刨床上刨平面；

（8）在铣床上铣平面；

（9）在平面磨床上磨平面；

（10）在内圆磨床上磨孔。

10-2 试说明车削的切削用量（包括名称、定义、代号和单位）。

10-3 对刀具材料的性能有哪些基本要求？

10-4 碳素工具钢、高速钢和硬质合金在性能上的主要区别是什么？各适合制造何种刀具？

10-5 硬质合金是如何制造成形的？它分为哪两类？各适用于加工何种工件材料？

10-6 简述车刀前角、后角、主偏角和副偏角的作用。

10-7 何为积屑瘤？它是如何形成的？对切削加工有哪些影响？

10-8 试分析车外圆时各切削分力的作用和影响。

10-9 切削热是如何产生的？它对切削加工有何影响？

10-10 何谓刀具耐用度？粗、精加工时各以什么来表示刀具的耐用度？

10-11 简述粗、精加工时切削用量选择的一般原则。

10-12 切削液的主要作用是什么？常根据哪些主要因素选用切削液？

10-13 何谓材料的切削加工性？其衡量指标主要有哪几个？各适用于何种场合？

11 常用加工方法综述

机器零件的大小、形状和结构各异，加工方法也多种多样，其中常用的有车削、钻削、镗削、刨削、拉削、铣削和磨削等。尽管它们在基本原理方面有许多共同之处，但由于所用机床和刀具不同，切削运动的形式各异，所以它们有各自的工艺特点及应用范围。

 ## 11.1 车削加工

在零件的组成表面中，回转面用得最多，车削特别适合加工回转表面，故比其他加工方法应用得更加普遍。为了满足加工需要，车床的类型有卧式车床、立式车床、转塔车床、自动车床和数控车床等。

11.1.1 车削的工艺特点

（1）易于保证工件各加工面的位置精度　车削时，工件绕主轴轴线回转，各回转表面具有同一的轴线，保证了回转加工面的同轴度要求；在一次走刀中完成端面与回转面的加工，保证了工件端面与回转面轴线的垂直度要求。

（2）切削过程比较平稳　车削是一种连续的切削加工，当车刀几何形状、背吃刀量和进给量一定时，切削力基本保持不变，故车削过程比较平稳。又由于车削的主运动为工件的旋转运动，避免了惯性力和冲击的影响，所以允许采用较大的切削用量进行高速切削或强力切削，以利于提高生产率。

（3）用于有色金属零件的精加工　有些有色金属硬度较低，塑性较大，若用砂轮磨削，软的磨屑易堵塞砂轮，难以得到很光洁的表面。因此，当有色金属零件表面粗糙度 Ra 值要求较小时，不宜采用磨削加工，而采用车削或铣削加工。用金刚石刀具，在车床上以很小的背吃刀量（$a_p < 0.15$mm）、进给量（$f < 0.1$mm/r）和很高的切削速度（$v = 300$m/min）进行精细车削，加工精度可达 IT6～IT5，表面粗糙度 Ra 值达 0.1～0.4μm。

（4）刀具简单　车刀是刀具中最简单的一种，制造、刃磨和安装均很方便，这就便于根据具体加工要求，选用合理的角度。因此，车削的适应性较广，并且有利于加工质量和生产效率的提高。

11.1.2 车削的应用

在车床上可以加工内外圆柱面、内外圆锥面、螺纹、沟槽、端面和成形面等，加工精度可达IT8～IT7，表面粗糙度 Ra 值为 $1.6～0.8\mu m$，如图11-1、图11-2所示。

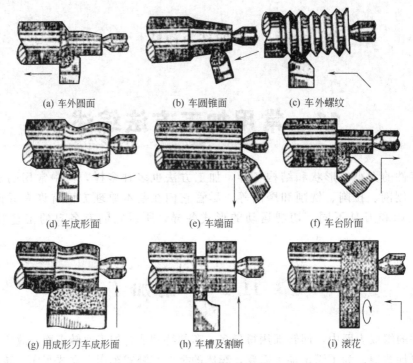

(a) 车外圆面　　　　　(b) 车圆锥面　　　　　(c) 车外螺纹

(d) 车成形面　　　　　(e) 车端面　　　　　(f) 车台阶面

(g) 用成形刀车成形面　　　(h) 车槽及割断　　　(i) 滚花

图 11-1　顶针安装的车削

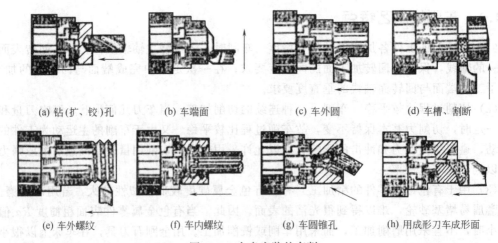

(a) 钻(扩、铰)孔　　(b) 车端面　　(c) 车外圆　　(d) 车槽、割断

(e) 车外螺纹　　(f) 车内螺纹　　(g) 车圆锥孔　　(h) 用成形刀车成形面

图 11-2　卡盘安装的车削

车削常用来加工单一轴线的零件，如直轴和一般盘、套类零件等。若改变工件的安装位置或将车床适当改装，还可以加工多轴线的零件（如曲轴、偏心轮等）或盘形凸轮。

单件小批生产中，各种轴、盘、套等类零件多选用适应性广的卧式车床或数控车床进行加工；直径大而长度短（长径比 $L/D=0.3～0.8$）的重型零件，多选用立式车床加工。

　　大批、大量生产形状不太复杂的小型零件，如螺钉、螺母、管接头、轴套类等，多选用半自动和自动车床加工，它的生产率很高但精度较低。

　　成批生产外形较复杂，且具有内孔及螺纹的中小型轴、套类零件时，应选用转塔车床加工。

 # 11.2　孔的钻、镗加工

　　钻孔是用钻头在实心体上加工孔，钻孔可在钻床、车床、镗床和铣床上加工。

11.2.1　钻削的工艺特点

　　钻孔与车削外圆相比，切削条件差，孔的精度低，粗糙度值高，这是因为：

　　钻头的排屑槽大、钻心截面小导致钻头刚性很差，因而造成孔径扩大、轴线歪斜和孔不圆等缺陷，产生"引偏"现象，如图 11-3 所示。

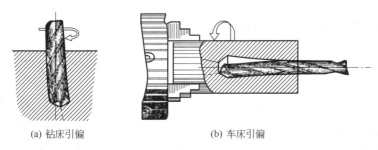

(a) 钻床引偏　　　　　　　　(b) 车床引偏

图 11-3　钻孔引偏

　　钻孔时切屑切除量大，严重擦伤孔壁，钻头切削部分冷却条件差，切削温度高，导致孔径尺寸精度降低，生产率下降。

　　为了提高钻头质量和生产率，可以采用以下措施：

　　① 提高钻头的刃磨质量，使两个主切削刃刃磨对称；

　　② 预钻锥形定心坑 ［图 11-4(a)］或用钻套 ［图 11-4(b)］为钻头导向，可减少钻孔开始时的引偏。

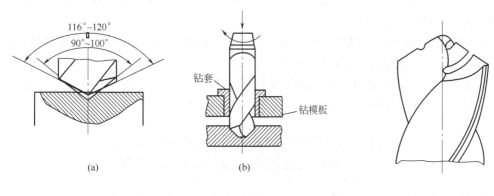

图 11-4　减少引偏的措施　　　　　　　　图 11-5　分屑槽

　　③ 在钻头上修磨出分屑槽（图 11-5），将宽的切屑分成窄条，以利于排屑。

11.2.2 钻削的应用

钻削加工精度较低，一般在 IT10 以下，表面较粗糙，粗糙度 Ra 值大于 $12.5\mu m$，生产效率较低。因此，钻孔主要用于孔的粗加工，如螺钉孔、油孔和螺纹底孔等。

常用钻床有台式钻床、立式钻床和摇臂钻床。

台式钻床用于单件、小批生产中，加工中、小型工件上孔径 $D<13mm$ 的小孔；立式钻床用于加工中小型工件上孔径 $D<50mm$ 的孔；摇臂钻床用于加工大中型工件上的孔；回转体上的单孔在车床上完成。

在成批和大量生产中，为了保证加工精度，提高生产效率，降低加工成本，广泛使用钻模、多轴钻、组合机床进行多孔同时加工。

对于精度高、粗糙度小的中小直径孔（$D<50mm$），在钻削之后，采用扩孔作为孔的半精加工，铰孔作为孔的精加工。

11.2.3 扩孔和铰孔

（1）扩孔　扩孔是用扩孔钻（图 11-6）对工件上已有孔进行扩大加工（图 11-7）。扩孔时使用的扩孔钻同麻花钻的基本区别是：

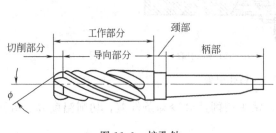

图 11-6　扩孔钻

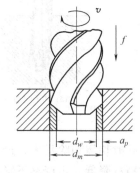

图 11-7　扩孔

① 排屑槽及切削刃不是两条，而是 3～4 条。而且排屑槽浅，钻芯大，因而使扩孔钻的刚度提高；

② 由于有 3～4 条棱边进行导向，导向作用好，切削平稳，生产率高；

③ 扩孔时的背吃刀量 $a_p=(d_m-d_w)/2$，比钻孔时（$a_p=d_m/2$）小得多，因此，切屑窄，易排出，不易擦伤已加工表面；

④ 扩孔钻没有横刃，切削条件明显改善。因此，扩孔后可以获得中等精度的孔，精度可达 IT10～IT9，表面粗糙度 Ra 值为 $3.2～6.3\mu m$。

（2）铰孔　铰孔是孔的精加工，加工精度可达 IT9～IT7，表面粗糙度 Ra 值为 $0.4～1.6\mu m$。图 11-8 是铰刀的外形图。它与扩孔钻的基本区别是：

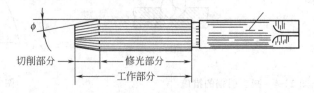

图 11-8　铰刀

① 刀刃多（6～12个），排屑槽很浅，刀刃截面很浅，所以，铰刀的刚性和导向性较扩孔钻好；

② 铰刀本身的精度很高，而且具有修光部分，可以校准孔径和修光孔壁；

③ 铰刀的切削余量很小（粗铰 0.15～0.35mm，精铰 0.05～0.15mm）、切削速度很低（$v_c = 1.5～10$m/min），所以，工件的受力变形和受热变形较小，加之低速切削，可避免积屑瘤的不利影响，使得铰孔质量较高。铰孔有手铰和机铰两种，手铰的加工表面质量比机铰高。

钻削、扩削、铰削只能保证孔本身的精度，而不能保证孔与孔之间的尺寸和位置精度。为了解决这一问题，可以利用夹具（如钻模）进行加工，或者采用镗孔。

11.2.4 镗孔

当孔径 $D>25$mm 时，采用镗削加工。因为镗刀结构简单，价格较扩孔钻和铰刀便宜得多，回转半径可以根据被加工工件孔径任意调节。

当孔径 $D<25$mm 时，扩孔和铰孔比镗孔更经济。因为扩孔和铰孔的高生产率取得的经济效益，超过了刀具成本较高而付出的代价。

镗孔精度可达 IT8～IT7，表面粗糙度 Ra 值为 0.8～1.6μm；精细镗时，精度可达 IT7～IT6，表面粗糙度 Ra 值为 0.2～0.8μm。

镗孔可以在多种机床上进行。回转体零件上的单孔加工大多在车床上完成，机座、变速箱及支架类零件上的孔系（即要求相互平行或垂直的若干个孔）加工在镗床上完成。图11-9所示为卧式镗床的主要工作。工件安装在镗床工作台上之后，可以精确地调整被加工孔的中心位置，即垂直调整主轴箱和横向调整工作台。工作台还可绕垂直轴作回转调整运动，从而可以对工件的各个方向进行加工。

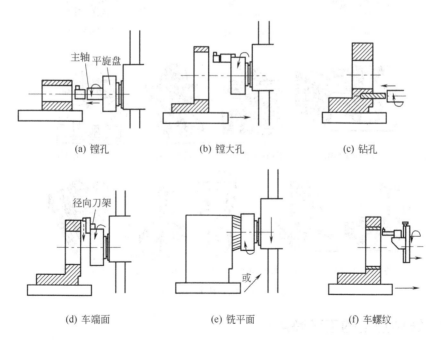

(a) 镗孔　　　　　　　　　(b) 镗大孔　　　　　　　　(c) 钻孔

(d) 车端面　　　　　　　　(e) 铣平面　　　　　　　　(f) 车螺纹

图 11-9　卧式镗床的主要工作

在镗床上除进行镗孔外，还可以进行钻削、扩削、铰削及铣削加工。

11.3 平面的铣刨加工

铣和刨是平面加工的两种基本方法。图 11-10 是它们的典型加工示例。根据图中标明的刀具形状和切削运动，可以明白其加工目的。由于铣、刨加工的机床、刀具和切削方式有所不同，导致它们的工艺特点有很大差别。

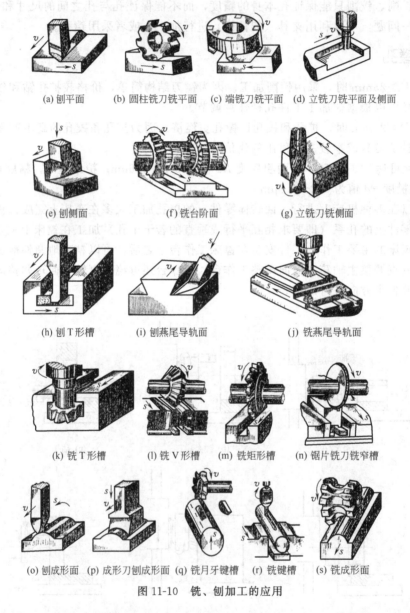

(a) 刨平面　(b) 圆柱铣刀铣平面　(c) 端铣刀铣平面　(d) 立铣刀铣平面及侧面

(e) 刨侧面　(f) 铣台阶面　(g) 立铣刀铣侧面

(h) 刨T形槽　(i) 刨燕尾导轨面　(j) 铣燕尾导轨面

(k) 铣T形槽　(l) 铣V形槽　(m) 铣矩形槽　(n) 锯片铣刀铣窄槽

(o) 刨成形面　(p) 成形刀刨成形面　(q) 铣月牙键槽　(r) 铣键槽　(s) 铣成形面

图 11-10　铣、刨加工的应用

11.3.1　铣刨加工的工艺特点

在多数情况下，铣削的生产率明显高于刨削。这是因为刨刀是单刃切削且回程运动时不切削；刀具切入工件时易引起冲击，所以刨削生产率较低。铣削的主运动为铣刀的旋转，有利于高速铣削；铣刀是多刃刀具，在同一时刻有若干刀齿同时进行切削，而且每一刀齿的大部分时间都在冷却，故刀齿散热条件较好；但是，铣刀切入和切出时的冲击将加速刀具的磨损，甚至可能引起硬质合金刀片的碎裂；铣削没有回程时间损失，故生产率高于刨削。

但是对于狭长平面如导轨、长槽等，刨削生产率高于铣削。因为铣削进给量并不因工件变狭长而改变；而刨削则因工件变狭长而减少横向走刀的次数。所以成批生产狭长面的加工采用刨削。

铣削根据加工方式不同，可分为端铣和周铣。端铣的刀杆短而粗，故刚性好；端铣刀直径大，通常镶嵌硬质合金刀片，故容易实现高速铣削和强力铣削，大大提高了生产效率；端铣时还可以利用修光刀齿修光已加工表面，因此提高了已加工表面的质量。周铣用圆柱铣刀采用高速钢制造，刀杆细长，刚性很差；铣刀直径小，铣削宽度小（取决于铣刀直径）。所以端铣生产率高于周铣。

11.3.2　铣刨加工的应用

刨刀结构简单，通用性大，且刨床价低，调整简便。所以在单件、小批生产中，在维修车间和模具车间应用较多。

刨削主要用来加工平面（包括水平面、垂直面和斜面）、直槽、燕尾槽和 T 形槽等。牛头刨床的最大刨削长度不超过 1000mm，适用于加工中、小型工件。龙门刨床主要用来加工大型工件或同时加工多个中、小型工件。

刨削加工精度可达 IT8～IT7，Ra 值为 $1.6～6.3\mu m$。当采用宽刀低速精刨时，精度可达 IT7～IT6，Ra 值为 $0.4～0.8\mu m$。

周铣适应性广，可利用多种形式的铣刀，加工平面、沟槽、齿形和成形面等。端铣的切削过程比周铣平稳，有利于提高加工质量，故在平面铣削中，大都采用端铣。在铣床上利用分度头可以加工需要等分的工件，如多边形和齿轮等。

铣削加工精度一般可达 IT8～IT7，表面粗糙度 Ra 值为 $1.6～3.2\mu m$。当采用高速精铣时，精度可达 IT7～IT6，Ra 值为 $0.2～0.8\mu m$。

11.4　拉削加工

拉削可以认为是刨削的进一步发展。图 11-11 所示为平面拉削，它是利用多齿拉刀，逐齿依次从工件上切下很薄的金属层，使加工表面达到较高的精度和较小的粗糙度值。

与其他加工方法相比，拉削加工具有以下特点。

（1）生产率高　拉刀是多齿成形刀具，在一次工作行程中能够完成粗加工—半精加工—精加工。

（2）加工精度高、表面粗糙度值低　拉刀的最后几个齿是修光刃，它的形状和尺寸同被加工面的最后尺寸形状完全一致。修光刃的切削量很小，仅切除工

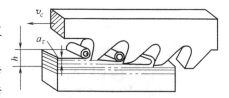

图 11-11　平面拉削

件材料的弹性恢复量。另外，拉削的切削速度较低（$v_c < 18\text{m/min}$），切削过程比较平稳，并避免了积屑瘤的产生。一般拉孔的精度为 IT8～IT7，表面粗糙度 Ra 值为 $0.4～0.8\mu m$。

（3）拉床结构简单，操作方便　拉削只有一个主运动，即拉刀的直线运动。进给运动是

靠拉刀的后一个刀齿高出前一个刀齿来实现的，相邻刀齿的高出量称为齿升量 fz。

（4）加工范围广　拉削可以加工各种形状的通孔（如圆孔、方孔、多边形孔、花键孔和内齿轮等）、沟槽（如键槽、T形槽和燕尾槽等）以及平面、成形面、外齿轮等，如图11-12所示。但是对于盲孔、深孔、阶梯孔以及有障碍的外表面，则不能采用拉削加工。

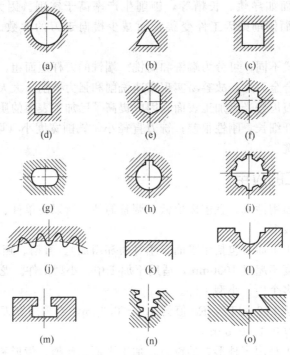

(a)　　(b)　　(c)

(d)　　(e)　　(f)

(g)　　(h)　　(i)

(j)　　(k)　　(l)

(m)　　(n)　　(o)

图 11-12　拉削加工的应用

（5）拉刀价格昂贵　拉刀结构复杂，精度要求高，故制造成本很高。但拉削速度低，刀具磨损较慢，寿命长。所以，只有在成批和大量生产的大型组合型面（如发动机的汽缸体）或用其他加工方法难于切削完成的表面，如齿轮孔中的键槽，拉削是唯一理想的加工方法。

 # 11.5　磨削加工

用砂轮在磨床上加工工件，称为磨削，磨削分为外圆磨削、内圆磨削、平面磨削和无心磨削。砂轮是由磨料加结合剂用烧结的方法制成的多孔物体，如图11-13所示。砂轮表面的每一颗磨粒都相当于一把刀具，因此，磨削是一种多刀多刃的切削。

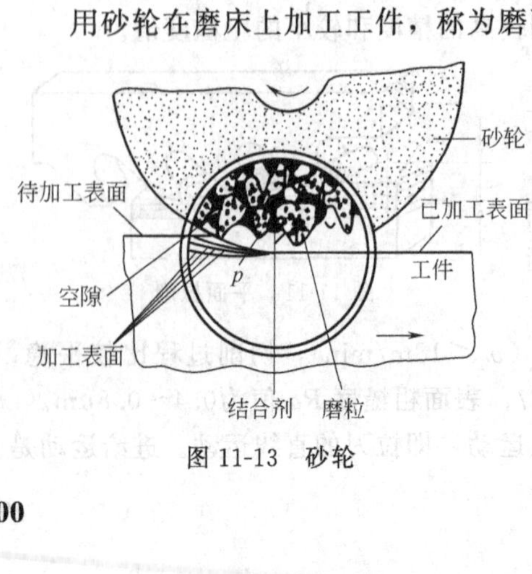

11.5.1　磨削的工艺特点

（1）磨削是加工淬火钢等特硬材料的基本方法　用热处理进行表面硬化的零件，因热处理而发生少量变形和表面氧化等缺陷，用一般的切削刀具

待加工表面
已加工表面
空隙
加工表面
结合剂　磨粒
砂轮
工件
p

图 11-13　砂轮

无法对它进行加工以排除这些缺陷，只有磨削才能对它进行最后的精密加工，使其达到规定的精度和粗糙度要求。

（2）精度高、表面粗糙度小　磨床精度高，传动平稳；砂轮表面的磨粒锐利、微细、分布稠密；磨削切削速度极高，外圆磨削 $v=30\sim35\text{m/s}$，高速磨削 $v>50\text{m/s}$。所以在切削工件表面上残留下来的切痕，细密的无法用肉眼分辨。

磨削时磨削力很小，所以工件在安装时夹紧力小，切削产生的弹性变形小，加工精度高。磨削精度一般可达 IT7～IT6，表面粗糙度 Ra 值为 $0.2\sim0.8\mu\text{m}$，当采用精细磨削时，精度可达 IT6～IT5，粗糙度 Ra 值可达 $0.008\sim0.1\mu\text{m}$。

（3）砂轮具有自锐性　在磨削过程中，磨粒在高速、高压与高温的作用下，逐渐磨损而变得圆钝。圆钝的磨粒，切削能力下降，作用于磨粒上的力不断增大。当此力超过磨粒强度极限时，磨粒破碎，产生新的、较锋利的棱角，代替旧的圆钝磨粒进行磨削；当此力超过砂轮结合剂的粘接力时，圆钝的磨粒就会从砂轮表面脱落，露出一层新鲜的、锋利的磨粒，继续进行磨削。砂轮这种保持自身锋利的性能，称为"自锐性"。砂轮本身虽有自锐性，但由于切屑和碎磨粒会把砂轮堵塞，使它失去切削能力；磨粒随机脱落的不均匀性，会使砂轮失去外形精度。所以，为了恢复砂轮的切削能力和外形精度，在磨削一定时间后，仍需对砂轮进行修整。

砂轮的自锐作用是其他切削刀具所没有的。一般刀具的切削刃，如果磨钝或损坏，则切削不能继续进行，必须换刀或重磨。而砂轮由于本身的自锐性，使得磨粒能够以较锋利的刃口对工件进行切削。实际生产中，有时就利用这一原理进行强力连续磨削，以提高磨削加工的生产效率。

（4）径向磨削分力 F_p 较大　径向磨削力作用在工艺系统（机床—夹具—工件—刀具所组成的系统）刚度较差的方向上，容易使工艺系统产生变形，影响工件的加工精度。例如纵磨细长轴的外圆时，由于工件的弯曲而产生腰鼓形，如图 11-14 所示。

（5）磨削温度高　磨削的切削速度为一般切削加工的 10～20 倍，磨削时磨粒多为负前角切削，挤压和摩擦较严重，因此，磨削时消耗

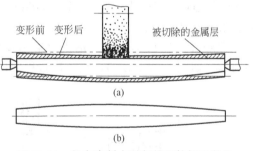

图 11-14　径向磨削力引起的工件加工误差

的功率大，产生的切削热多。又因为砂轮本身的传热性很差，所以，在磨削区形成瞬时高温，温度高达 800～1000℃。

高的磨削温度容易烧伤工件表面，使淬火钢件表面退火，硬度降低，变软的工件材料将堵塞砂轮，影响砂轮的耐用度和工件的表面质量。因此，在磨削过程中，应加注大量的切削液，以起到冷却、润滑、冲洗砂轮的作用。切削液将细碎的切屑以及碎裂或脱落的磨粒冲走，避免砂轮堵塞，有效提高了工件的表面质量和砂轮的耐用度。但是切削液的浇注可能发生二次淬火，在工件表层产生拉应力及微裂纹，降低零件的表面质量和使用寿命。

磨削淬火钢件时，广泛使用的切削液是苏打水或乳化液。磨削铸铁、青铜等脆性材料时，一般不加切削液，而用吸尘器清除切屑。

11.5.2　磨削的应用

磨削常用于半精加工和精加工，但磨削也能经济、高效地切除大量金属，磨床在机床总

数中占 30%～40%。

　　磨削可以加工的工件材料范围很广，既可以加工铸铁、碳钢、合金钢等一般结构材料，也能够加工高硬度的淬硬钢、硬质合金、陶瓷和玻璃等难切削的材料。但是，磨削不易精加工塑性较大的有色金属材料。

　　磨削可以加工外圆面、内孔、平面、成形面、螺纹和齿轮齿形等各种表面，以及各种刀具的刃磨。

11.5.2.1　外圆磨削

　　外圆磨削一般在普通外圆磨床或万能外圆磨床上进行。

　　(1) 外圆床磨削　在外圆磨床上磨削外圆时，轴类工件用尖顶装夹，顶尖为死顶尖，不随工件一起转动。盘套类工件用心轴和顶尖安装。磨削方法分为：

　　纵磨法［图 11-15(a)］ 砂轮高速旋转为主运动，工件旋转为圆周进给运动，工件往复直线运动为轴向进给运动；每当工件一次往复行程终了时，砂轮做周期性的径向进给。每次磨削背吃刀量很小，磨削余量通过多次走刀切除。

　　它的生产效率较低，广泛用于单件、小批生产，特别适用于细长轴的精细磨削。

　　横磨法［图 11-15(b)］ 工件旋转，砂轮旋转并以缓慢的速度作连续的横向进给，直至磨去全部磨削余量。

　　它的生产率高，广泛应用于成批、大量生产，特别是成形表面磨削。但是，横磨时工件与砂轮接触面积大，磨削力较大，磨削温度高，工件易变形、烧伤，故只适合加工表面不太宽且刚性较好的工件。

　　综合磨法［图 11-15(c)］ 先用横磨法将工件表面分段进行粗磨，相邻两段间有 5～10mm 的搭接，工件上留有 0.01～0.03mm 的余量，然后用纵磨法进行精磨。此法综合了横磨法和纵磨法的优点。

　　深磨法［图 11-15(d)］ 磨削时采用较大的背吃刀量（一般是 0.3mm），较小的纵向进给量（一般取 1～2mm/r），在一次行程中切除全部余量，因此，生产率较高。

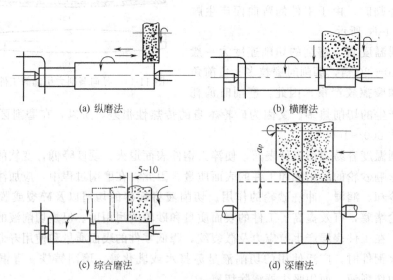

(a) 纵磨法　　　　　　　　　　(b) 横磨法

(c) 综合磨法　　　　　　　　　(d) 深磨法

图 11-15　在外圆磨床上磨削外圆

　　采用深磨法时需要把砂轮前端修整成锥面进行粗磨，圆柱部分起精磨和修光作用。深磨法只适用于大批生产中加工刚度较大的工件，且被加工表面两端要有较大的距离，允许砂轮切入和切出。

（2）无心磨削　图11-16是在无心磨床上磨削外圆。磨削时，工件安放在导轮、砂轮和托板之间，依靠工件本身的外圆面定心，下方用托板托住，无须使用顶尖或卡盘来安装工件，所以称为无心磨。导轮是一个磨粒较粗、用橡胶胶黏剂制成的特殊砂轮，它的线速度很低，仅为砂轮的1/100左右。工件与砂轮和导轮同时接触，并跟随导轮运动，仅有砂轮起磨削作用。

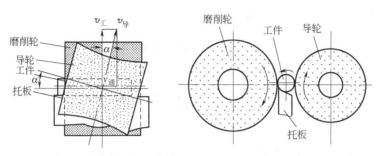

图 11-16　无心外圆磨削示意

无心外圆磨削生产效率较高，但调整十分费时，主要适用于大批、大量细长的光轴类零件。

11.5.2.2　内圆磨削

内圆磨削在内圆磨床或万能外圆磨床上完成。内圆磨削一般采用纵磨法，工件安装在卡盘上，如图11-17所示，工件旋转同时沿轴向作往复直线运动（即纵向进给运动）；装在砂轮架上的砂轮高速旋转，并在工件往复行程终了时做周期性的横向进给。

与外圆磨削相比，内圆磨削时，受工件孔径限制，砂轮直径很小，故磨削速度低，切削液不易进入磨削区，加工表面粗糙度大；砂轮轴刚性差，不宜采用较大的磨削深度和进给量，故生产率低；砂轮直径很小，故砂轮磨损快，需经常更换砂轮，进一步降低了生产率。

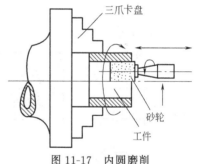

图 11-17　内圆磨削

因此，磨孔一般仅用于淬硬工件孔的精加工，它不仅能保证孔本身的尺寸精度和表面质量，还可以提高孔的位置精度和轴线的直线度；磨孔的适应性较好，可以磨通孔、阶梯孔、盲孔以及锥孔和成形孔，因此，磨孔特别适用于非标准尺寸孔的单件、小批生产。

11.5.2.3　平面磨削

平面磨削有两种基本形式：用砂轮的圆周磨削（周磨）和用砂轮的端面磨削（端磨），如图11-18所示。

周磨时，砂轮与工件的接触面积小，散热、冷却和排屑条件好，加工质量较高，故应用于加工质量要求较高的工件。端磨时，磨头伸出长度较短，刚性好，允许采用较大的磨削用量，生产率较高。但是，砂轮与工件的接触面积较大，发热量多，冷却较困难，加工质量较低。所以，用于磨削要求不高的工件或者代替铣削作为精磨前的预加工。

磨削铁磁性工件（钢、铸铁等）时，利用电磁吸盘将工件吸住，装卸方便。对于不允许带有磁性的零件，平面磨床附有退磁器，磨削完成后进行退磁处理。

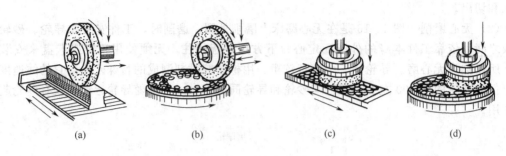

图 11-18　端磨和周磨

11.6　光整加工

工件表面经磨削加工后，如果还需要进一步提高精度和表面质量，就需进行光整加工。当同时需要很高的精度和很低的粗糙度时，采用珩磨或研磨；当只要求很低的粗糙度时，则采用超精加工或抛光。

11.6.1　珩磨

珩磨使用的切削工具——珩磨头原理如图 11-19 所示。分布在珩磨头圆周上的若干油石（由极细的磨粉烧结而成）以一定的径向力压于工件孔壁。加工时珩磨头一面旋转，一面作轴向往复运动，切除孔壁极薄的一层余量。珩磨时要浇注充分的珩磨液，以排出切屑和切削热。珩磨铸铁和钢件时，用煤油加少量（10%～20%）机油作珩磨液；珩磨青铜等脆性材料时，用水剂珩磨液。珩磨能达到很高的精度、很低的粗糙度，因为：

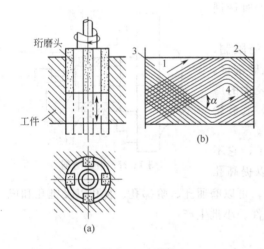

图 11-19　珩磨

① 油石的磨粉极细，切削压力很小，珩磨头在工件孔壁形成交叉细密网纹，有利于形成油膜，润滑性能好，故可以获得很小的表面粗糙度，Ra 为 $0.08～0.1\mu m$；

② 珩磨头的油石条与工件孔壁的接触为面接触，所以珩磨头的导向性和刚性好，从而使被加工孔达到很高的尺寸精度和形状精度，但是珩磨不能提高孔的位置精度。因为珩磨头以被加工孔本身的中心线来定位，所以珩磨头不能改变孔的轴线方向和位置。如图 11-19 所示，难于由珩磨来消除孔的轴线误差。

珩磨比内圆磨削的生产率高，加工质量高，但同磨削一样不易加工铜、铝等有色金属。珩磨主要用于直径为 5～500mm 精加工后的内孔，并能加工深孔。珩磨铸铁时余量为 0.02～0.15mm，珩磨钢件时余量为 0.005～0.08mm。广泛应用于汽缸孔、油缸孔、炮筒以及高精度轴承孔等的最后精加工。

珩磨用机床——珩床，造价高。它的基本特点是：主轴往复运动是液压传动，可作无级变速；机床的工作循环是半自动化的；珩磨头油石条与孔壁间的工作压力靠机床的液压装置进行调节。但在单件、小批生产中，常将立式钻床或卧式车床进行适当改装，就可进行珩磨加工。

11.6.2　研磨

研磨是在研具与工件之间置以研磨剂，对工件表面进行光整加工的方法。研磨剂由细粒度的磨粒和煤油或机油调制而成。有时还可加入适量硬脂酸等化学活性物质，使工件表面形成极薄一层较软的化合物，有利于切削。

研具应采用比工件软的材料制成。一般采用灰铸铁，少数情况中采用铜、铅或木材制成。在研磨时，部分磨粒在一定的切削压力下嵌入研具表面，从而对工件表面进行擦磨。

研具同工件的相对运动应保证磨粒的切削轨迹永不重复，以形成细密均匀的网纹。研具对工件的压力比珩磨更小，研具同工件的相对速度也低于珩磨。所以，研磨质量高于珩磨，生产率则低于珩磨。

研磨可以加工平面、外圆、内孔以及精密配合副等，如柱塞泵的柱塞与泵体、阀心与阀套等，往往要经过两个配合件的配研才能达到要求。

研磨一般在立式研磨机上进行，还可以在简单改装的车床、钻床等上进行，在精密制造和修配中常采用手工进行研磨。

研磨加工余量一般不超过 0.01～0.03mm。精细研磨可以达到高的尺寸精度（IT6～IT5）、形状精度和小的表面粗糙度（Ra 0.008～0.1μm），但不能提高工件各表面间的位置精度。

11.6.3　超精加工

超精加工是降低零件表面粗糙度，延长零件使用寿命的一种高生产率的光整加工方法。它用细磨粒、低硬度油石条以恒力轻压于工件表面，并作往复摆动。工件（一般都是轴类零件）做旋转运动，并且相对磨头作轴向进给运动。这样，油石条便对工件表面的微观毛刺和切痕进行修磨，如图 11-20 所示。在油石条和工件之间注入切削液（一般为煤油加锭子油），一方面为了冷却、润滑及清除切屑，另一方面在工件表面形成一层油膜，使油石首先切除工件微观不平度的尖峰。随着

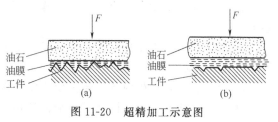

图 11-20　超精加工示意图

凸峰高度的减低，油石同工件的接触面积逐渐扩大，它们之间的单位压力随之减少，直至压力小于油膜表面张力时，油石与工件间被一层油膜分离，从而自动停止切削作用。所以，超精加工不能提高工件的尺寸精度和形状精度。

超精加工余量极小约 3～10μm；加工时间很短约 30～60s；表面粗糙度很小 $Ra <$ 0.012μm。超精加工设备简单。一般情况下只要将磨头安装在普通车床上，就能对轴类工件进行超精加工。

超精加工广泛应用于轴承、精密量具等小粗糙度表面的加工。它不仅能加工轴类零件的外圆柱面，而且还能加工圆锥面、孔、平面和球面等。

11.6.4　抛光

用毛毡、橡胶、皮革、布等叠制的抛光轮的圆周上涂刷一层抛光膏（磨料加油脂配成），

作高速旋转。将工件压于抛光轮上，工件表面因受高速摩擦而出现高温，于是表层金属被磨粒挤压而产生塑性流动，填平了原有的微观不平度，因此，使工件表面呈镜状。

抛光轮与工件之间没有刚性的运动，抛光轮又有弹性，因此抛光不能保证从工件表面均匀地切除材料，只是去掉前道工序留下的切削痕迹，所以抛光仅能获得很小的表面粗糙度值而不能保持或提高精度。

抛光零件的表面可以是外圆、孔、平面及各种成形面。抛光主要用于零件表面的装饰加工，如电镀产品、不锈钢、塑料、玻璃等制品，为得到好的外观质量，必须进行抛光处理。

复 习 题

11-1　车床适于加工何种表面？为什么？

11-2　一般情况下，车削的切削过程为什么比刨削、铣削等平稳？对加工有什么影响？

11-3　加工要求精度高、表面粗糙度小的紫铜轴外圆时，应采用哪种加工方法？为什么？

11-4　用标准麻花钻钻孔，为什么精度低且表面粗糙？

11-5　何谓钻孔时的"引偏"？试举出几种减小引偏的措施。

11-6　在车床和钻床上钻孔都会产生引偏，它们对所加工的孔有何不同影响？在随后的精加工中，哪一种比较容易纠正？为什么？

11-7　台式钻床、立式钻床和摇臂钻床各适用于什么场合？

11-8　扩孔和铰孔为什么能达到较高的精度和较小的表面粗糙度？

11-9　镗孔与钻孔、扩孔、铰孔比较，有何特点？

11-10　镗床镗孔和车床镗孔有何不同，各适用于什么场合？

11-11　一般情况下，刨削的生产率为什么比铣削低？

11-12　拉削质量和生产率为什么都很高？它的加工有什么特点？它的应用场合受到哪些限制？

11-13　铣削加工为什么比其他加工容易产生振动？成批加工中，铣削平面采用端铣法还是周铣法？为什么？

11-14　什么是砂轮的自锐性？砂轮在工作过程中需要进行修正吗？为什么？

11-15　外圆磨削、内圆磨削和平面磨削是如何对工件进行装夹的？磨削时加注切削液的目的是什么？

11-16　试说明研磨、珩磨、超级光磨和抛光为什么能达到很高的表面质量？

11-17　对于提高加工精度来说，研磨、珩磨、超级光磨和抛光的作用有什么不同？为什么？

11-18　研磨、珩磨、超级光磨和抛光各适用于何种场合？

12 典型表面加工分析

组成零件的典型表面有外圆、孔、平面、成型面、螺纹和齿轮齿面等，它们不仅具有一定的形状和尺寸，还要求达到一定的精度和表面质量。

零件表面的加工，分为粗加工、半精加工和精加工三个阶段。粗加工的目的是切除各加工表面上大部分加工余量，并及时发现毛坯的缺陷（如砂眼、裂纹、局部余量不足等），避免因对不合格的毛坯继续加工而造成的浪费。半精加工的目的是使重要表面达到一定的精度要求并留有精加工余量，并完成一些次要表面的加工。精加工的目的是获得符合精度和表面粗糙度要求的表面。

根据零件的结构特点、材料性能和表面加工的要求，选择不同的加工方法。本章将通过对常见典型表面加工方案的分析，说明各种加工方法的综合应用。

12.1 外圆面加工

12.1.1 外圆面的结构特点和技术要求

① 具有外圆面的零件按其结构特点可以分成以下三类。

轴类零件　具有单一轴心线的阶梯轴、空心轴和光轴。一般情况下，毛坯选用棒料（热轧钢或冷拉钢），但对于外形复杂或承载条件要求高的轴，多采用锻件。

盘套类零件　除具有同一轴心线的若干外圆面外，还具有与外圆同心的内孔，通常还要求端面与轴心线保持较高的垂直度。对于结构较简单的零件，毛坯一般选用棒料；对于结构复杂或直径较大的零件，毛坯选用锻件或铸件。

多中心线零件　最常见的是曲轴、偏心轴和偏心轮等。这类零件结构较复杂，毛坯一般选用锻件或高强度铸铁件，若零件较小，一般选用棒料。

② 对外圆面的技术要求，大致可以分为如下三个方面。

本身精度　直径和长度的尺寸精度、外圆面的圆度、圆柱度等形状精度等。

位置精度　与其他外圆面或孔的同轴度、与端面的垂直度等。

表面质量　主要指的是表面粗糙度，对于某些重要零件，还对表层硬度、残余应力和显微组织等有要求。

12.1.2 外圆面加工方案分析

上述各类零件的外圆面精度大致可分为四类：超精外圆面（IT6～IT5）、精密外圆面（IT8～IT6）、中等精度外圆面（IT10～IT9）、低精度外圆面（IT12～IT10）。对于钢铁零件，根据精度要求不同可选用车削、磨削、研磨和超精加工；如果精度要求不高，但要求表面光亮，可选用抛光，但在抛光前要达到较小的粗糙度；对于塑性较大的有色金属（如铜、铝合金等）零件的精加工，不宜采用磨削，宜采用精细车削。

图 12-1 给出了外圆面加工方案的框图，可作为选定加工方案的依据。具体方案列举如下。

（1）粗车 除淬硬钢以外，各种材料零件的粗加工都适用。当零件的外圆面要求精度低、表面粗糙度较大时，只粗车即可。

（2）粗车—半精车 对于中等精度和粗糙度要求一般的未淬硬工件的外圆面，均可采用此方案。

（3）粗车—半精车—磨（粗磨和半精磨） 此方案最适于加工精度稍高、粗糙度较小，且淬硬的钢件外圆面，也广泛用于加工未淬硬的钢件或铸铁件。

（4）粗车—半精车—粗磨—精磨 此方案的适用范围基本上与（3）相同，只是外圆面要求的精度更高、表面粗糙度更小，需将磨削分为粗磨和精磨，才能达到要求。

（5）粗车—半精车—粗磨—精磨—研磨（或超级光磨或镜面磨削） 此方案可达到很高的精度和很小的表面粗糙度，但不宜用于加工塑性大的有色金属零件。

（6）粗车—半精车—精车—精细车 此方案主要适用于精度要求较高的有色金属零件的加工。

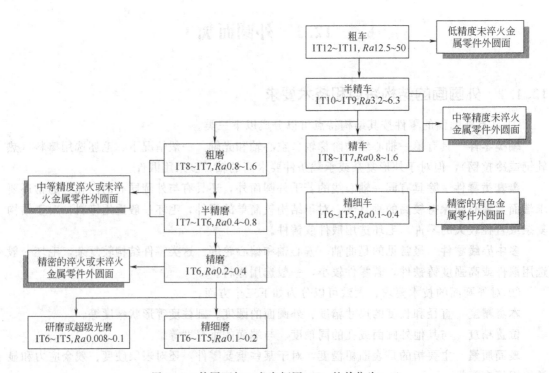

图 12-1 外圆面加工方案框图（Ra 的单位为 μm）

12.2 孔 加 工

12.2.1 孔的类型和技术要求

12.2.1.1 零件上常见孔的类型

① 紧固孔（如螺钉孔等）和其他非配合的油孔等。

② 回转体零件上的孔，如套筒、法兰盘及齿轮上的孔等。

③ 箱体类零件上的孔，如床头箱箱体上的主轴和传动轴的轴承孔等。

④ 深孔，即 $L/D > 5 \sim 10$ 的孔，如车床主轴上的轴向通孔等。

⑤ 圆锥孔，如车床主轴前端的锥孔以及装配用的定位销孔等。

12.2.1.2 孔的技术要求

本身精度 孔径和长度的尺寸精度；孔的形状精度，如圆度、圆柱度及轴线的直线度等。

位置精度 孔与孔、孔与外圆面的同轴度；孔与孔、孔与其他表面之间的尺寸精度、平行度、垂直度及角度等。

表面质量 表面粗糙度和表层物理和力学性能要求等。

12.2.2 孔加工方案分析

孔加工可以在车床、钻床、镗床、拉床或磨床上进行，大孔和孔系一般在镗床上加工。在实体材料上加工孔，必须先钻孔；对已铸出或锻出的孔进行加工，则采用扩孔或镗孔。对孔的光整加工，珩磨多用于直径稍大的孔，研磨则对大孔和小孔都适用。

拟定孔的加工方案时，应考虑孔径、孔的深度、孔的精度和粗糙度要求；工件材料、尺寸；零件形状、毛坯种类、生产批量以及热处理状态等。图 12-2 给出了孔加工方案的框图，可作为拟定孔加工方案的依据和参考。

12.2.2.1 在实体材料上孔加工的典型方案分析

① 钻：加工 IT10 以下低精度的孔。

② 钻—扩（或镗）：加工 IT9 精度的孔，当孔径小于 30mm 时，钻孔后扩孔；若孔径大于 30mm，采用钻孔后镗孔。

③ 钻—铰：加工 IT8 精度、直径小于 20mm 的孔；若孔径大于 20mm，根据具体情况，可采用下列几种方案：

钻—扩（或镗）—铰；

钻—粗镗—精镗；

钻—拉。

④ 钻—粗铰—精铰：加工直径小于 12mm、IT7 精度的孔。

⑤ 钻—扩（或镗）—粗铰—精铰（或钻—拉—精拉）：加工直径大于 12mm、IT7 精度的孔。

⑥ 钻—扩（或镗）—粗磨—精磨：加工 IT7 精度并已淬硬的孔。

IT6 精度孔的加工方案与 IT7 精度的孔加工方案基本相同，其最后工序要根据具体情况，分别采用精细镗、手铰、精拉、精磨、研磨或珩磨等精细加工方法。

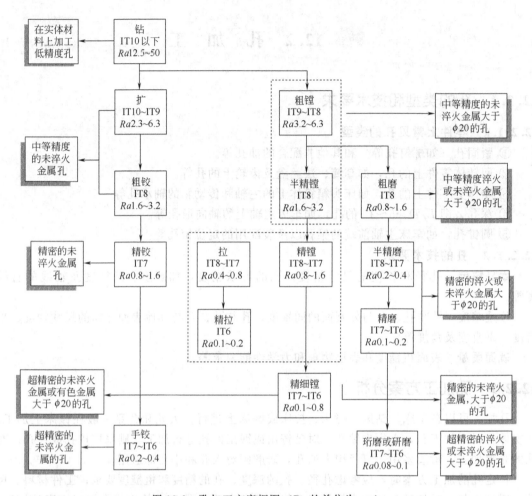

图 12-2 孔加工方案框图（Ra 的单位为 μm）

12.2.2.2 铸件上已铸出的孔的加工

对铸（或锻）件上已铸（或锻）出的孔的加工，可直接进行扩孔或镗孔，直径大于 100mm 的孔，用镗孔比较方便。至于半精加工、精加工和精细加工，可参考在实体材料上加工孔的方案，例如：粗镗—半精镗—精镗—精细镗；扩—粗磨—精磨—研磨（或珩磨）等。

 ## 12.3 平 面 加 工

12.3.1 平面的类型和技术要求

（1）平面的类型 平面是盘形、板形、箱体零件的主要表面之一。根据平面所起的作用，大致可以分为以下几种类型。

① 非结合面，这类平面只是在外观或防腐蚀需要时才进行加工，属于低精度平面。

② 零部件的固定连接平面，如车床的主轴箱、进给箱与床身的结合表面，属于中等精度平面。

③ 零部件的重要接合面，如减速器的箱体和箱盖的连接面、滑动轴承的上下剖分面等；或导向平面，即互相配合并作相对往复运动的零件平面，通常要求保持严格的导向精度和耐磨性能，如机床导轨面、滑动花键槽等，属于精密平面。

④ 精密测量工具的工作面等，属于超精密平面。

(2) 平面的技术要求　平面的技术要求包括两个方面：

① 平面本身的精度（如平面度和直线度等）及表面质量（如表面粗糙度、表层硬度、残余应力以及显微组织等）。

② 平面与零件其他表面的相互位置精度（如平面之间的尺寸精度、平行度、垂直度等）。

12.3.2　平面加工方案分析

根据平面的技术要求和零件的结构形状、尺寸、材料、毛坯的种类，平面可采用车削、铣削、刨削、磨削、拉削等方法加工；对于精密平面，可采用研磨等光整加工方法加工。回转体零件的端面，多采用车削和磨削加工；其他类型的平面，以铣削或刨削加工为主。拉削仅适于大批大量生产中加工技术要求较高且面积不太大的平面，淬硬的平面必须用磨削加工。

图 12-3 给出了平面加工方案的框图，可以作为拟定平面加工方案的依据和参考。具体方案列举如下。

① 粗刨或粗铣：用于加工低精度的平面。

② 粗铣（或粗刨）—精铣（或精刨）—刮研：用于精度要求较高且不淬硬的平面。若

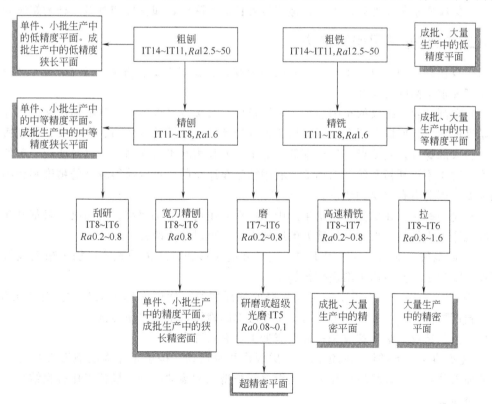

图 12-3　平面加工方案框图（Ra 的单位为 μm）

平面的精度较低可以省去刮研加工。当批量较大时，可以采用宽刀精刨代替刮研，尤其是加工大型工件上狭长的精密平面（如导轨面等），车间缺少导轨磨床时，多采用宽刀精刨的方案。

③ 粗铣（刨）—精铣（刨）—磨：多用于加工精度要求较高且淬硬的平面。不淬硬的钢件或铸铁上较大平面的精加工往往也采用此方案，但不宜精加工塑性大的有色金属工件。

④ 粗铣—半精铣—高速精铣：最适于高精度有色金属工件的加工。若采用高精度高速铣床和金刚石刀具，铣削表面粗糙度 Ra 值可达 $0.008\mu m$ 以下。

⑤ 粗车—精车：主要用于加工轴、套、盘等类工件的端面。大型盘类工件的端面，一般在立式车床上加工。

 # 12.4　螺 纹 加 工

12.4.1　螺纹的类型

（1）紧固螺纹　用于零件间的固定连接，有普通螺纹和管螺纹两种。普通螺纹牙型为三角形，牙型角为 $60°$；管螺纹牙型为三角形，牙型角为 $55°$。

普通螺纹要求旋入方便、连接可靠，对于管螺纹还要求具有良好的密封性。

（2）传动螺纹　用于传递动力、运动和位移，牙型为梯形或锯齿形。

传动螺纹要求传动准确、可靠，螺牙接触良好和耐磨，如丝杠和测微螺杆的螺纹等。

12.4.2　螺纹的常用加工方法

（1）攻丝和套扣　攻丝用于小尺寸的内螺纹；套扣用于螺纹直径小于 16mm 的外螺纹，加工精度要求不高的普通螺纹。

（2）车削螺纹　螺纹的车削加工，应用最广，其优点是设备和刀具的通用性大，并能获得高精度的螺纹。所以车削螺纹可以加工各种形状、尺寸及精度的内、外螺纹，特别适于加工尺寸较大的螺纹。其缺点是生产率低，对工人的技术水平要求高。所以主要用于单件、小批生产。对于不淬硬精密丝杆的加工，利用精密车床车削，可以获得较高的精度和较小的表面粗糙度，因此占有重要的地位。

（3）铣削螺纹　在成批和大量生产中，广泛采用铣削加工螺纹。铣螺纹一般都是在专门的螺纹铣床上进行的，根据所用铣刀的结构不同，可以分为两种：

① 用圆盘铣刀加工　一般用于加工大尺寸的梯形和方牙传动螺纹，加工精度较低，通常只作为粗加工，然后用车削进行精加工。

② 用梳刀加工　一般用于加工大直径的细牙螺纹。生产率比用圆盘铣刀加工方法高，但加工精度更低。并可加工靠近轴肩或盲孔底部的螺纹，不需要退刀槽。

（4）滚压螺纹　滚压螺纹是一种无屑加工，有两种方式：

① 搓板滚压，下搓板是固定的，上搓板作往复运动。搓板工作面的截面形状与被加工螺纹截面形状相同。杆状坯料在上下搓板之间被挤压和滚动，当上搓板工作行程结束时，螺杆就被挤压成形。

② 滚子滚压，滚子的工作表面截面形状与被加工螺纹相同，它们在带动工件旋转的同

时，还逐渐作径向送进运动，直至挤压到规定的螺纹深度为止。

搓丝比滚丝的生产率高，但滚丝压力小，精度高，粗糙度低。

（5）磨螺纹　用于淬硬螺纹的精加工，例如丝锥、螺纹量规及精密传动丝杆等。螺纹磨削一般在专门的螺纹磨床上进行。磨削螺纹有两种基本方式：单线砂轮磨削和多线砂轮磨削。

两种方法相比，单线砂轮磨削螺纹精度高，因为多线砂轮的修整比较困难；但是多线砂轮磨削生产率较高，通常工件转 $1\frac{1}{3} \sim 1\frac{1}{2}$ 周内就可以完成磨削加工；单线法可以加工任意长度的螺纹，而多线法只能加工较短的螺纹。

12.5　齿轮加工

齿轮是传递运动和动力的重要零件，在机械、仪器、仪表中广泛应用，产品的工作性能、承载能力、使用寿命及工作精度等，都与齿轮本身的质量有密切关系。

12.5.1　齿轮的技术要求

齿轮除了尺寸精度、形位精度和表面质量的要求外，还有一些特殊的要求。

（1）运动精度　齿轮一圈内的转角误差不允许超过一定限度，这是保证传递运动速比的重要指标。因此，要求齿轮的分齿均匀，以免由于牙齿分布不均匀而使转速出现周期性的波动。

（2）工作平稳性精度　指在一对齿轮的较小转动角度内的转角误差，即瞬时速比变化的大小。主要由齿廓制造误差引起，导致一对牙齿在啮合时可能出现多次转角变化，由此产生振动和噪声。

（3）接触精度　指啮合齿面的接触情况。接触面积越大，则单位面积承受的载荷越小，受力越均匀。此外，啮合齿面的接触位置应正确，否则也会影响齿轮的承载能力。

（4）齿侧间隙　齿轮啮合时，非工作的齿面间应有一定的间隙，以便贮存润滑油，补偿受热变形、加工和安装误差的影响。否则，齿轮在传动过程中可能卡死或烧伤。

齿轮精度分12个等级，精度由高到低依次为1级、2级、3级…12级。其中1级、2级为远景级，7级为基本级，在实际使用（或设计）中普遍应用的精度等级为采用滚、插、剃三种切齿工艺能够达到的精度等级。表12-1列出了最常用的4～9级精度齿轮的最终加工方法和应用范围。

表 12-1　4～9 级精度圆柱齿轮的最终加工方法和应用

精度等级	齿面粗糙度 $Ra/\mu m$	齿面最终加工方法	应　用　范　围
4级（特别精密）	≤0.2	精密磨齿,对于大齿轮,精密滚齿后研齿或剃齿	
5级（高精密）	≤0.2	精密磨齿,对于大齿轮,精密滚齿后研齿或剃齿	
6级（高精密）	≤0.4	磨齿,精密剃齿,精密滚齿,插齿	对高速传动齿轮,要求噪声小、寿命长,如航空和汽车的高速齿轮;分度机构上的齿轮
7级（精密）	0.8～1.6	滚、剃、插齿,对于淬硬齿面,磨齿、珩齿或研齿	用于一般机械中主要的传动齿轮,如减速器齿轮,汽车、机床中的齿轮
8级（中等精度）	1.6～3.2	滚齿、插齿	用于一般机械中次要的传动齿轮,如汽车、拖拉机中不重要的齿轮,农用机械中重要的齿轮
9级（低精度）	3.2～6.3	铣齿	重载低速机械中的传动齿轮

齿坯加工一般是按生产批量的大小，选用不同的方式进行。在单件、小批生产中，用车削加工；在大批大量生产中，对于中小尺寸齿坯，则选用钻孔—拉孔—多刀车削方式加工。

齿形加工的方法，按其形成齿形的原理可分为两类：成形法和展成法。若刀刃形状与被切齿形相同，齿形由刀刃直接切出，称为成形法，如铣齿、磨齿。根据齿轮啮合原理，工件的齿形由具有同类齿形的刀刃包络形成，称为展成法，如滚齿、插齿、剃齿、珩齿、研齿。

齿形加工方案应根据精度要求、结构形状及生产批量等因素来选择。圆柱齿轮常用加工方案见图 12-4 所示。

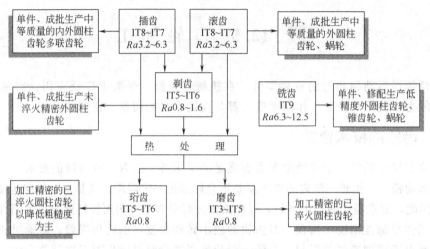

图 12-4 齿形加工方案

12.5.2 齿轮的常用加工方法

12.5.2.1 铣齿

铣齿时，工件安装在铣床的分度头上，铣刀做旋转运动，工作台做直线进给运动。用盘形齿轮铣刀（$m<10\sim16$）或指形齿轮铣刀（$m>10$）加工齿槽，每加工完一个齿槽后，铣刀沿齿槽方向退回到原处，并对工件进行分度，然后再铣削下一个齿槽。上述过程反复连续进行，直至全部齿槽铣毕为止，如图 12-5 所示。

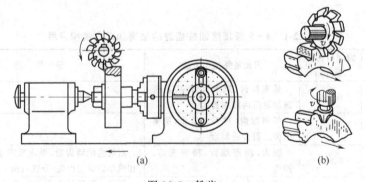

(a)   (b)

图 12-5 铣齿

铣齿具有如下特点。

（1）成本较低 铣齿可以在通用铣床上进行，刀具也比其他齿轮刀具简单，因而加工成本较低。

（2）生产率较低　由于铣刀每切一个齿槽，都要重复消耗切入、切出、退刀以及分度等辅助时间，所以，生产率较低。

（3）精度较低　模数相同而齿数不同的齿轮，其齿形渐开线的形状是不同的，齿数越多，渐开线的曲率半径越大。铣切齿形的精度主要取决于铣刀的齿形精度。从理论上讲，同一模数不同齿数的齿轮，都应该用专门的铣刀加工，使生产成本大大增加。为了降低加工成本，实际生产中，把同一模数的齿轮按齿数划分成 8 组，每组采用同一个刀号的铣刀加工。表 12-2 列出了分成 8 组时，各号铣刀加工的齿数范围。各号铣刀的齿形是按该组内最小齿数齿轮的齿形设计和制造的，加工其他齿数的齿轮时，只能获得近似齿形，会产生齿形误差。另外，铣床所用的分度头是通用附件，分度精度不高，所以，铣齿的加工精度较低。

表 12-2　齿轮铣刀的分号

铣刀号数	1	2	3	4	5	6	7	8
能铣制的齿数范围	12～13	14～16	17～20	21～25	26～34	35～54	55～134	135 以上

铣齿可以加工直齿、斜齿、人字齿圆柱齿轮、齿条和锥齿轮等。但由于上述特点，它仅适用于单件小批生产或维修工作中加工精度不高的低速齿轮。

12.5.2.2　插齿和滚齿

插齿和滚齿虽都属于展成法加工，但是由于它们所用的刀具和机床不同，其具体加工原理、切削运动、工艺特点和应用范围也不相同。

（1）插齿　插齿加工实质上相当于一对圆柱齿轮的啮合。将其中一个圆柱齿轮用高速钢制成刀具，与被切齿轮坯作啮合运动。插齿加工时的基本运动如图 12-6 所示。

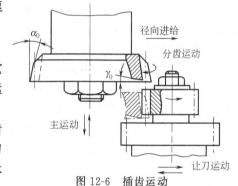

图 12-6　插齿运动

切削运动　即插齿刀的直线往复运动，以每分钟插齿刀的往复次数表示，单位为 str/min。

分齿运动　即维持插齿刀与被切齿轮之间啮合关系的运动。插齿刀与齿坯的转速比例按下式计算：

$$\frac{n_工}{n_刀} = \frac{z_刀}{z_工}$$

式中　$n_刀$——插齿刀转速；

$\quad\quad n_工$——齿坯转速；

$\quad\quad z_刀$——插齿刀齿数；

$\quad\quad z_工$——齿坯齿数。

在分齿运动中，插齿刀每往复一次在分度圆上所转过的弧长（mm/rt），称为圆周进给量。

径向进给运动　工件的齿高深度是逐渐切入的，所以插齿刀要有径向进给。插齿刀每往复一次径向移动的距离（mm/rt）称为径向进给量。

让刀运动　插齿刀在直线往复运动中，在回程退刀时，刀具会擦伤工件的已加工面，并使刀具磨损。所以当插齿刀回程时，工件应退让，使它与刀具避免接触；当插齿刀做工作行程时，工件则返回原位。这种运动称为让刀运动。

（2）滚齿　滚齿是用滚刀在滚齿机上加工齿轮的轮齿。滚刀的轮廓形状犹如蜗杆，与被切齿轮坯作啮合运动，如图 12-7 所示。滚刀材料为高速钢。滚齿运动包括：

切削运动　即滚刀的旋转运动。若转速为 $n_刀$，则切削速度为

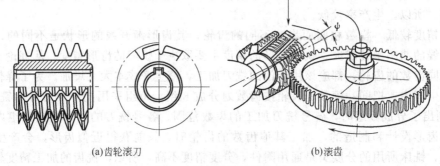

(a)齿轮滚刀   (b)滚齿

图 12-7 齿轮滚刀和滚齿

$$v = \pi D n_{刀} \, (\text{m/min})$$

式中 D——滚刀直径。

分齿运动 分齿运动为了保证滚刀转速 $n_{刀}$ 与工件转速 $n_{工}$ 之间正确的啮合关系。当滚刀转一圈时，若为单头滚刀，则被切齿轮应转过 $1/z$ 圈，z 为工件齿数；若为多头滚刀，头数为 K，则被切齿轮应转过 K/z 圈。

轴向进给运动 为了在齿轮的全齿宽上切出齿形，滚刀需要沿工件的轴向作进给运动。工件每转一转滚刀移动的距离，称为轴向进给量 $s_{进}$（mm/工件每转）。

（3）插齿和滚齿的特点及应用 插齿和滚齿的精度相当，且都比铣齿高。因为，插齿机和滚齿机分齿运动的精度高于万能分度头的分齿精度；齿轮滚刀和插齿刀的精度比齿轮铣刀的精度高，不存在齿轮铣刀的齿形误差。

一般条件下，插齿和滚齿的精度为 7～8 级，精密插齿或精密滚齿的精度为 6 级，铣齿的精度仅为 9 级。

插齿的齿面粗糙度较滚齿小。因为插齿刀沿齿长方向是连续切削加工的；而滚齿切削时，则沿齿长方向由一连串圆弧连接而成。

插齿和滚齿的生产率较铣齿高得多。因为插齿和滚齿都是多刀切削，而铣齿是单刀切削；插齿和滚齿的分度运动和切削运动是同时进行的，而铣齿时只有当切削运动停止后才能进行分度，所以增加了非切削时间。

插齿的生产率略低于滚齿。因为插齿时的切削运动存在空程，并且插齿刀作往复运动的速度不宜过高。

在齿轮齿形的加工中，滚齿应用最广泛，它不但能加工直齿圆柱齿轮，还可以加工斜齿圆柱齿轮、蜗轮等，但一般不能加工内齿轮和相距很近的多联齿轮。插齿的应用也比较多，除可以加工直齿和斜齿圆柱齿轮外，尤其适用于加工用滚刀难以加工的内齿轮、多联齿轮或带有台肩的齿轮等。

尽管滚齿和插齿所使用的刀具及机床比铣齿复杂、成本高，但由于加工质量好，生产效率高，在成批和大量生产中仍可收到很好的经济效果。即使在单件小批生产中，为了保证加工质量，也常常采用滚齿或插齿加工。

12.5.2.3 齿轮精加工

对于精度大于 6 级、粗糙度值 $Ra < 0.4\mu m$ 的齿轮，在滚、插加工之后还需进行精加工。常用的精加工方法有剃齿、珩齿、磨齿。

（1）剃齿 剃齿刀的外形如同一个斜齿圆柱齿轮，齿面上开设许多小槽，以形成切削刃，如图 12-8 所示。加工时，工件固定在心轴上由剃齿刀带动旋转，时而正转，时而反转，正转时剃轮齿的一个侧面，反转时则剃轮齿的一个侧面，剃齿刀齿面上众多的切削刃，从工件齿面上剃下细丝状的切屑，从而提高了齿形精度，减小了齿面粗糙度。

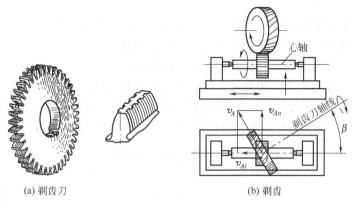

(a) 剃齿刀　　　　　　　　　　　　(b) 剃齿

图 12-8　剃齿刀和剃齿

剃齿是在剃齿刀和工件的啮合过程中进行的，故属展成法加工。剃齿刀成本较高，但剃齿机床简单、调整方便；剃齿属于多刀多刃切削，故生产率高；剃齿质量较高，精度可达5～6级。但剃齿只适用于未淬火（硬度低于35HRC）的直齿和斜齿圆柱齿轮。

（2）珩齿　珩齿与剃齿的原理完全相同，只不过是不用剃齿刀，而用珩磨轮。珩磨轮是用磨料与环氧树脂等浇铸或热压而成的、具有很高齿形精度的斜齿圆柱齿轮。当它以很高的速度带动工件旋转时，就能在工件齿面上切除一层很薄的金属，使齿面粗糙度 Ra 值减小到 $0.4\mu m$ 以下。珩齿对齿形精度改善不大，主要是减小热处理后齿面的粗糙度。珩齿机与剃齿机的区别不大，但转速高得多。

（3）磨齿　磨齿是最重要的一种齿轮精加工方法。它有成形法和展成法两种基本类型。

成形法磨　这种加工方法与齿轮铣刀的铣齿相似，不过切削刀具使用的是成形砂轮，它的截面形状修磨成与被加工齿轮的齿槽一致，加工精度较低，在实际生产中应用较少。

展成法磨齿　将砂轮的侧面修整成锥面，构成假想齿条的齿，使它与被磨齿轮相啮合。砂轮作高速旋转，同时沿工件轴向作往复运动，以便磨出全齿宽。工件则严格地按照一齿轮沿固定齿条作纯滚动的方式，边转动边移动。当工件逆时针方向旋转并向右移动时，砂轮的右侧面磨削齿间的右齿面；当齿间的右齿面由齿根至齿顶磨削完毕后，机床使工件得到与上述完全相反的运动，利用砂轮的左侧面磨削齿间的左齿面。当齿间的左齿面磨削完毕后，砂轮自动退离工件，工件自动进行分度。分度后，砂轮进入下一个齿间，重新开始磨削。如此自动循环，直至全部齿间磨削完毕。

磨齿加工精度较高，一般可达4～6级。齿面是由齿根至齿顶逐渐磨出，故生产率较低。磨齿机价格昂贵，所以磨齿仅适用于淬火的、重要的、高速齿轮的精加工。

 12.6　零件的结构工艺性

机械零件的设计应在满足使用要求的前提下，应尽可能减少劳动量，降低成本。对于零件结构工艺性合理的判定，同生产规模、设备条件、工人技术水平等密切相关，所以在某种条件下其结构是合理的，但在另一种条件下却可能是不合理的。一般地说，设计零件时除满足使用性能要求外，还应考虑以下问题：

① 加工表面的几何形状应尽量简单，尽可能布置在同一平面上或同一轴线上。

② 不需要加工的表面不要设计成加工面。要求不高的表面不要设计成高精度、低粗糙度的表面。

③ 有相互位置精度要求的各个表面，最好能在一次安装中加工。

④ 应能定位准确、夹紧可靠、便于加工、易于测量。

⑤ 结构应与采用高效机床和先进的工艺方法相适应。

⑥ 应能使用标准刀具和通用量具，减少专用刀具和专用量具的设计和制造。

最终目的使零件加工方便，切削效率提高，加工劳动量减少，加工质量易于保证。现将几种典型零件结构工艺性的合理和不合理情况进行对比分析，并列于表 12-3 中。

表 12-3　典型零件结构的加工工艺性对比

序号	设计准则	非工艺性结构	工艺性结构	工艺性结构的优点
1	被加工面的尺寸应尽量小	平面和槽		1. 降低机械加工劳动量 2. 减少材料和刀具消耗
2	被加工面应与毛面清楚地区分开来	$a<b$ b—由于零件、刀具等装夹时的误差而引起的加工不准确性	$a>b\approx 5mm$	1. 减少加工劳动量 2. 改善刀具工作条件 3. 改善使用性能
3	被加工面应位于同一水平面上			1. 有可能用高生产率方法（端铣、平面磨、拉削等）一次加工 2. 有可能同时加工几个零件
4	被加工面不应被高台所隔离			1. 有可能用大直径端铣刀加工 2. 提高生产率和加工精度

序号	设计准则	非工艺性结构	工艺性结构	工艺性结构的优点
5	具有台阶的平面应具有同刀具尺寸和型式相适应的过渡表面			1. 能采用高生产率方法 2. 降低加工劳动量 3. 能采用标准刀具
6	安装基面应保证定位可靠,必要时可增加工艺凸台			1. 安装方便,定位可靠 2. 精加工完毕后可以切除工艺凸台
7	具有可靠的夹紧部位,必要时可增加凸缘或孔,以供夹紧之需			工件安装时夹紧方便可靠
8	被加工面的结构刚性要好,必要时可增加加强筋			1. 可以提高切削用量 2. 可以提高加工精度和光洁度
9	被加工面不应在凹部			能采用高生产率方法
10	槽面不应和别的加工表面齐平			1. 改善刀具工作条件 2. 减少劳动量

序号	设计准则	非工艺性结构	工艺性结构	工艺性结构的优点
11	尽量避免用指状立铣刀加工封闭窄槽			1. 改善刀具工作条件 2. 生产率较高
12	凹窝的转角圆弧半径不应太小，且与标准铣刀直径一致			提高刀具刚度，允许提高生产率
13	沟槽底部形状要考虑能实现多件加工			1. 可多件串联起来同时加工，提高生产率 2. 沟槽底部若是圆弧，那么铣刀直径必须与工件圆弧直径一致。槽底若为平面，则可选用任何直径的铣刀
14	在阶梯式孔眼中，最精确的一阶 H6 应做成开通的			1. 容易保证加工精度 2. 降低劳动量
15	应避免采用大直径的锥形孔			1. 降低孔和轴的加工劳动量 2. 简化刀具结构 3. 简化尺寸检验工作

序号	设计准则	非工艺性结构	工艺性结构	工艺性结构的优点
16	花键孔应制成连续的	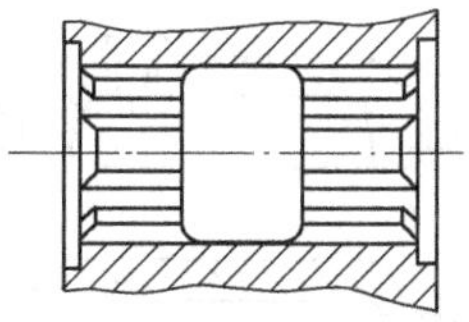	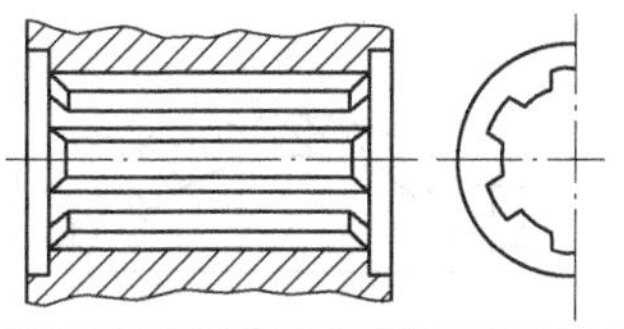	1. 防止刀具损坏并提高其寿命 2. 降低孔的加工劳动量
17	应避免不通的花键孔	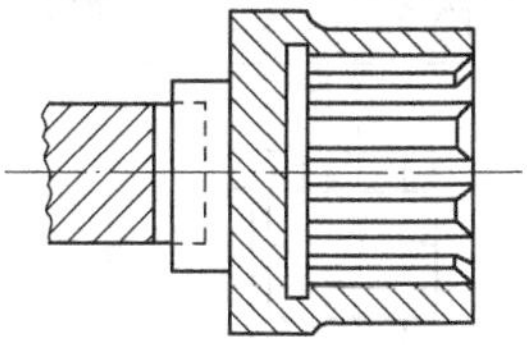	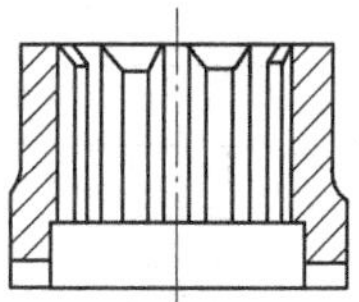	能用拉削加工法，以提高生产率及质量
18	不应在大直径的孔眼内设置螺纹	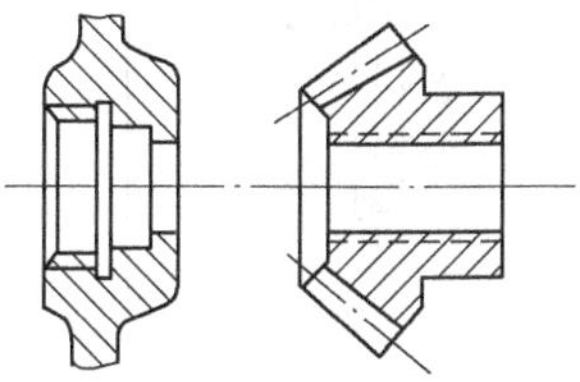	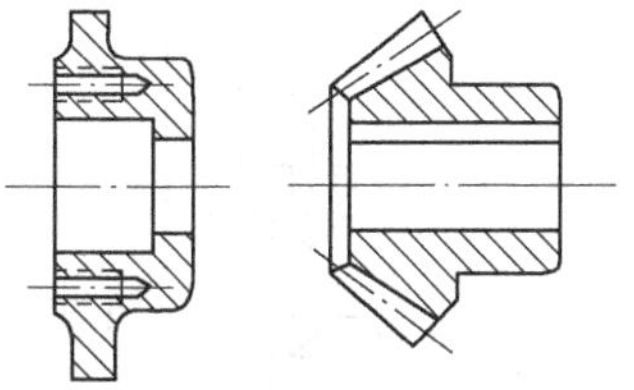	1. 降低劳动量 2. 提高连接的精度 3. 能采用高生产率加工方法
19	可使钻头正常地进刀和退刀	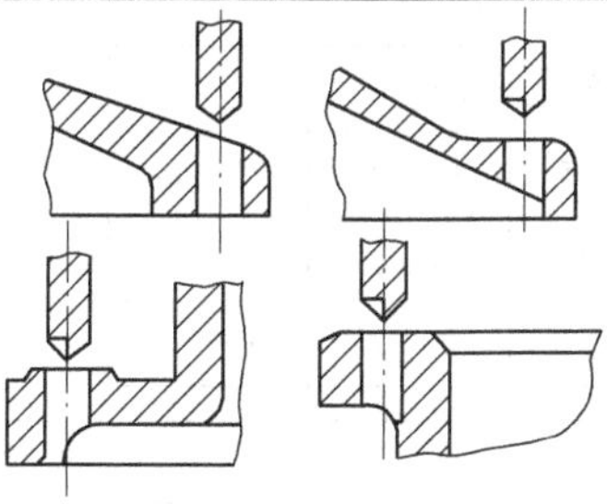	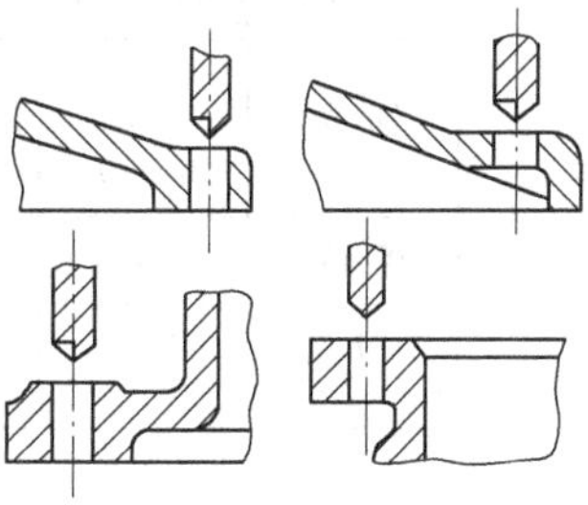	1. 防止刀具损坏 2. 提高钻孔精度 3. 提高生产率
20	在孔内尽量避免需加工的沟槽	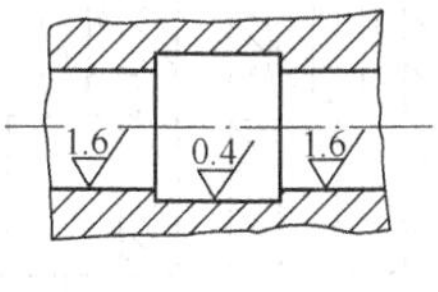	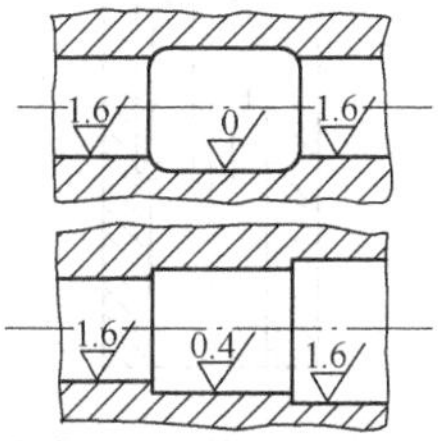	1. 降低劳动量 2. 能采用高生产率加工方法
21	需磨削的盲孔应有越程槽	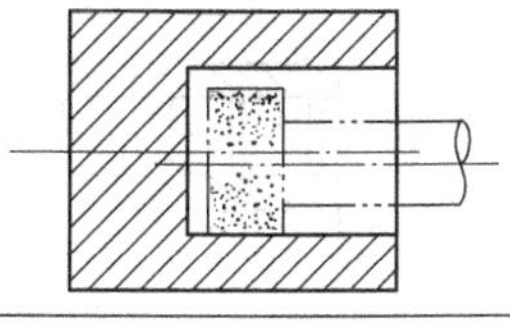	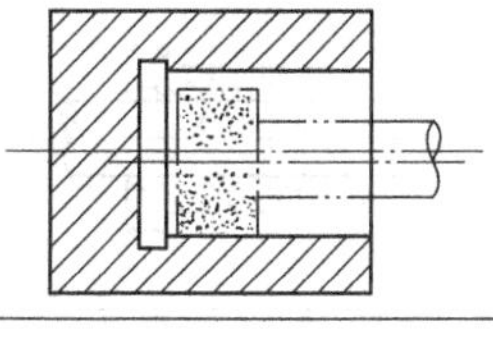	可以保证盲孔底部的直径精度
22	不通的螺孔应具有退刀槽或螺纹尾扣（见图中的 f），最好改成通孔	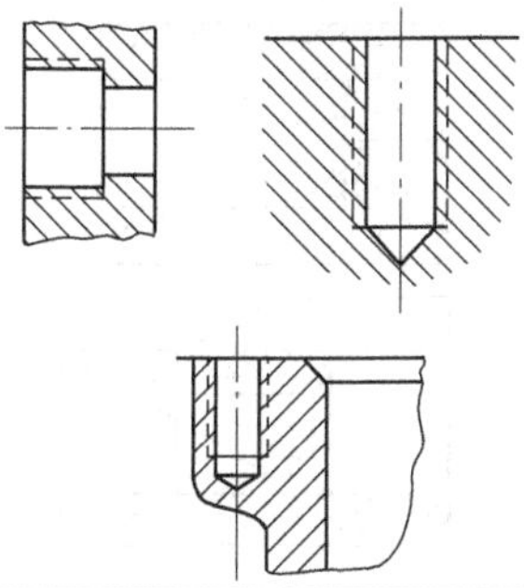	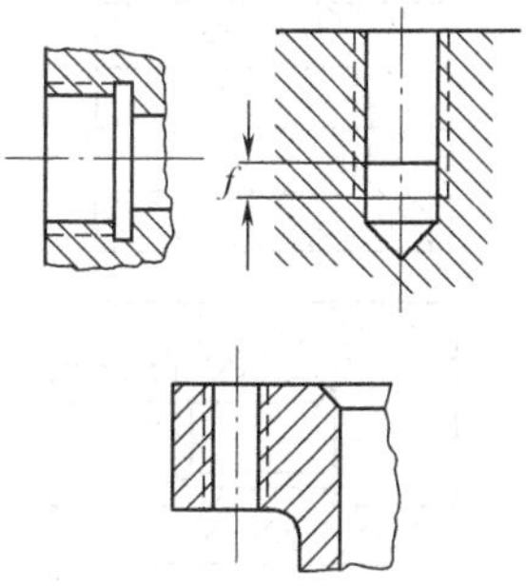	1. 改善螺纹质量 2. 改善刀具工作条件 3. 降低劳动量

12

典型表面加工分析

221

序号	设计准则	非工艺性结构	工艺性结构	工艺性结构的优点
23	孔的轴线应避免设置在倾斜方向			1. 简化夹具结构 2. 降低劳动量
24	孔的位置应使标准长度的钻头可以工作			1. 能采用标准钻头并使其得到充分利用 2. 提高加工精度
25	孔中的槽需有退刀位置,以便用插刀加工			1. 避免损坏插刀 2. 保证槽的根部质量
26	油槽和密封圈槽尽量设置在外圆上,不要在孔内			1. 加工精度较高 2. 操作较方便,劳动量减少 3. 刀具较简单
27	复杂的内孔面可以采用组合件			1. 简化内部复杂面的加工,减少劳动量 2. 刀具结构简化、刀具尺寸减小 3. 加工质量易于保证

序号24中:

$$s \geqslant \frac{D}{2} + (2 \sim 5)$$

当 $s < \frac{D}{2} + (2 \sim 5)$ 时,建议采用的 l 值:

钻 头	孔的直径 /mm			
	6~10	10~15	15~25	25~35
标准的	25~35	35~45	45~65	55~70
加长的	35~55	55~75	55~75	55~75

第三篇 冷成形工艺

序号	设计准则	非工艺性结构	工艺性结构	工艺性结构的优点
28	箱体内端面尽量避免加工,否则尽量采用组合件			1. 箱体内端面加工困难。改成组合件后,加工方便,不需特殊刀具或夹具 2. 表面粗糙度较低
29	箱体的同轴孔应是通孔、无台阶、孔径应向一个方向递减或从两边向中间递减、端面在同一平面上			1. 通孔:镗杆可以在两端支撑、刚性好 2. 无台阶、顺次缩小孔径:可在工件的一次安装中同时或依次加工全部同轴孔 3. 端面平齐:在一次调整中加工出全部端面
30	台阶轴的圆角半径、沉割槽和键槽的宽度以及圆锥面的锥长尽量统一	外圆面		1. 可用同一把刀具加工 2. 减少调整时间
31	磨削、车螺纹都需退刀槽			1. 保证加工质量 2. 改善装配质量

序号	设计准则	非工艺性结构	工艺性结构	工艺性结构的优点
32	便于在一次安装中磨削全部表面			1. 提高加工精度 2. 减少劳动量
33	工件应有可靠的安装基面			1. 定位可靠、装夹稳固 2. 保证加工质量
34	合理地分拆和合并零件			选用型钢（无缝钢管）作为毛坯，外缘焊上套环，可减少加工量
35	尽量用弹性挡圈代替螺母、轴肩和台阶孔			减少劳动量，提高生产率
36	齿轮轮毂尽量与轮缘等高			1. 便于多件加工，并减少行程长度，提高生产率 2. 工件加工时的刚性好，提高加工质量

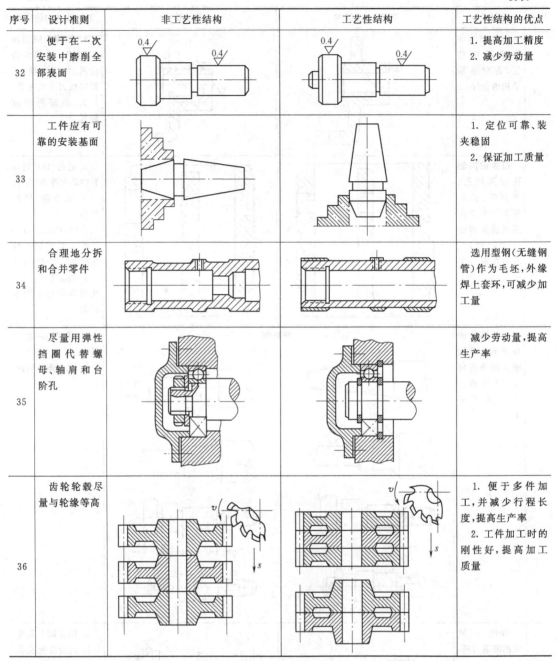

复 习 题

12-1 试确定下列零件外圆面的加工方案：

(1) 紫铜小轴，$\phi20h7$，$Ra0.8\mu m$；

(2) 45 钢轴，$\phi50h6$，$Ra0.2\mu m$，表面淬火 40～50HRC。

12-2 下列零件上的孔，用何种方案加工比较合理？

(1) 单件小批生产中，铸铁齿轮上的孔，$\phi20H7$，$Ra1.6\mu m$；

（2）大批量生产中，铸铁齿轮上的孔，$\phi50H7$，$Ra0.8\mu m$；

（3）高速钢三面刃铣刀上的孔，$\phi27H6$，$Ra0.2\mu m$；

（4）变速箱箱体（材料为铸铁）上传动轴的轴承孔，$\phi62J7$，$Ra0.8\mu m$。

12-3　试确定下列零件上平面的加工方案：

（1）单件小批生产中，机座（铸铁）的底面，$L\times B=500mm\times300mm$，$Ra3.2\mu m$；

（2）铣床工作台（铸铁）台面，$L\times B=1250mm\times300mm$，$Ra1.6\mu m$；

（3）大批量生产中，发动机连杆（45钢调质，$217\times255HB$）侧面，$L\times B=25mm\times10mm$，$Ra3.2\mu m$。

12-4　下列零件上的螺纹，应采用哪种方法加工？为什么？

（1）10000个标准六角螺母，M10-7H；

（2）100000个十字槽沉头螺钉 M8×30-8h，材料为 Q235钢；

（3）30件传动轴轴端的紧固螺纹 M20×1-6h；

（4）500根车床丝杠螺纹的精加工。

12-5　在大批量生产中，若采用成形法加工齿轮齿形，怎样才能提高加工精度和生产率？

12-6　7级精度的斜齿圆柱齿轮、蜗轮、多联齿轮和内齿轮，各采用什么加工方法比较合理？

12-7　6级精度齿面淬硬和不淬硬的直齿圆柱齿轮，其齿形的精加工应当采用什么方法？

12-8　为什么在零件设计时，要考虑其结构工艺性？

12-9　切削加工的零件结构工艺性应考虑哪些原则？

12-10　试列举三个例子来说明加工面积应该减少的结构。

12-11　试列举三个例子来说明容易损坏刀具的结构，如何改进？

12-12　试列举三个例子来说明零件必须设置退刀槽的结构。

12-13　试列举三个例子来说明减少刀具种类的结构。

12-14　试举出合理采用组合件的一些例子。

参 考 文 献

[1] 王纪安. 工程材料与成形工艺基础. 北京：高等教育出版社，2009.

[2] 汤酞则. 材料成形技术基础. 北京：清华大学出版社，2008.

[3] 刘春廷. 工程材料及加工工艺. 北京：化学工业出版社，2009.

[4] 机械工程手册编委会. 机械工程手册第三册. 北京：机械工业出版社，1996.

[5] 李恒德，师昌绪. 中国材料发展现状及迈入新世纪对策. 济南：山东科学技术出版社，2003.

[6] 师昌绪. 材料大辞典. 北京：化学工业出版社，1994.

[7] 鞠鲁粤. 现代材料成形技术基础. 上海：上海大学出版社，1999.

[8] 王昆林. 材料工程基础. 北京：清华大学出版社，2003.

[9] 郭瑞松. 工程结构陶瓷. 天津：天津大学出版社，2002.

[10] 邓文英. 金属工艺学. 北京：高等教育出版社，2000.

[11] 林建榕. 机械制造基础（第二版）. 上海：上海交通大学出版社，2000.

[12] 戈晓岚. 赵茂程. 工程材料. 南京：东南大学出版社，2004.

[13] 宋昭祥. 现代制造工程技术实践. 北京：机械工业出版社，2004.

[14] 李凤云. 机械工程材料成形及应用. 北京：高等教育出版社，2004.

[15] 吕伟凡. 铸造工（初级、中级、高级）. 北京：中国劳动出版社，2002.

[16] 黄天佑. 材料加工工艺. 北京：清华大学出版社，2004.

[17] 鞠鲁粤. 工程材料与成形技术基础（修订版）. 北京：高等教育出版社，2007.

[18] 曾宗福. 工程材料及其成型. 北京：化学工业出版社，2004.

[19] 黄勇. 工程材料及机械制造基础. 北京：国防工业出版社，2004.

[20] 姜左. 机械工程基础. 南京：东南大学出版社，2000.